高等学校茶学专业应用型本科教材　　中国轻工业"十三五"规划教材

茶艺基础与技法

单虹丽　唐　茜　主编

中国轻工业出版社

图书在版编目(CIP)数据

茶艺基础与技法/单虹丽,唐茜主编 . —北京:中国轻工业出版社,2024.2

ISBN 978-7-5184-2216-6

Ⅰ.①茶…　Ⅱ.①单…②唐…　Ⅲ.①茶艺　Ⅳ.①TS971.21

中国版本图书馆 CIP 数据核字(2019)第 298877 号

责任编辑:贾　磊　　　责任终审:劳国强　　　整体设计:锋尚设计
策划编辑:贾　磊　　　责任校对:吴大朋　　　责任监印:张　可

出版发行:中国轻工业出版社(北京鲁谷东街 5 号,邮编:100040)
印　　刷:河北鑫兆源印刷有限公司
经　　销:各地新华书店
版　　次:2024 年 2 月第 1 版第 7 次印刷
开　　本:787×1092　1/16　印张:14.75
字　　数:330 千字　插页:2
书　　号:ISBN 978-7-5184-2216-6　定价:39.00 元
邮购电话:010-85119873
发行电话:010-85119832　010-85119912
网　　址:http://www.chlip.com.cn
Email:club@chlip.com.cn
版权所有　侵权必究
如发现图书残缺请与我社邮购联系调换
240091J1C107ZBW

本书编写人员

主　编：单虹丽（四川农业大学）

　　　　唐　茜（四川农业大学）

副主编：陈玉琼（华中农业大学）

　　　　许靖逸（四川农业大学）

参　编：（按姓氏笔画排序）

　　　　边金霖（四川农业大学）

　　　　任　敏（雅安职业技术学院）

　　　　汪艳霞（贵州大学）

　　　　黄　彤（宜宾学院）

　　　　曾　亮（西南大学）

前　言
Preface

　　中国是茶的故乡,也是茶文化的发源地。随着我国社会经济的飞速发展,古老而灿烂的中华茶文化不断焕发出新的生机,形成蓬勃发展之势。作为茶文化重要组成部分的茶艺,近年来也得到空前发展。全国各地各种类型的茶艺馆、茶室如雨后春笋般涌现;不同风格、不同表现形式、不同表演主题的各类茶艺在全国遍地开花,呈现百花争艳之景。在此背景下,全国各地热爱茶艺、希望修习茶艺的人越来越多,茶艺师也成了国家认定的一种职业工种,具有深厚茶文化知识、掌握一定茶艺技能的人才越来越受到社会的欢迎,从而使茶艺培训有着广阔的市场前景。为此,一本全面介绍茶艺基础知识和基本方法技艺的教材更是成为茶学专业学生之必需。

　　本书编者多年从事高等院校茶文化和茶艺课程教学,也参与了大量茶艺培训班的教学工作。本书是编者在长期使用的教学讲义的基础上,结合茶艺研究最新成果和社会实际需求的基础上编撰而成。本书以构成茶艺的六大基本要素——茶、水、具、境、艺、人为主线,全面系统地介绍茶艺的基础知识和基本方法技艺,并将茶艺师国家职业资格技术标准有机融合于其中,同时注意在书中介绍更多近年来茶艺研究的新成果、新知识、新技术,力求使本书具有较强的科学性、实用性、时代性和易读性。为适应近年来对创新茶艺不断扩大的社会需求,书中专门开辟了一章表演型茶艺创编,并收录了多种表演型茶艺。

　　本书共分为9章。由单虹丽、唐茜担任主编,由陈玉琼、许靖逸担任副主编。具体编写分工:第一章由单虹丽、边金霖、许靖逸编写;第二章由任敏、许靖逸编写;第三章由曾亮编写;第四章由黄彤编写;第五章、第六章由单虹丽编写;第七章由陈玉琼编写;第八章由边金霖、汪艳霞编写;第九章由唐茜编写。全书由单虹丽统稿。

　　本书可作为高等院校茶学类课程的教材,也可作各类茶艺员的培训教材以及广大茶艺爱好者学习茶艺的参考书。

　　在本书编写过程中,得到许多同事、同行的帮助和支持。他们为本书的编写提出了宝贵的意见和建议,提供了编写资料,使得本书的编写得以顺利完成。在此,编者向他们一并表示衷心的感谢!本书在编写过程中还参阅了大量公开出版的文献资料,书中也引用了一些专家学者的研究成果和部分图片。对此,编者向他们表示诚挚的谢意!

　　由于编者的学识水平有限,书中难免会有错漏之处,欢迎广大专家、读者批评指正。

编者

2019 年 11 月

目 录
Contents

茶艺基础

第一节 茶艺的概念及特点

一、茶艺的概念

中国茶艺定型和完备的阶段是在唐代。在距今1200多年前，陆羽的《茶经》总结了前人饮茶的经验，对茶艺做了系统的阐述。随后的宋代，饮茶风气更盛，茶艺也更为精湛。明代茶艺最重要的贡献是瀹饮法的定型与发展。自清代以来，流传至今的风格最独特、影响最大的茶艺是流行于广东潮汕和福建漳泉等地区的工夫茶。

虽然我国茶艺历史悠久，但一直未曾以"茶艺"名之。在唐代，"艺"与"茶"已开始"联姻"。陆羽《茶经·一之源》载："凡艺而不实，植而罕茂。法如种瓜，三岁可采。"这是在文献中最早同时出现"茶"与"艺"的情况，只是这里的"艺"指种植技术。宋代由于斗茶大兴，不仅种茶有艺，"艺"也与烹茶、饮茶联系在一起。陶谷《荈茗录·乳妖》载"吴僧文了善烹茶。游荆南，高保勉泊子季兴，延置紫云庵，曰试其艺。保勉父子呼为汤神。"文了善烹茶，人称汤神，其"艺"当为"烹茶之艺"；陈师道撰《茶经·序》，复有"茶之为艺"之说。明代钱椿年编、顾元庆删校的《茶谱》也有"艺茶"之条："艺茶欲茂，法如种瓜。三岁可采，阳崖阴林，紫者为上，绿者次之。"清乾隆三十九年（1774年），任果、檀萃编《番禺县志》记叙"河南茶"时载："谓茶产珠江之南，故名，其北土沃而人勤，多艺茶。"可见，在古文献中，"艺"字既指烹茶技艺，又包括种茶、制茶的技艺。

现代所谓"茶艺"二字究竟最早出现在什么时间呢？有的说是最早出现在20世纪70年代的台湾。当时台湾涌现出茶文化复兴浪潮之后，于1978年酝酿成立有关茶文化组织，在为该组织定名时，由台湾民俗学会理事长娄子匡教授提出了"茶艺"一词。关于为什么要称茶艺，台湾茶文化专家范增平在第二届国际茶文化研讨会上宣读的《茶文化的传播对现代台湾社会的影响》论文中做了说明："当时为了弘扬茶文化，推广品饮茗茶的民俗，有人提出使用'茶道'一词。但是有人认为，'茶道'虽然中国自古有之，却为日本专美于前，如果现在使用'茶道'恐怕引起误会，以为是把日本茶道搬到台湾来。另一个顾虑是怕提出'茶道'过于严肃，中国人认为'道'字特别庄重，比较高高在上的，要民众很快就普遍接受可能不容易，于是提出'茶艺'这个词。"但是，香港中华茶文化研究中心主任陈文怀教授却认为"茶艺一词，并非近些年新创。"1997 年 12 月出版的《茶博览》杂志《冬之卷》（总第 20 期）上刊载了陈教授的文章《茶道·茶艺·茶文化》。文章中提到，他曾在 20 世纪 60 年代于中国农业科学院茶叶研究所的故纸堆中捡到过一本 20 世纪 30 年代由前辈茶人、安徽乡贤傅洪祯编印的《茶艺文录》一书（傅先生当时追随胡浩川茶叶大师曾在祁门茶叶改良场从事茶叶研究工作）。由此可见，"茶艺"一词至少在 20 世纪 30 年代就出现了。不过台湾人使"茶艺"一词被广泛运用，并且和茶艺馆产生了联系。对于这一点，也应该是没有什么疑问的。

茶艺一词出现的早期，在如何对其作定义上曾出现过广义茶艺与狭义茶艺之争。近年来，随着茶文化理论研究的发展，人们的认识越来越接近统一。在众多定义中，最简明扼要的是由陈宗懋主编的《中国茶叶大辞典》中提出的"茶艺（Tea artistry）为泡茶与饮茶技艺"。对此简要的定义应从以下几方面来理解。

（一）茶艺的范围明确

茶艺的范围仅仅限于泡茶与饮茶的范畴，不涉及茶叶的生产、加工、销售和其他方面的用茶等，只研究如何泡好一壶茶和如何享受一杯茶，侧重于泡茶人对沏茶、品茶技艺的理解与掌握。因为茶叶的生产、加工属于茶科学领域；茶叶的销售属于茶叶贸易学或称为茶叶商品学；而其他的用茶，根据用处的不同也应该归属于其他的层面。茶艺，应该属于茶文化的范畴。明确茶艺范围，有利于人们集中精力研究茶艺、创新茶艺，进而推进茶艺更好地发展。若过分扩大茶艺范围，势必加重茶艺的负担，影响茶艺的研究与发展。

（二）茶艺是一门技术

中国茶艺从创始之初就特别注重品茶之"真味"。这就需要茶人在泡茶、品茶过程中掌握并运用一定的技术，使所泡饮的茶之色、香、味等茶性得以充分发挥。具体来说，泡茶的技术涉及如何评茶、择茶，如何鉴水、用水，如何配置茶具，如何选境、置境，如何掌握泡茶的用茶量、水温、泡时等。这需要掌握相关的知识、技能和方法。另外，不仅泡茶讲技术，品茶也需要讲究方式方法。如果泡好的一壶（杯）茶，品饮方式方法不对（如大口牛饮），同样不能品出茶之真味、获得很好的品茶效果。所以茶艺中的技术包括泡茶和品茶两个方面。

（三）茶艺是一种艺术

茶艺不仅讲技术，而且特别强调艺术性，有着较高的美学方面的追求。茶艺中的美学追求贯穿于从泡茶到品茶的全过程。茶艺美主要体现在茶之美、水之美、器之美、境之美以及人之美等多个方面，它是视觉艺术、听觉艺术及想象艺术的综合，是静态艺术与动态艺术结合而构成的一种综合艺术美。茶艺，尤其是表演型茶艺从营造环境到选布茶具、布置茶案，从灯光音乐到生动解说，从茶艺员的服饰妆容到优美动作无不给人带来赏心悦目的感受，无不展示出艺术美感。不仅如此，饮茶也离不开艺术。茶艺中饮茶不同于生活中解渴式喝茶，也不同于茶科学中的茶叶审评，不能只从物质角度科学、客观地去品评茶叶，而应从艺术审美的角度去品赏茶的色、香、味、形，要注重人的主观感受。同样茶艺中的待客之道也应该讲究艺术，讲究心灵的相通，体现出礼仪文明之美。但是，需要强调的一点是，茶艺即饮茶的艺术，是饮茶生活的艺术化，它不同于舞蹈和戏曲等艺术形式，属于实用美学、生活美学、休闲美学的范畴，因此不能太脱离生活，在茶艺操作时动作不要太矫揉造作，不要太夸张，这个度一定要把握好。

（四）茶艺具有深厚内涵

茶艺不是单纯的一门技术和艺术，它有着深厚的精神内涵和较强的社会教化功能，它通过泡茶、饮茶活动，传达某种思想理念，宣扬社会道德规范，对人们进行礼法教育。修习茶艺，可使人陶冶情操，修心养性，知礼明理，提高人文素养，完善自我，实现精神的升华。所以要学好茶艺，一定要深刻理解其精神内涵，并将它内化到自己的思想及言谈举止中，用以指导自己的茶艺实践。所以，学习茶艺之人，首先要加强茶文化修养。目前有不少茶艺爱好者，在修习茶艺之初往往错误地把茶艺当作一种简单的表演艺术，只偏爱学习程序和一些"优美"的表演动作，而忽视了对茶艺精神内涵的理解，结果在进行茶艺表演时有形而无神，缺乏内在神韵，缺乏动人的艺术魅力。这应该为所有茶艺初学者引以为戒。

二、茶艺的特点

不论何种茶艺，都有一些共同的特点，都体现出中国茶艺的共性和个性的和谐统一。茶艺的特点，主要归纳为以下几点。

（一）文质并重，尤重意境

在茶艺中"质"是指其所要表达的思想内涵，它是无形的；"文"是指服装、道具、环境布置、表演程序和表现技巧，它是外在的、可视可行的。一套茶艺如果文胜质，就显得虚浮空洞，是花架子，不能打动人心。相反，如果质胜文，则必然显得枯燥无味，同样不足取。只有文、质并重才会意境高远，韵味无穷。中国茶艺尤重意境，这就必须处理好文质的关系，要寓"质"于"文"中，要使文质有机地融为一体。

（二）道法自然，崇静尚简

这是中国茶艺的一个重要表现特点。"道法自然"要求茶艺的表演者从精神上追求自由，反对心为物所役，力求去亲和自然、契合大道，做到物我两忘，达到至美天乐。在茶艺操作时，动作上要求动如行云流水、静如苍松屹立、笑如春花烂漫、言如山泉絮语，一举手一投足都纯任自然、发自心性、怡然自得、毫不造作。"崇静尚简"是指中国茶艺要求简约玄淡，心静行俭，返璞归真。这正是陆羽在《茶经》中所倡导的"茶之为饮，最宜精行俭德之人"的精神体现。

（三）百花齐放，不拘一格

这是与日本茶道相区别的一个较突出的特点。自古以来我国茶艺的表现形式就多姿多彩。有的儒雅含蓄，有的热情奔放，有的空灵玄妙，有的禅机逼人，有的场面宏大、镂金错彩，有的清丽脱俗、引人遐思；有的用混饮法为宾客献上浓香扑鼻的奶茶，有的用清饮法为宾客敬上沁人心脾的龙井。仅乌龙茶的泡法就有闽北流派、闽南流派、广东流派和台湾流派。台湾流派又有小壶泡法、盖杯泡法、同心杯泡法等不同的表现方式。小壶泡法又可细分为"吃茶流""妙香式""三才式"等不同的小流派。总之，中国茶艺虽然有规范要求，但不僵化、不凝滞，而是充满生活的气息、生命的活力。可谓百花齐放，不拘一格。这一特点使我们发展和创新茶艺有了广阔的空间。

（四）实用为要，追求怡真

茶艺不是单纯的表演艺术，它的本质是生活艺术，说白了，茶是用来喝的，是人们的日常饮品。如果茶艺的泡茶过程艺术性很强，意境也高远，但所泡出的茶味不好，茶性未得到充分发挥，人们不能从中获得茶带来的物质美享受，那也不是很好的茶艺结果。所以中国茶艺不仅关注冲泡过程艺术美的表现，同时把茶的滋味感觉、心理感受很好地融为一体，主张在茶艺中既要怡心悦意，又要怡口悦目，充分享受茶带给人们的天然乐趣。目前在全国各类茶艺比赛的评分标准中，茶汤质量所占分值均较高也反映出这一特点。

三、茶艺的审美特征

茶艺作为茶文化研究的核心内容之一，其美学特点是由哲学理念、礼仪规范、生活情感、艺术技术要求整合在一起的。茶艺是一种审美化的生活仪式，是仪式化的生活艺术，是以饮茶为方式，具有规范仪式的审美创作。它具有仪式化、人格表现、生活情趣、大众性四大审美特征。

（一）仪式化

仪式化概念最早从古典进化论中获得，是指具有作为诱发因素功能的行为，进一步增进其功能的强度、准确度和精密性而趋向于特殊化的过程。随着仪式化的进行，其行为特征变得显著且程序化，本质内容被突显，最终形成一定形式的行为，称为"仪式"。诚如冈仓天心对日本茶道艺术的界定："茶道是基于日常生活俗事之美的一种仪式，它开导人们纯粹与和谐，互爱与崇高，以及社会秩序中的浪漫主义，就像是在难以成就的人生中，希求有所成就的温良企图一样。"日本茶道正是因为有了仪式感才能表达"和敬清寂"的茶艺内涵。

在茶艺活动中，茶的仪式化是指通过具有文化精神的饮茶行为，在仪式化进程中不断重复饮茶的思想、技能、程式，使茶艺主体的艺术动作和客体的茶、水、具、境等要素规定性越来越清晰、准确和严格，最终形成特殊化的形式，完成茶艺的仪式化的过程。

茶艺程序规则的规定性，以位置、动作、姿势、移动线路等要素分解并且细致要求最为显著。这在日常生活中也许并不必要，但是通过这样的规定性仪式进程确实能使得茶艺主体较快地进入不同于日常生活的特殊形式中，感悟生活的真谛。如陆羽不仅创制出一套煮茶法的程序，更是制作出成套的相应茶器来执行他的煮茶法，甚至著《茶经》来推广，从而把中国饮茶法从俗饮提升为生活艺术的层面，确立了茶艺的范式。

茶艺仪式化的实现，首先要求符合科学原则，也就是"合理合德"。不同茶类各有茶性，不同茶会主题也不尽相同，因而需要依照其特点选择沦茶之水、泡茶之具、品茶环境、煮水火候、操作程序等，在此基础上实现仪式化的第一步；另外还需要讲究技巧性，技艺与艺术相通才能使仪式化的茶艺进入审美境界，使其超越日常生活，具有更高级层次的艺术要求。

（二）人格表现

茶艺的人格化也称为人情化，是人们将典型的理想、价值、信念、情感等移情于外物上，通过茶艺活动来表现茶人的典型人格。当然这种影响也不是单方面的，有时茶艺又会反过来对茶人的人格产生作用。

所以茶艺的人格表现，有三个层面。

其一"君子比德于茶"。在茶人们看来，茶是一种艺术载体，陆纳、恒温以茶示俭，以茶比德；陆羽提出饮茶唯"精行俭德"之人最宜；刘贞亮提出茶之"十德"，认为饮茶利礼仁，以茶能雅志，以茶可行道，以茶养生气。当代茶圣吴觉农在《茶经述评》中高度赞扬陆羽称茶为"嘉木"，他认为"嘉木"的"嘉"含有真善美的意思，此时的"嘉木"已远远超越了"优良的树木"的本义，更多的是对茶美好品德的诠释。当代集大成的茶人庄晚芳极力提倡"廉美和敬"的茶德精神，而另一位当代集大成的茶人张天福则从茶中看出了"俭清和静"的精神。茶同美玉一样，被赋予了诸多优良的品德，使饮茶过程蕴含了"节俭、淡泊、朴素、廉洁"的精神。

其二"君子习茶育德"。当代茶圣吴觉农在《茶经述评》中认为饮茶是一种精神上的享受，是一种艺术或是一种修身养性的手段。庄晚芳在《中国茶史散论》中论述茶道就是一种通过饮茶对人们进行礼法教育、提高道德修养的一种方式。现在流行的少儿茶艺就是基于"君子习茶育德"的思想，让小朋友从小浸泡在茶水中感悟茶的美好和品德，逐渐形成好品德好习惯。而禅茶茶艺则通过将饮茶的"精行俭德"境界和佛家的"圆通无碍"体征融合的方式，帮助人们领悟"茶禅一味"，最终获得心灵的顿悟和感想。

其三"君子德茶合一"。只有生活于艺术之中的人才能理解艺术所含有的真正价值。所以茶人在日常生活中也努力保持在茶艺中表现出来的沉稳淡泊、风雅态度。所以喜欢喝茶并体悟茶的人大多是淡泊明志的，如陆羽、白居易、陆游、苏东坡等。

（三）生活情趣

在茶艺活动中，表演者的情感和想象力通过茶、水、具、境、艺串联，通过饮茶行为的审美创造，再现饮茶生活现实，是现实生活的形象对精神世界创新的反应。通过技艺和茶汤的恰到好处，使得表演者和鉴赏者合成一体，茶艺所营造出来的超现实而趋于理想的境界成为人生一大生活情趣的栖息地。其中生活型茶艺和经营型茶艺，更注重茶汤质量的观照，通过一杯完美茶汤的本色呈现，在平淡的生活中创造美、表现美和欣赏美，在志趣相投的人群中被茶汤的美所打动、所感动、所体会，用茶之美来还原生活。而表演型茶艺，强调审美创造和艺术元素的多样融合，通过抽象与夸张，用茶艺的艺术形象来展示美的生活，其更注重技艺交融的对照。

茶艺的审美活动涉及茶的色、香、味之美，水的轻、清、甘、活之洁，茶具的悠久感与和谐感，茶境的自然、含蓄之美，茶技的气韵生动之美，是由表演者、舞台、鉴赏者共同构成的礼、乐、道情趣之美。而更能引起共鸣的是茶人通过茶艺文化抒发出来的生活情趣态度，他们悲天悯人，他们淡泊明志，他们感恩温暖，他们于细微之中发现生活的美好或孤寂，也通过主题让我们产生对生活情趣的共鸣。

（四）大众性

大众性，与贵族精英文化相区别。在雅俗分赏的传统等级社会，茶艺也同样经历了特殊阶层的存在：在魏晋南北朝的贵族制社会，处于贵族阶层的士大夫们缔造了洋溢着自由精神和审美情趣的时代文化，将饮茶方式从内容到形式加以提炼，使饮茶成为上流社会美好生活和风流的组成部分。从魏晋南北朝至唐宋以至明清，茶艺文化在领导东方文化发展的中国上层社会，为其赋予了美的生活方式的象征。但茶艺在参与者范畴的审美特征上，作为"制礼以节事，修乐以道志"的一种载体为历朝所推崇，突出它"在上为礼、在下为俗"的双重性，因此它是贵族阶层与平民大众共同参与的。

比如，宋徽宗所著的《大观茶论》，对茶、水、器、火、境详尽论述，对"烹点之妙"精细描述，不仅反映了宋代茶艺"莫不盛造其极"，斗茶及各种茶会的制度和组织形式兴盛，也反映出最高权力机构对茶艺作为国家普遍行为的推崇。又如南宋朱熹《家礼》中详细记载了茶礼程式，并规定每个家庭必须掌握平常的祭祀礼节，因其频繁而被称为"通礼"。

茶艺丰富存在于大众生活中。日常生活中仪式化的"客来敬茶""以茶为聘""以茶祭祀""清茶四果""以茶代酒"等饮茶风俗和表现一直延续至今，"溢江江口是奴家，郎若闲时来吃茶"，吃茶订婚、茶与婚姻的各类仪式，均象征着美好愿望。用茶艺来表达民众欢快情感的更多：白族三道茶、傣族竹筒香茶、回族的罐罐茶、藏族的酥油茶、纳西族的龙虎斗等，它们有的意在借茶喻世，有的重在饮茶情趣，有的以茶示礼，丰富的表现形式都反映了大众的生活。

由此可见，茶艺通过仪式化和人格化表现完成了其基于日常生活，又超越了日常生活的典型性对象过程。茶艺是一个过程式的活动，它既是写实的，又是艺术的，既追求生活的情趣与意象之美，也追求大众的诗意。

第二节　茶艺的历史源流

一、茶艺的起源与发展

按茶艺的内涵来考察茶艺历史，中国茶艺萌芽于晋代，形成于唐代，距今已有 1000 多年的历史。

西晋时期，文人饮茶兴起，有关茶的诗词歌赋日渐问世，开始赋予饮茶审美意味。西晋文人张载的《登成都白菟楼》首次描写茶叶的芳香和滋味，说明当时诗人们饮茶已经不是单纯地从生理需要出发，而是具有审美意味地欣赏茶的芳香和滋味。也就是说，人们已经开始将茶当作艺术欣赏的对象了。在此之前的所有与茶有关的文献多是强调它的医药功效，可见这是品茶艺术的萌芽。西晋文人杜毓还写了一篇专门赞颂茶叶的《荈赋》，全面而真实地记述当时茶树的生长环境、采茶、用水、茶具、茶汤、泡沫、功效各个方面。其中与品茶有关的就有用水（"水则岷方之注，挹彼清流"）、茶具（"器则陶简，出自东瓯"）、茶汤（"唯兹初成，沫沉华浮，焕如积雪，晔若春藪"）、功效（"调神和内，倦解慵除"）等方面，可见当时饮茶已经讲究用水、择器，煮茶也有一套程序和技艺，并注意泡沫的颜色和形状，认为饮茶具有调解精神、谐和内心的功效，这是我国历史上第一篇正面描写品茶活动的诗赋，已经涉及茶道精神，茶汤已经成为品尝的对象。这是茶艺肇始于晋代的史实根据。虽然晋代已讲究饮茶之艺，但当时并不普遍，而且局限在饮茶的发源地巴蜀一带，故此时的茶艺还处于萌芽阶段。

至唐代中期，饮茶之风遍及全国，"穷日尽夜，殆成风俗。始于中地，流于塞外。"公元780 年陆羽《茶经》的问世是唐代茶文化形成的标志，也是中华茶艺正式形成的标志。在书中，陆羽详细记述了流行于文人雅士和上流社会的煎茶法，也介绍了当时社会中出现的各种饮茶方法，并探讨了饮茶艺术。同时将儒、道、佛三家思想融入饮茶过程，首创了中国茶道精神。饮茶从"食""喝""饮"发展提高到"品"的阶段，变成富有诗情画意的生活艺术，这与为解渴而饮茶的方式有着本质的不同，这是中国茶艺演变历程中的一座里程碑。到了唐末五代时期，不但煮茶技艺已经形成，而且点茶技艺也已形成，并已达到相当高的水平了。

"茶兴于唐盛于宋"。宋代文人中出现了专业品茶社团，茶仪已成礼制。在这样的背景下，宋代的文人雅士们对品茗的技艺更加讲究，日益精进，促使宋代茶艺在继承唐代茶艺的基础上更加成熟。唐代茶艺重视"汤华"（泡沫）的培育，对宋代的茶人们影响很大，在唐代晚期出现的点茶法到了宋代得到很大发展，并成为主流的饮茶方式。宋朝拓宽了茶文化的社会层面和文化形式，走向繁杂、琐碎、奢侈，在品茗过程中追求更高层次的审美意境。至元代，北方民族虽嗜茶，但反对宋人饮茶的烦琐，他们要求简约。随着饮茶方法的简易化，元代茶艺出现了两种趋势：一是增多了"俗饮"，使饮茶更广泛地与人民生活、民风、家礼相结合；另一个特点是重返自然，茶人走向自然界，重新将茶、自己融于大自然之中，从而使茶文化精神与自然契合，返璞归真。

明代废除了蒸青茶饼，盛行散茶冲泡。散茶冲泡在明代称为"瀹茶法"，也称泡茶法，其特点就是"旋瀹旋啜"，即将茶叶放在茶壶或茶杯里冲进开水就可直接饮用。瀹茶的壶（杯）中茶汤没有"汤华"（泡沫）可欣赏，品茶的重点完全放在茶汤色香味的欣赏，对茶、水、具、境、泡、品每个环节要求更加严格、细致。品饮艺术发生了彻底的变化，清饮成了主流。明代茶人比前朝茶人更加强调品茶时自然环境的选择和审美情趣的营造，设计了专门供茶道用的茶寮，使茶事活动有了固定的场所。茶寮的发明、设计，是明代茶人对茶道、茶艺的一大贡献。

到了清代，我国茶叶生产技术空前发展，六大茶类已完备，花茶、紧压茶等再加工茶也大量生产。同时，由于商品经济的发展，茶叶的内销市场、边销市场、国际市场都已形成。为了适应茶叶市场拓展的需要，古老的传统茶艺也开始向多元化的现代茶艺发展。清代中期，以宜兴紫砂壶为主要器皿的工夫茶茶艺、以三才杯（盖碗）为主要器皿的花茶茶艺、以玻璃杯为主要器皿的绿茶茶艺、以及多姿多彩的民间茶俗都已发展得相当完备，其中不少茶艺和茶俗至今流传。明清的茶人将茶艺推进到尽善尽美的境地，品茶已进入"超然物外"的境界，茶艺已经发展到鼎盛期。

中国茶艺在当代达到高度发展的水平。从20世纪70年代茶文化热潮先后在海峡两岸兴起之后，茶艺活动蓬勃发展，很快推广到全国各地，甚至影响至国外。品茗艺术成为一种更为人性化、生活化和艺术化的品茶方式。

在中国大陆，于20世纪90年代初相继成立了"中国国际茶文化研究会""中华茶人联谊会"等相关组织，都将茶艺列为经常开展的活动之一。前者还建立"茶艺工作委员会"，后者则建立"茶道专业委员会"，专门负责指导全国的茶艺活动。建立专门的社团组织，有计划、有领导地开展茶艺活动，使茶艺活动沿着积极、健康的方向发展。这正是新时代茶艺活动最突出的特点，是历史上任何一个时期都不能比拟的。

二、历代饮茶方式的演变

茶叶的饮用方式随着茶叶加工工艺的发展而与时俱进，不断演变，不断发展。我国饮茶的发展经历了全叶煮饮、三国时的加料煮茶法、唐代煎茶法、宋代点茶法、明代以后的泡饮法五个阶段。

（一）原始的全叶煮饮

最早的原始饮用方法是将鲜叶煮饮。我国茶叶食用的历史可以追溯到旧石器时代，所谓"神农尝百草，日遇七十二毒，得荼而解之"。神农时代是将茶树幼叶当作食物，后来发现茶叶的药用功能，就把它当作药物熬成汤汁来喝。商周时期，这种习惯得到继承和发展，直到战国末期，秦灭巴蜀之后，饮茶之风才开始流行。

（二）唐代之前的加料煮茶法

汉魏六朝时期的煮茶法，是将茶投入水中烹煮而饮。茶叶经过晒干或烘干，和米粥一起搅和捣成茶饼。煮饮之前，先将茶饼炙烤成深红色，再捣成茶末。饮用时，有的煮成羹汤而饮，加盐调料，有的将茶末佐以姜、桂、椒、橘皮、薄荷等熬煮成汤汁而饮。这在三国时魏国张辑的《广雅》和《桐君录》等很多古籍中都有记载。这种饮茶法在唐朝以前是很盛行的一种方法，它是由茶做菜汤的吃法演变而来的。中唐以前，茶叶加工粗放，故烹饮也较简单，源于药用的煮熬和源于食用的烹煮是其主要形式。

（三）唐代的煎茶法

煎茶法从煮茶法演化而来，尤其是直接从末茶的煮饮法改进而来。这种饮茶法实际上在唐朝以前就出现了。西晋杜毓《荈赋》就对煎茶法茶汤做了生动描述。只是到了唐朝中期，陆羽将它加以总结提炼，制定出一整套程序，并大加推广，后逐渐成了唐朝的主要饮茶方法。煎茶法盛于晚唐，衰于五代，亡于南宋。

煎茶法的程序主要有炙茶、碾茶、筛茶、煮茶、酌茶、饮茶。操作要点如下。

1. 炙茶

由于唐时制茶工艺还较粗放，一般所制团茶压得不紧，且干度不够，在饮用前要先烤干至焦，才能碾碎。其操作方法是：用小竹夹从储茶的容器中取出饼茶，放在微火上慢烘（烘茶以木炭为佳，若沾膻腥味者则不可用），并不时翻动。当烤得茶身膨胀，略呈弯曲后即可。炙好的团茶，立即放入纸袋中冷却，以免茶香味散失。

2. 碾茶

团茶在纸袋中冷却后，再用竹夹夹入磨臼或茶碾中捣碎或碾磨成末。

3. 筛茶

用拂将碾好的茶末扫入罗合过筛。筛下的细粉就贮于合中，以备煎茶使用。而较粗的茶屑则弃之不用。

4. 煮茶（包括烧水和煮茶）

煮茶用风炉和鍑。煮茶之水最好用泉水。用鍑盛水放在风炉上烧（烧火最好用木炭，火应是活火）。陆羽把水沸腾的过程分成三个阶段，即三沸。当如鱼目般的水泡从鍑底上冒，并微有响声时为第一沸，此时用"揭"取适量的盐加入鍑中。等到鍑边水泡如泉涌般直往上冲时（陆羽形容为涌泉连珠），即为第二沸。此时立即从鍑中舀一瓢汤出来，然后用竹夹（筷子）在沸水中心回旋搅和，并将事先用则量好的茶末沿旋涡中心倾入汤中。稍候片刻，汤便如涛般翻滚（陆羽形容为腾波鼓浪），水花溅出时，为第三沸。此时则需将刚才第二沸时舀出的汤倒入釜中，使水停止滚沸，以培育茶的精华（即保养水面生成的"华"——泡沫）。陆羽认为水过三沸再继续煮，就要老化，味不好，就不宜饮用了。之后，把鍑从火上拿下来，放在"交床"上，就可以开始向茶碗中酌茶了。

5. 酌茶

茶煮好后先舀出第一瓢茶汤，将其盛于"熟盂"中，以备抑制沸腾和孕育精华之用，称为"隽永"（是最好的）。然后再一碗一碗地舀出供饮用的茶。在酌茶时要注意将茶汤的精华——沫饽在各碗中分配均匀（唐人称的沫饽实际上是茶汤面上的泡沫。他们把单纯的泡沫称为沫，把敷有茶末的厚的泡沫称为饽）。

6. 饮茶

舀出的茶要趁热赶快饮用，因为热茶中，精华浮于上，冷却后精华亦随热气消散了。饮茶方式通常是三五人围坐在一起传递着饮同一碗茶（五人行三碗传饮；七人行五碗传饮），饮完一碗，再舀一碗。陆羽认为，一般先舀出的第一、二、三碗茶汤要好些，越到后面（第四、五碗）越差，精华越少。所以陆羽主张，要不是十分口渴，喝茶不要超过五碗。若人多至十人，加两炉。

（四）宋代的点茶法

宋代由于制茶方法上的改进，如团饼茶制得更小，压制得更紧，干燥度更高，也带来了饮茶方式的一些改进，由唐代的煎茶法改为沸水冲点的点茶法。和唐代煎茶法不同，宋代的点茶法取消了煮茶，而是将茶叶末放在茶碗里，用开水冲点，同时用茶筅搅动，茶末上浮，形成粥面。蔡襄《茶录》和赵佶《大观茶论》对点茶过程做了详细的描述，奠定了点茶茶艺的历史地位。

点茶法的主要程序为炙茶、碾茶、罗茶、候汤、熠盏、点茶。其操作要点如下。

1. 炙茶

先将饼茶从笼或盒中轻轻取出，先在干净光洁的容器中以滚沸的开水将茶浸泡一会儿，待其油膏变软后，用竹荚小心地刮去面层油膏，用钤挟着，在炭火上烤干水气，然后用净洁的纸裹住茶饼，用木槌将其敲碎。但如果是当年新茶，就不用此程序了。

2. 碾茶

将敲碎的茶块放入茶碾槽中碾压成粉末（也有用磨子的）。其间要轻拉慢推重碾，要迅速，否则会散失茶之真香。碾好的茶末，不宜久放，如果过了夜，茶色就会由白变昏暗。

3. 罗茶

宋人点茶要求茶汤出现雪白的泡沫，追求真香真味，冲注点调时应如乳胶，因而对茶末要求很细（比唐人要求细得多）。只有细末，才能与茶汤完全融合，若粗，便易于沉淀于碗底（用蔡襄《茶录》语说："细则茶浮，粗则水浮"）。团茶虽经碾碎，但茶末并不十分匀细，得借茶罗筛过细粉，粗茶屑则不用。罗网通常用绢网，约130目。

4. 候汤

宋代点茶用汤瓶来烧水，称为候汤。然后用开水冲点碗中的茶末，称为点茶。宋人认为，汤瓶宜小不宜大，小则候汤较易，点茶注水时也较易控制出水量，以免把茶末冲得四处飞溅。因为汤瓶口小，煮水时不易观察判断水的沸腾程度，只能依靠听觉来把握判断煮水的火候。因而候汤功夫是点茶茶艺的重点技能之一。蔡襄认为"候汤最难"，南宋李南金将候汤时掌握火候的标准概括为"背二涉三"。即当水烧过二沸，刚到三沸之际，就迅速停火冲点茶末，以为这样冲出来的茶才是真香、真味、真色。李南金对这一法则作了形象描述："砌虫唧唧万蝉催，忽有千车捆载来。听得松风并涧水，急呼缥色绿瓷杯。"但其好友罗大经则有不同看法，认为："汤要嫩，而不要太老。盖汤嫩，则茶味甘，老则过苦矣。若声如松风涧水而剧瀹之，岂不过于老而苦哉！唯移瓶去火，稍待其沸止而瀹之，然后汤适中而茶味甘。此南金所未讲者也。因补一诗云：‘松风桧雨到来初，急引铜瓶离竹炉。待得声闻俱寂后，一瓯春雪胜醍醐。’”由此可见，背二涉三这一基本法则是宋代文人共同遵循的，而罗氏在具体掌握上显得更精到一些。水不能不开，因而要烧到背二涉三，但此时的水温过高，冲茶味苦，因而要提瓶离炉，稍作等候。从这些细节的把握上，可见宋人比前人更精于茶艺。

5. 熁盏

用意如同今之“温杯”。即点茶前先用开水烫洗茶盏一遍，使其温热。宋人认为这样才能使茶末全融于汤中，否则茶末会与汤分离。实际上是冷盏使冲入的水温迅速降低，致使茶末难于融入水中。而熁盏后，水温不易降低。

6. 点茶

这是整个宋代点茶法的重点。基本方法是：取适量茶末于碗中，先用少量沸水将茶末调成糊状，然后将沸水沿碗边缘环绕注入。再用茶筅旋转击打，使茶水交融，产生泡沫即可。

在点茶中，有几点要给予重视。

（1）茶水比例　宋人点茶，特别注重茶汤面上的泡沫，斗茶时是以泡沫多少和持续时间长短来分胜负的。而泡沫的产生，除与温度有关外，还与茶水比例有很大关系。茶水比例适中，茶泡沫多而均匀，且有胶质感。但若茶少水多，则浓度太稀，形不成泡沫，称为“云脚散”；相反，茶多水少，则茶末在茶汤表面凝聚太多，称为“粥面聚”，也失去胶质感。蔡襄提出一碗（据有关学者推算，晚唐以来的茶碗直径不超过15cm）茶用茶量为“多不二钱”（约8g）。而注汤量以六分满为宜。

（2）点茶时注水次数和方式　将茶置于茶盏后，一次性将水注满，或轻轻地将水注入，或很重地将水注入等方式都被认为是不可取的。宋徽宗赵佶认为注水应分次进行。第一次沿盏缘注入，势不要过猛；第二次对着茶面急注，然后沿盏周回转一圈。第三、四次都是沿盏周循回注入。根据情况，还可注第五、六、七次。这样的注水法，再结合用筅击拂动作，才能利于茶汤泡沫的形成。

（3）用茶筅击拂的轻重变化　击拂的轻重变化主要与注水次数相结合。宋徽宗认为，注水后，只是用茶筅轻轻地击几下，就不会有泡沫产生，这样点茶称为“静面点”。但若边注水边用力击拂，泡沫会多而小，会很快散去，这样点茶称为“一发点”。这两种方式都不好。正确的方法是，在第一次注水后，先搅动茶膏，渐加击拂，并注意搅匀。第二次注水后，要用力击拂，使泡沫大量产生，第三次到第四次注水时，击拂力度要渐渐减小，速度要放慢。这样才既使泡沫多，又持续时间长。

（五）明代以后的泡茶法

明代以后，基本上废除了唐宋一直沿用的茶饼，主要用叶茶，这就简化了点茶法的许多程序，饮茶方式由点茶法改成泡茶法。这种饮茶方式自明清以来一直是主导性的饮茶方式，直至当代。泡茶法是将茶置于茶壶或茶盏中，以沸水直接冲泡的方法。明清时期更普遍的是壶泡，即置茶于茶壶中，以沸水冲泡，再分到茶盏（杯）中饮用。泡茶法包括备器、选水、取火、候汤、泡茶、斟茶、品茶等程序。具体方法在后面的章节有详述。

三、有关茶艺的历史文献选读

作为茶树原产地和茶文化发源地的中国，历代茶人们不仅在生活实践中创造了绚丽多彩的中华茶艺，而且还著书立说，为我们留下了大量有关茶艺的文献。当然，有很多茶艺文献都是散布于各种茶文化典籍和其他古书之中。尽管如此，也不失为我们了解和研究古代茶艺，创新和发展现代茶艺的宝贵资料。现摘取其中部分经典文献介绍如下。

（一）唐代以前文献

1. 张揖《广雅》

张揖，古汉语训诂学者，字稚让，东汉清河（今河北省清河县）人。曹魏明帝太和年间，官至博士。所著《广雅》十卷，共18150字，是研究古代汉语词汇和训诂的重要著作。

《广雅》中有关茶艺的文字："荆巴间采叶作饼，叶老者饼成以米膏出之。若饮，先炙令赤色，捣末至瓷器中，以汤浇覆之，用葱、姜芼之。其饮醒酒，令人不眠。"

2. 杜毓《荈赋》

杜毓（？—311年），西晋文学家。字方叔，襄城邓陵（今河南鄢陵县）人，司马懿的军师杜袭之孙。官至右将军，曾任国子祭酒。著有《易义》《杜毓文集》两卷。《全晋书》收录杜毓散记《荈赋》等五篇作品。《荈赋》所涉及的范围包括自茶树生长至茶叶饮用的全部过程。全文如下：

灵山惟岳，奇产所钟。瞻彼卷阿，实曰夕阳。厥生荈草，弥谷被岗。承丰壤之滋润，受甘露之霄降。月惟初秋，农功少休；结偶同旅，是采是求。水则岷方之注，挹彼清流；器择陶简，出自东瓯；酌之以匏，取式公刘。惟兹初成，沫沈华浮。焕如积雪，晔若春蔽。若乃淳染真辰，色绩青霜，白黄若虚。调神和内，倦解慵除。

（二）唐代文献

1. 陆羽《茶经》

陆羽（733—804年），字鸿渐，复州竟陵（今湖北天门）人，一名疾，字季疵，号竟陵子、桑苎翁、东冈子，又号"茶山御史"。陆羽一生嗜茶，精于茶道，以著世界第一部茶叶专著《茶经》而闻名于世。他是唐代著名的茶学家，开启了一个茶的时代，为世界茶业发展做出了卓越贡献，被誉为"茶仙"，尊为"茶圣"，祀为"茶神"。

《茶经》成书于唐德宗建中元年（780年）。全书分为三卷，十个部分，共7000多字。《茶经》中有关茶艺的主要内容如下：

四之器

风炉 风炉，以铜铁铸之，如古鼎形，厚三分，缘阔九分，令六分虚中，致其杇墁。凡三足，古文书二十一字，一足云"坎上巽下离于中"，一足云"体均五行去百疾"，一足云"圣唐年号某年铸"。其三足之间设三窗，底一窗以为通飚漏烬之所。上并古文书六字，一窗之上书"伊公"二字，一窗之上书"羹陆"二字，一窗之上书"氏茶"二字，所谓"伊公羹陆氏茶"也。置墆㙟于其内，设三格：其一格有翟焉，翟者，火禽也，画一卦曰离；其一格有彪焉，彪者，风兽也，画一卦曰巽；其一格有鱼焉，鱼者，水虫也，画一卦曰坎。巽主风，离主火，坎主水。风能兴火，火能熟水，故备其三卦焉。其饰以连葩、垂蔓、曲水、方文之类。其炉，或锻铁为之，或运泥为之。其灰承，作三足，铁柈抬之。

筥　筥，以竹织之，高一尺二寸，径阔七寸，或用藤作木楦，如筥形，织之，六出圆眼，其底、盖若利箧口，铄之。

炭檛　炭檛，以铁六棱制之，长一尺，锐上丰中，执细头，系一小钅展，以饰檛也。若今之河陇军人木吾也。或作锤，或作斧，随其便也。

火筴　火筴，一名筯，若常用者，圆直一尺三寸，顶平截，无葱台勾锁之属，以铁或熟铜制之。

鍑　鍑，以生铁为之。今人有业冶者，所谓急铁。其铁以耕刀之趄，炼而铸之。内摸土而外摸沙，土滑于内，易其摩涤；沙涩于外，吸其炎焰。方其耳，以正令也；广其缘，以务远也；长其脐，以守中也。脐长则沸中，沸中则末易扬，末易扬则其味淳也。洪州以瓷为之，莱州以石为之，瓷与石皆雅器也，性非坚实，难可持久。用银为之，至洁，但涉于侈丽。雅则雅矣，洁亦洁矣，若用之恒，而卒归于铁也。

交床　交床，以十字交之，剜中令虚，以支鍑也。

夹　夹，以小青竹为之，长一尺二寸，令一寸有节，节已上剖之，以炙茶也。彼竹之篠，津润于火，假其香洁以益茶味，恐非林谷间莫之致。或用精铁、熟铜之类，取其久也。

纸囊　纸囊，以剡藤纸白厚者夹缝之，以贮所炙茶，使不泄其香也。

碾　碾，以橘木为之，次以梨、桑、桐、柘为之。内圆而外方。内圆备于运行也，外方制其倾危也。内容堕而外无余木。堕，形如车轮，不辐而轴焉，长九寸，阔一寸七分，堕径三寸八分，中厚一寸，边厚半寸，轴中方而执圆。其拂末，以鸟羽制之。

罗合　罗末以合盖贮之，以则置合中。用巨竹剖而屈之，以纱绢衣之。其合以竹节为之，或屈杉以漆之。高三寸，盖一寸，底二寸，口径四寸。

则　则，以海贝、蛎蛤之属，或以铜铁、竹匕、策之类。则者，量也，准也，度也。凡煮水一升，用末方寸匕。若好薄者减之，嗜浓者增之，故云则也。

水方　水方以椆木、槐、楸、梓等合之，其里并外缝漆之，受一斗。

漉水囊　漉水囊，若常用者，其格以生铜铸之，以备水湿，无有苔秽腥涩意。以熟铜苔秽、铁腥涩也。林栖谷隐者，或用之竹木，木与竹非持久涉远之具，故用之生铜。其囊织青竹以卷之，裁碧缣以缝之，细翠钿以缀之。又作绿油囊以贮之。圆径五寸，柄一寸五分。

瓢　瓢，一曰牺杓，剖瓠为之，或刊木为之。晋舍人杜毓《荈赋》云："酌之以匏。"匏，瓢也，口阔胫薄柄短。永嘉中，余姚人虞洪入瀑布山采茗，遇一道士云："吾丹丘子，祈子他日瓯牺之余，乞相遗也。"牺，木杓也，今常用以梨木为之。

竹夹　竹夹，或以桃、柳、蒲葵木为之，或以柿心木为之，长一尺，银裹两头。

鹾簋　鹾簋，以瓷为之，圆径四寸，若合形。或瓶，或罍，贮盐花也。其揭，竹制，长四寸一分，阔九分。揭，策也。

熟盂　熟盂，以贮熟水，或瓷，或沙，受二升。

碗　碗，越州上，鼎州次，婺州次；岳州上，寿州、洪州次。或者以邢州处越州上，殊为不然。若邢瓷类银，越瓷类玉，邢不如越一也；若邢瓷类雪，则越瓷类冰，邢不如越二也；邢瓷白而茶色丹，越瓷青而茶色绿，邢不如越三也。晋杜毓《荈赋》所谓"器择陶拣，出自东瓯"。瓯，越也。瓯，越州上口唇不卷，底卷而浅，受半升已下。越州瓷、岳瓷皆青，青则益茶。茶作白红之色，邢州瓷白，茶色红；寿州瓷黄，茶色紫；洪州瓷褐，茶色黑，悉不宜茶。

畚　畚，以白蒲卷而编之，可贮碗十枚。或用筥，其纸帊以剡纸夹缝令方，亦十之也。

札　札，缉栟榈皮以茱萸木夹而缚之。或截竹束而管之，若巨笔形。

涤方　涤方，以贮涤洗之余，用楸木合之，制如水方，受八升。

滓方　滓方，以集诸滓，制如涤方，受五升。

巾　巾，以绝布为之，长二尺，作二枚互用之，以洁诸器。

具列　具列，或作床，或作架，或纯木、纯竹而制之，或木，或竹，黄黑可扃而漆者。长三尺，阔二尺，高六寸，具列者，悉敛诸器物，悉以陈列也。

都篮　都篮，以悉设诸器而名之。以竹篾内作三角方眼，外以双篾阔者经之，以单篾纤者缚之，递压双经作方眼，使玲珑。高一尺五寸，底阔一尺，高二寸，长二尺四寸，阔二尺。

五之煮

凡炙茶，慎勿于风烬间炙。熛焰如钻，使炎凉不均。持以逼火，屡其正翻。候炮出培塿，状虾蟆背，然后去火五寸。卷而舒，则本其始，又炙之。若火干者，以气熟止；日干者，以柔止。

其始，若茶之至嫩者，蒸罢热捣，叶烂而牙笋存焉。假以力者，持千钧杵，亦不之烂，如漆科珠，壮士接之，不能驻其指。及就，则似无穰骨也。炙之，则其节若倪倪如婴儿之臂耳。既而承热用纸囊贮之，精华之气无所散越。候寒末之。

其火，用炭，次用劲薪。其炭，曾经燔炙，为膻腻所及，及膏木、败器，不用之。古人有劳薪之味，信哉！

其水，用山水上，江水中，井水下。其山水，拣乳泉、石池漫流者上，其瀑涌湍漱勿食之，久食令人有颈疾。又水流于山谷者，澄浸不泄，自火天至霜郊以前，或潜龙畜毒于其间，饮者可决之以流其恶，使新泉涓涓然，酌之。其江水，取去人远者。井，取汲多者。

其沸，如鱼目，微有声，为一沸；缘边如涌泉连珠，为二沸；腾波鼓浪；为三沸。已上水老不可食也。初沸，则水合量，调之以盐味，谓弃其啜余，无乃䘓鹺而钟其一味乎？第二沸出水一瓢，以竹夹环激汤心，则量末当中心而下。有顷，势若奔涛溅沫，以所出水止之，而育其华也。

凡酌，置诸碗，令沫饽均。沫饽，汤之华也。华之薄者曰沫，厚者曰饽，细轻者曰花。如枣花漂漂然于环池之上，又如回潭曲渚青萍之始生，又如晴天爽朗有浮云鳞然。其沫者，若绿钱浮于水湄，又如菊英堕于鐏俎之中。饽者，以滓煮之，及沸，则重华累沫，皤皤然若积雪耳。《荈赋》所谓"焕如积雪，烨若春蔌"，有之。

第一煮水沸，弃其沫之上有水膜如黑云母，饮之则其味不正。其第一者为隽永，或留熟以贮之，以备育华救沸之用。诸第一与第二第三碗次之，第四、第五碗外，非渴甚莫之饮。凡煮水一升，酌分五碗，乘热连饮之，以重浊凝其下，精英浮其上。如冷，则精英随气而竭，饮啜不消，亦然矣。茶性俭，不宜广，广则其味黯澹。且如一满碗，啜半而味寡，况其广乎！其色缃也，其馨欵也。其味甘，槚也；不甘而苦，荈也；啜苦咽甘，茶也。

六之饮

翼而飞，毛而走，呿而言，此三者俱生于天地间。饮啄以活，饮之时义远矣哉！至若救渴，饮之以浆；蠲忧忿，饮之以酒；荡昏寐，饮之以茶。

茶之为饮，发乎神农氏，闻于鲁周公，齐有晏婴，汉有扬雄、司马相如，吴有韦曜，晋有刘琨、张载、远祖纳、谢安、左思之徒，皆饮焉。滂时浸俗，盛于国朝。两都并荆俞间，以为比屋之饮。

饮有觕茶、散茶、末茶、饼茶者，乃斫，乃熬，乃炀，乃春，贮于瓶缶之中。以汤沃焉，谓之痷茶。或用葱、姜、枣、橘皮、茱萸、薄荷之属煮之百沸，或扬令滑，或煮去沫，斯沟渠间弃水耳，而习俗不已。

于戏！天育万物，皆有至妙，人之所工，但猎浅易。所庇者屋，屋精极；所著者衣，衣精极；所饱者饮食，食与酒皆精极之。茶有九难：一曰造，二曰别，三曰器，四曰火，五曰水，六曰炙，七曰末，八曰煮，九曰饮。阴采夜焙，非造也；嚼味嗅香，非别也；膻鼎腥瓯，非器也；膏薪庖炭，非火也；飞湍壅潦，非水也；外熟内生，非炙也；碧粉缥尘，非末也；操艰搅遽，非煮也；夏兴冬废，非饮也。

夫珍鲜馥烈者，其碗数三；次之者，碗数五。若坐客数至五，行三碗；至七，行五碗。若六人已下，不约碗数，但阙一人而已，其隽永补所阙人。

2. 温庭筠《采茶录》

《采茶录》系温庭筠著于唐咸通元年（860年）的一部茶书。原三卷，现在只剩残篇。其中与茶艺相关文字摘于下。

李约汧公子也，一生不近粉黛，性辩茶，尝曰："茶须缓火炙，活火煎。活火谓炭之有焰者。当使汤无妄沸，庶可养茶。始则鱼目散布，微微有声；中则四边泉涌，累累连珠；终则腾波鼓浪，水气全消，谓之老汤。三沸之法，非活火不能成也。"

（三）宋代文献

1. 蔡襄《茶录》

蔡襄是北宋一代名臣，他既是政治家、文学家、书法家，也是茶学家。《茶录》是1052年他在任福建转运使期间写成。分上、下两篇，上篇论茶，下篇论茶器，并篇前有序，篇末有后序。在《茶论》中，蔡襄对茶的色、香、味和藏茶、炙茶、碾茶、罗茶、候汤、熁盏、点茶作了精到而简洁的论述；在"器论"中，对制茶用器和烹茶用具的选择使用，均有独到的见解。蔡襄《茶录》虽仅千言，却很有名，是我们了解研究宋代茶文化和茶道茶艺的十分重要的历史文献。现将其上、下篇录于后。

上篇《茶论》

色　茶色贵白。而饼茶多以珍膏油其面，故有青黄紫黑之异。善别茶者，正如相工之视人气色也，隐然察之于内。以肉理润者为上，既已末之，黄白者受水昏重，青白者受水详明，故建安人斗试以青白胜黄白。

香　茶有真香。而入贡者微以龙脑和膏，欲助其香。建安民间试茶，皆不入香，恐夺其真。若烹点之际，又杂珍果香草，其夺益甚，正当不用。

味　茶味主于甘滑。惟北苑凤凰山连属诸焙所产者味佳。隔溪诸山，虽及时加意制作，色味皆重，莫能及也。又有水泉不甘能损茶味。前世之论水品者以此。

藏茶　茶宜箬叶而畏香药，喜温燥而忌湿冷。故收藏之家以箬叶封裹入焙中，两三日一次，用火常如人体温。温则御湿润，若火多则茶焦不可食。

炙茶　茶或经年，则香色味皆陈。于净器中以沸汤渍之，刮去膏油一两重乃止，以钤箝之，微火炙干，然后碎碾。若当年新茶，则不用此说。

碾茶　碾茶先以净纸密裹捶碎，然后熟碾。其大要，旋碾则色白，或经宿则色已昏矣。

罗茶 罗细则茶浮，粗则水浮。

候汤 候汤最难。未熟则沫浮，过熟则茶沉。前世谓之蟹眼者，固熟汤也。沉瓶中煮之不可辨，故曰候汤最难。

熁盏 凡欲点茶，先须熁盏令热，冷则茶不浮。

点茶 茶少汤多，则云脚散；汤少茶多，则粥面聚。钞茶一钱七，先注汤调令极匀，又添注入，环回击拂。汤上盏可四分则止，视其面色鲜白，著盏无水痕为绝佳。建安斗试以水痕先者为负，耐久者为胜，故较胜负之说，曰"相去一水、两水"。

下篇《器论》

茶焙 茶焙编竹为之，裹以箬叶，盖其上以收火也，隔其中以有容也。纳火其下，去茶尺许，常温温然，所以养茶色香味也。

茶笼 茶不入焙者，宜密封裹，以箬笼盛之，置高处不近湿气。

砧椎 砧椎，盖以碎茶。砧以木为之；椎或金或铁，取于便用。

茶钤 茶钤屈金铁为之，用以炙茶。

茶碾 茶碾以银或铁为之。黄金性柔，铜及砺石皆能生铢，不入用。

茶罗 茶罗以绝细为佳。罗底用蜀东川鹅溪画绢之密者，投汤中揉洗以幂之。

茶盏 茶色白宜黑盏。建安所造者绀黑，纹如兔毫，其坯微厚，熁之久热难冷，最为要用。出他处者，或薄或色紫，皆不及也。其青白盏，斗试家自不用。

茶匙 茶匙要重，击拂有力。黄金为上，人间以银、铁为之。竹者轻，建茶不取。

汤瓶 瓶要小者，易候汤，又点茶注汤有准。黄金为上，人间以银、铁或瓷石为之。

2. 赵佶《大观茶论》

赵佶（1082—1135年），即宋徽宗，我国历史上出名的骄侈淫逸的帝王之一。性风流，但颇有才气，书、画、词、文都有所精通。《大观茶论》是宋徽宗关于茶的专论，成书于大观元年（1107年）。全书共二十篇，对北宋时期蒸青团茶的产地、采制、烹试、品质、斗茶风尚等均有详细记述。其中"点茶"一篇，见解精辟，论述深刻。从一个侧面反映了北宋以来我国茶业的发达程度和制茶技术的发展状况，也为我们认识宋代茶道留下了珍贵的文献资料。现将其有关茶艺的部分摘录于下。

罗碾 碾以银为上，熟铁次之，生铁者非淘炼槌磨所成，间有黑屑藏于隙穴，害茶之色尤甚。凡碾为制，槽欲深而峻，轮欲锐而薄。槽深而峻，则底有准而茶常聚。轮锐而薄，则运边中而槽不夏。罗欲细而面紧，则绢不泥而常透。碾必力而速不欲久，恐铁之害色。罗必轻而平、不厌数，庶已细者不耗。惟再罗，则入汤轻泛，粥面光凝，尽茶之色。

盏 盏色贵青黑，玉毫条达者为上，取其焕发茶采色也。底必差深而微宽，底深则茶直立，易于取乳；宽则运筅旋彻，不碍击拂。然须度茶之多少，用盏之大小。盏高茶少，则掩蔽茶色；茶多盏小，则受汤不尽。盏惟热，则茶发立耐久。

筅 茶筅以箸竹老者为之，身欲厚重，筅欲疏劲，本欲壮而末必眇，当如剑瘠之状。盖身厚重，则操之有力而易于运用；筅疏劲如剑瘠，则击拂虽过而浮沫不生。

瓶 瓶宜金银，大小之制，惟所裁给。注汤利害，独瓶之口嘴而已。嘴之口欲大而宛直，则注汤力紧而不散；嘴之末欲圆小而峻削，则用汤有节而不滴沥。盖汤力紧则发速，有节而不滴沥，则茶面不破。

杓 杓之大小，当以可受一盏茶为量。过一盏则必归其余，不及则必取其不足。倾杓烦数，茶必冰矣。

水 水以清轻甘洁为美。轻甘乃水之自然，独为难得。古人第水，虽曰中泠、惠山为上，然人相去之远近，似不常得。但当取山泉之清洁者。其次，则井水之常汲者为可用。若江河之水，则鱼鳖之腥，泥泞之污，虽轻甘无取。凡用汤以鱼目、蟹眼连绎迸跃为度。过老则以少新水投之，就火顷刻而后用。

点 点茶不一，而调膏继刻，以汤注之，手重笺轻，无粟文蟹眼者，谓之静面点。盖击拂无力，茶不发立，水乳未浃，又复增汤，色泽不尽，英华沦散，茶无立作矣。有随汤击拂，手笺俱重，立文泛泛，谓之一发点。盖用汤已故，指腕不圆，粥面未凝，茶力已尽，雾云虽泛，水脚易生。妙于此者，量茶受汤，调如融胶，环注盏畔，勿使侵茶。势不欲猛，先须搅动茶膏，渐加击拂，手轻笺重，指绕腕旋，上下透彻如酵蘖之起面。疏星皎月，灿然而生，则茶面根本立矣。第二汤自茶面注之，周回一线。急注急止，茶面不动，击拂既力，色泽渐开，珠玑磊落。三汤多寡如前，击拂渐贵轻匀周环，表里洞彻，粟文蟹眼，泛结杂起，茶之色十已得其六七。四汤尚啬。笺欲转稍宽而勿速，其真精华彩既已焕然，轻云渐生。五汤乃可稍纵，笺欲轻盈而透达。如发立未尽，则击以作之；发立已过，则拂以敛之。然后结霭凝雪，茶色尽矣。六汤以观立作，乳点勃然，则以笺着尻缓绕拂动而已。七汤以分轻清重浊，相稀稠得中，可欲则止。乳雾汹涌，溢盏而起，周回凝而不动，谓之咬盏。宜均其轻清浮合者饮之。《桐君录》曰："茗有饽，饮之宜人"。虽多不为过也。

味 夫茶以味为上。香甘重滑为味之全。惟北苑、壑源之品兼之。其味醇而乏风骨者，蒸压太过也。茶枪乃条之始萌者，本性酸；枪过长，则初甘重而终微锁涩，茶旗乃叶之方敷者，叶味苦。旗过老，则初虽留舌而饮彻反甘矣。此则芽銙有之，若夫卓绝之品，真香灵味自然不同。

香 茶有真香，非龙麝可拟。要须蒸及熟而压之，及干而研，研细而造，则和美具足。入盏则馨香四达，秋爽洒然。或如桃仁夹杂，则其气酸烈而恶。

色 点茶之色以纯白为上真，青白为次，灰白次之，黄白又次之。天时得于上，人力尽于下，茶必纯白。天时暴暄，芽萌狂长，采造留积，虽白而黄矣。青白者蒸压微生，灰白者蒸压过熟。压膏不尽则色青暗。焙火太烈则色昏赤。

（四）明代文献

1. 张源《茶录》

张源，字伯渊，号樵海山人，包山（即洞庭西山，在今江苏震泽县）人。他满腹经纶，才华横溢，却不被名利所累。隐居于山谷间汲泉煮茗，醉心于茶事。《茶录》撰写年代目前还无定论。此书共约1700字，分二十三则，内容全面丰富，见解独到，首倡了"上投""中投""下投"之法。其语言精辟，多成名言。是研究明代茶艺的重要著作。张源《茶录》中涉及茶艺的主要内容摘录于下。

火候 烹茶旨要，火候为先。炉火通红，茶瓢始上。扇起要轻疾，待有声稍稍重疾，斯文武之候也。过于文则水性柔，柔则水为茶降；过于武则火性烈，烈则茶为水制。皆不足于中和，非茶家要旨也。

汤辨 汤有三大辨十五小辨。一曰形辨，二曰声辨，三曰气辨。形为内辨，声为外辨，气为捷辨。如虾眼、蟹眼、鱼眼连珠，皆为萌汤。直至涌沸如腾波鼓浪，水气全消，方是纯熟。如初声、转声、振声、骤声，皆为萌汤。直至无声，方是纯熟。如气浮一缕、二缕、三

四缕，及缕乱不分，氤氲乱绕，皆为萌汤。直至气直冲贯，方是纯熟。

汤用老嫩　蔡君谟汤用嫩而不用老，盖因古人制茶，造则必碾，碾则必磨，磨则必罗，则茶为飘尘飞粉矣。于是和剂印作龙凤团，则见汤而茶神便浮，此用嫩而不用老也。今时制茶，不暇罗磨，全具元体，此汤须纯熟，元神始发也。故曰汤须五沸，茶奏三奇。

泡法　探汤纯熟，便取起。先注少许壶中，祛荡冷气。倾出，然后投茶。茶多寡宜酌，不可过中失正。茶重则味苦香沉，水胜则色清气寡。两壶后，又用冷水荡涤，使壶凉洁。不则减茶香矣。罐熟则茶神不健，壶清则水性常灵。稍俟茶水冲和。然后分酾布饮。酾不宜早，饮不宜迟。早则茶神未发，迟则妙馥先消。

投茶　投茶有序，毋失其宜。先茶后汤，曰下投。汤半下茶，复以汤满，曰中投。先汤后茶，曰上投。春秋中投，夏上投，冬下投。

饮茶　饮茶以客少为贵，客众则喧，喧则雅趣乏矣。独啜曰神，二客曰胜，三四曰趣，五六曰泛，七八曰施。

香　茶有真香，有兰香，有清香，有纯香。表里如一曰纯香，不生不熟曰清香，火候均停曰兰香，雨前神具曰真香。更有含香、漏香、浮香、问香，此皆不正之气。

色　茶以青翠为胜，涛以蓝白为佳。黄黑红昏，俱不入品。雪涛为上，翠涛为中，黄涛为下。新泉活火，煮茗玄工，玉茗冰涛，当怀绝技。

味　味以甘润为上，苦涩为下。

点染失真　茶自有真香，有真色，有真味。一经点染，便失其真。如水中着咸，茶中着料，碗中着果，皆失真也。

茶变不可用　茶始造则青翠，收藏不法，一变至绿，再变至黄，三变至黑，四变至白。食之则寒胃，甚至瘠气成积。

品泉　茶者水之神，水者茶之体。非真水莫显其神，非精茶曷窥其体。山顶泉清而轻，山下泉清而重，石中泉清而甘，砂中泉清而冽，土中泉淡而白。流于黄石为佳，泻出青石无用。流动者愈于安静，负阴者胜于向阳。真源无味，真水无香。

2. 许次纾《茶疏》

许次纾（1549—1604年?），字然明，号南华，明代浙江钱塘人。一生嗜茶之品鉴，并得吴兴姚绍宪指授，故深得茶理。《茶疏》撰于明万历二十五年（1597年）。共约4700字，包括品第茶产、炒制收藏方法、烹茶用器、用水、用火及饮茶宜忌等。该书为后人提供了不少重要的明代茶事资料，其中对长兴茶的产制记载尤详。其刊本很多，约10种。

《茶疏》中涉及茶艺的部分内容如下。

烹点　未曾汲水，先备茶具。必洁必燥，开口以待。盖或仰放，或置瓷盂，勿意覆之案上，漆气食气，皆能败茶。先握茶手中，俟汤既入壶，随手投茶汤，以盖覆定。三呼吸时，次满倾盂内，重投壶内，用以动荡香韵，兼色不沉滞。更三呼吸顷，以定其浮薄。然后泻以供客。则乳嫩清滑，馥郁鼻端。病可令起，疲可令爽，吟坛发其逸思，谈席涤其玄衿。

秤量　茶注宜小，不宜甚大。小则香气氤氲，大则易于散漫。大约及半升，是为适可。独自斟酌，愈小愈佳。容水半升者，量茶五分，其余以是增减。

汤候　水一入铫，便须急煮。候有松声，即去盖，以消息其老嫩。蟹眼之后，水有微涛，是为当时。大涛鼎沸，旋至无声，是为过时。过则汤老而香散，决不堪用。

瓯注　茶瓯古取建窑兔毛花者，亦斗碾茶用之宜耳。其在今日，纯白为佳，兼贵于小。

定窑最贵,不易得矣。宜城嘉靖,俱有名窑,近日仿造,间亦可用。次用真正回青,必拣圆整。勿用岢岚。茶注以不受他气者为良,故首银次锡。上品真锡,力大不减,慎勿杂以黑铅。虽可清水,却能夺味。其次内外有油瓷壶亦可,必如柴、汝、宣、成之类,然后为佳。然滚水骤浇,旧瓷易裂可惜也。近日饶州所造,极不堪用。往时龚春茶壶,近日时大彬所制,大为时人宝惜。盖皆以粗砂制之,正取砂无土气耳。随手造作,颇极精工,顾烧时必须火力极足,方可出窑。然火候少过,壶又多碎坏者,以是益加贵重。火力不到者,如以生砂注水,土气满鼻,不中用也。较之锡器,尚减三分。砂性微渗,又不用油,香不窜发,易冷易馊,仅堪供玩耳。其余细砂,及造自他匠手者,质恶制劣,尤有土气,绝能败味,勿用勿用!

荡涤　汤铫瓯注,最宜燥洁。每日晨兴,必以沸汤荡涤,用极熟黄麻巾帨向内拭干,以竹编架,覆而庋之燥处,烹时随意取用。修事既毕,汤铫拭去余沥,仍覆原处。每注茶甫尽,随以竹箸尽去残叶,以需次用。瓯中残沉,必倾去之,以俟再斟。如或存之,夺香败味。人必一杯,毋劳传递,再巡之后,清水涤之为佳。

饮啜　一壶之茶,只堪再巡。初巡鲜美,再则甘醇,三巡意欲尽矣。余尝与冯开之戏论茶候,以初巡为停停袅袅十三余,再巡为碧玉破瓜年,三巡以来,绿叶成阴矣。开之大以为然。所以茶注欲小,小则再巡已终,宁使余芬剩馥,尚留叶中,犹堪饭后供啜漱之用,未遂弃之可也。若巨器屡巡,满中泻饮,待停少温,或求浓苦,何异农匠作劳。但需涓滴,何论品赏,何知风味乎?

论客　宾朋杂沓,止堪交错觥筹;乍会泛交,仅须常品酬酢。惟素心同调,彼此畅适,清言雄辩,脱略形骸,始可呼童篝火,酌水点汤。量客多少,为役之烦简。三人以下,止爇一炉;如五六人,便当两鼎炉,一童。汤方调适,若还兼作,恐有参差。客多,姑且罢火,不妨中茶投果,出自内局。

茶所　小斋之外,别置茶寮。高燥明爽,勿令闭塞。壁边列置两炉。炉以小雪洞覆之,止开一面,用省灰尘腾散。寮前置一几,以顿茶注茶盂,为临时供具,别置一几,以顿他器。旁列一架,巾帨悬之,见用之时,即置房中。斟酌之后,旋加以盖,毋受尘污,使损水力。炭宜远置,勿令近炉,尤宜多办宿干易炽。炉少去壁,灰宜频扫。总之以慎火防爇,此为最急。

洗茶　芥茶摘自山麓,山多浮沙,随雨辄下,即着于叶中。烹时不洗去沙土,最能败茶。必先盥手令洁,次用半沸水,扇扬稍和,洗之。水不沸,则水气不尽,反能败茶,毋得过劳以损其力。沙土既去,急于手中挤令极干,另以深口瓷盒贮之,抖散待用。洗必躬亲,非可摄代。凡汤之冷热,茶之燥湿,缓急之节,顿置之宜,以意消息,他人未必解事。

童子　煎茶烧香,总是清事,不妨躬自执劳。然对客谈谐,岂能亲莅,宜教两童司之。器必晨涤,手令时盥,爪可净剔,火宜常宿,最宜饮之时,为举火之候。又当先白主人,然后修事。酌过数行,亦宜少辍。果饵间供,别进浓沉,不妨中品充之。盖食饮相须,不可偏废,甘酸杂陈,又谁能鉴赏也。举酒令筯,理宜停罢。或鼻中出火,耳后生风,亦宜以甘露浇之。各取大盂,撮点雨前细玉,正自不俗。

饮时　心手闲适、披咏疲倦、意绪芬乱、听歌拍曲、歌罢曲终、杜门避事、鼓琴看画、夜深共语、明窗净几、洞房阿阁、宾主款狎、佳客小姬、访友初归、风日晴和、轻阴微雨、小桥画舫、茂林修竹、课花责鸟、荷亭避暑、小院焚香、酒阑人散、儿辈斋馆、清幽寺观、名泉怪石。

宜辍 作事、观剧、发书束、大雨雪、长筵之席、翻阅卷帙、人事忙迫、及与上宜饮时相反事。

不宜用 恶水、敝器、铜匙、铜铫、木桶、柴薪、麸炭、粗童、恶婢、不洁巾帨、各色果实香药。

不宜近 阴室、厨房、印喧、小儿啼、野性人、童奴相哄。

（五）清代文献

1. 俞蛟《梦厂杂著·潮嘉风月·工夫茶》

俞蛟，字清源，又字六爱，号梦厂、梦厂居士，浙江山阴（今绍兴）人，生于清乾隆十六年（公元1751年），卒年不详。是清中期散文家、画家。俞蛟一生仕途坎坷，生平郊游甚广，见闻颇多。《梦厂杂著》成书于嘉庆六年（1801年）四月，为俞蛟传世唯一著作。所记多身历、目睹、耳闻之事。其内容丰富，文字清新，是一部很好的笔记。

《梦厂杂著》共十卷，由七个独立的篇章组成，即：《游踪选胜》《临清寇略》《春明丛说》《潮嘉风月》《乡曲枝辞》《齐东妄语》《读画闲评》。其中《潮嘉风月》的《工夫茶》一章是目前为学界公认的有关工夫茶的最早记录。原文如下。

工夫茶，烹治之法，本诸陆羽《茶经》，而器具更为精致。炉形如截筒，高经一尺二三寸，以细白泥为之。壶出宜兴窑者最佳，圆体扁腹，努嘴曲柄，大者可受半升许。杯盘则花瓷居多，内外写山水人物，极工致。类非近代物，然无款志，制自何年，不能考也。炉及壶、盘各一，惟杯之数，则视客之多寡，杯小而盘如满月。此外尚有瓦铛、棕垫、纸扇、竹夹，制皆朴雅。壶、盘与杯，旧而佳者，贵如拱璧，寻常舟中，不易得也。先将泉水贮铛，用细炭煎至初沸，投闽茶于壶内冲之，盖定。复遍浇其上，然后斟而细呷之。气味芳烈，较嚼梅花更为清绝，非拇战轰饮者得领其风味。余见万花主人于程江月儿舟中题《吃茶诗》云："宴罢归来月满阑，褪衣独坐兴阑珊；左家娇女风流甚，为我除烦煮凤团。""小鼎繁声逗响泉，篷窗夜静话联蝉；一杯细啜清于雪，不羡蒙山活火煎。"蜀茶久不至矣，今舟中所尚者，惟武夷，极佳者每斤需白镪二枚。六篷船中，食用之奢，可想见焉。

2. 徐珂《清稗类钞·饮食类·邱子明嗜工夫茶》

徐珂，字仲可，杭县（今杭州）人，清光绪年间举人，享年六十。曾先后师事谭献、况周颐等词学名家，并在上海商务印书馆任编辑。徐珂以诗文知名于世，尤致力于清代遗闻逸事之搜集、整理，编成《清稗类钞》四十八册，分时令、地理、外交、风俗、工艺、文学等九十二类，一万三千五百余条，初刊于民国六年（1917年）。

《清稗类钞》中饮食类的《邱子明嗜工夫茶》一条较为详细地介绍了工夫茶的冲泡品饮方法，是了解传统工夫茶不可多得的资料。其原文如下。

闽中盛行工夫茶，粤东亦有之。盖闽之汀、漳、泉，粤之潮，凡四府也。烹治之法，本诸陆羽《茶经》，而器具更精。炉形如截筒，高约一尺二三寸，以细白泥为之。壶出宜兴者为最佳，圆体扁腹，努嘴曲柄，大者可受半升许。所用杯盘，多为花瓷，内外写山水人物，极工致，类非近代物。炉及壶盘各一，惟杯之数，则视客之多寡。杯小而盘如满月，有以长方瓷盘置一壶四杯者，且有壶小如拳，杯小如胡桃者。此外尚有瓦铛、棕垫、纸扇、竹夹，制皆朴雅，壶、盘与杯旧而佳者。先将泉水贮之铛，用细炭煎至初沸，投茶于壶而冲之，盖定，复遍浇其上，然后斟而细呷之。其饷客也，客至，将啜茶，则取壶，先取凉水漂去茶叶尘滓，乃撮茶叶置之壶，注满沸水，既加盖。乃取沸水徐淋壶上，俟水将满盘，覆以巾。久之，始去巾，注茶杯中，奉客。客必衔杯玩味，若饮稍急，主人必怒其不韵也。

闽人邱子明笃嗜之。其法，先置玻璃瓮于庭，经月，辄汲新泉水满注一瓮。烹茶一壶，越宿即弃之，别汲以注第二瓮。侍僮数人，供炉火。炉以不灰木制之，架无烟坚炭于中。有发火机，以器焠之，炽矣。壶皆宜兴砂质，每茶一壶，需炉铫三。汤初沸为蟹眼，再沸为鱼眼，至联珠沸而熟。汤有功候，过生则嫩，过熟则老，必如初写《黄庭》，恰到好处。其烹茶之次第，第一铫，水熟，注空壶中，荡之泼去。第二铫，水已熟，予置酌定分两之叶于壶，注水，以盖复之，置壶于铜盘中。第三铫，水又熟，从壶顶灌其四周，茶香发矣。注茶以瓯，甚小。客至，饷一瓯，舍其涓滴而咀嚼之。若能陈说茶之出处、功效，则更烹尤佳者以进。

第三节　茶艺的分类及构成要素

一、茶艺的分类

我国地域辽阔，民族众多，饮茶历史悠久，各地的茶风、茶俗、茶艺繁花似锦，美不胜收。为了便于深入研究，我们必须对茶艺进行分类。但由于目前我国茶艺形式实在太多、太复杂，作统一分类比较困难，通常是根据研究目的的不同来确定分类标志，依不同的分类标志分类不一样。目前茶艺常见的分类有以下几种。

（一）以表现形式分类

1. 表演型茶艺

表演型茶艺是指由一个或几个茶艺师在舞台上演示茶艺的技巧，众多观众在台下欣赏的一种茶艺形式。从严格意义上说，因为在台下的观众并没有能真正参与到茶事活动中去，他们中只有少数几位贵宾或幸运者有机会品到茶，其余的人都无法鉴赏到茶的色、香、味、形，更品悟不到茶的韵味，所以表演型茶艺称不上是真正意义上的茶艺。但是，表演型茶艺适用于大型聚会，并且可以借助一切舞台美学的手段来提高茶艺的观赏价值，同时比较适合用于表现历史性题材或创编出现代主题茶艺。所以，在宣传普及茶文化，推广和提高泡茶技艺，丰富人们的精神文化生活等方面，这类茶艺具有独特的优势。从过去到现在，我国组织的各类茶艺大赛中，参赛的也多是表演型茶艺。

与其他类型茶艺相比，表演型茶艺在艺术观赏性上要求较高。从表演主题内容到场景、道具、背景音乐，以及表演者的服装、妆容和动作等都需进行精心设计与安排，借助舞台美术的一切手段去提高艺术感染力，在表演时茶艺师要像演员一样进入角色，动作和表情可以根据茶艺内容的需要适度夸张一些。相应地，在泡茶技术性方面的要求相对不那么严格，泡茶的用量、水温和泡时都可根据表演情节和节奏做灵活调整。

随着茶艺的快速发展，目前表演型茶艺又分解成技艺型茶艺和艺术型茶艺两种。技艺型茶艺主要以各种掺茶技艺为表演内容，技巧性较强，表演中有很多武术动作，因此要求表演者要有一定的武功基础（如长嘴壶茶技表演）；而艺术型茶艺则指对泡茶、饮茶全过程做艺术展示的茶艺，也即一般常见的表演型茶艺。艺术型茶艺通常都有一个主题，其主题内容不同，相应的表演内容、表演风格、服装、茶具、舞台布景及音乐等方面都有较大差异。

2. 待客型茶艺

待客型茶艺是指由一名主泡茶艺师与几位客人围桌而坐，一同赏茶、鉴水、闻香、品茗。在场的每一个人，都是茶事活动的直接参加者，而非旁观者，每一个人都参加了茶艺美的创造，都能充分领略到茶的色、香、味、韵。由于参与的人数不多，范围较小，气氛一般轻松愉快，参与者可以自由地交流感情，切磋茶艺，探讨茶道奥义。所以，在以茶示道方面，待客型茶艺比表演型茶艺更具优势。但是，待客型茶艺较难用于大规模的聚会。

待客型茶艺不仅是现代茶艺馆中最常用的茶艺，还适用于政府机关、企事业单位以及普通家庭。学习这种茶艺时，切忌带上表演型的色彩，讲话、动作、服饰都不可造作，不宜夸张，一定要像主人接待自己的亲朋好友一样亲切、自然。

待客型茶艺一般要求茶艺师边泡茶边讲解，客人也可以随意发问、插话。所以要求茶艺师要有较强的语言表达能力和与客人沟通的能力以及应变能力，同时，还必须具备比较丰富的茶文化知识。

3. 营销型茶艺

营销型茶艺是指通过泡茶来促销茶叶、茶具等商品。营销本身也是一门艺术。营销型茶艺是最受茶庄、茶厂、茶叶专卖店欢迎的一种茶艺。它在冲泡器具选择时，一般应选用能充分显示所泡茶叶的品质优点的茶具，便于直观地向客人讲解茶的特性。在冲泡过程中，茶艺师不注重于用一整套程式化的程序和像背书一样的解说词来泡茶、讲茶，而是结合茶叶市场学和消费心理学理论，在充分展示茶叶内质的同时，突出讲解所冲泡茶叶的商品魅力，意在激发客人的购买欲望，最终达到促销的目的。

营销型茶艺要求茶艺师自信、诚恳，并具备丰富的茶叶商品知识和娴熟的茶叶营销技巧。

（二）以茶艺主体的身份分类

1. 宫廷茶艺

宫廷茶艺是我国古代帝王敬神、祭祖、日常起居或赐宴群臣时进行的茶艺。唐代的清明茶宴，唐玄宗与梅妃斗茶，唐德宗时期的东亭茶宴，宋代皇帝游观赐茶、视学赐茶，以及清代的千叟茶宴等均可视为宫廷茶艺。宫廷茶艺的特点是场面宏大、礼仪烦琐、气氛庄严、茶具奢华、等级森严且带有政治教化、政治导向等政治色彩。

2. 文士茶艺

文士茶艺是在历代儒士们品茗斗茶的基础上发展起来的茶艺。比较有名的有唐代吕温写的三月三茶宴、颜真卿等名士的月下啜茶联句、白居易写的湖州茶山境会以及宋代文人在斗茶活动中所用的点茶法、瀹茶法等。文士茶艺的特点是文化内涵厚重，品茗时注重意境，茶具精巧典雅，表现形式多样，气氛轻松怡悦。文士茶艺常和清谈、赏花、观月、抚琴、吟诗、联句、鉴赏古董字画等相结合，深得怡情悦心、修身养性之真趣。

3. 宗教茶艺

宗教茶艺是在我国古代僧道们以茶供佛敬神和日常生活饮茶活动基础上发展起来的茶艺，带有强烈的宗教色彩。现代宗教茶艺逐渐演变成表演型茶艺。我国目前流传较广的有禅茶茶艺、佛茶茶艺、观音茶茶艺、太极茶艺、道家茶艺等。宗教茶艺的特点是特别讲究礼仪，气氛庄严肃穆，茶具古朴典雅，强调修身养性或以茶示道。日本茶道也是在我国宋代宗教茶艺基础上发展起来的。

4. 民俗茶艺

我国是一个有 56 个民族相依共存的民族大家庭，各民族对茶虽有共同的爱好，但却各有不同的饮茶习俗。就连汉族内部也是千里不同风，百里不同俗。在长期的茶事实践中，不少地方的老百姓都创造出了具有独特风格的民俗茶艺。民俗茶艺包括地方型茶艺和民族型茶艺。地方型茶艺指反映各地汉族百姓不同茶俗的茶艺，如客家擂茶、惠安女茶、新娘茶等。民族型茶艺指反映流行于各民族地区的特色茶俗的茶艺，如藏族的酥油茶、蒙古族的奶茶、白族的三道茶、畲族的宝塔茶、布朗族的酸茶、土家族的擂茶、维吾尔族的香茶、纳西族的"龙虎斗"、苗族的油茶、回族的罐罐茶，以及傣族和拉祜族的竹筒香茶等。民俗茶艺的特点是表现形式多姿多彩，特色鲜明，贴近生活，所用茶具质朴多样，清饮混饮不拘一格，具有浓厚的乡土气息。

（三）以茶叶种类分类

以茶为主体来分类，实质上是茶艺顺茶性、倡茶道、示茶美的具体表现。我国茶类众多，各种茶的品质特点大相径庭，因此不同茶类对泡茶时所用的器具、水温、茶量、泡时均有不同的要求，这就形成了不同的茶艺方法。目前常见的茶类茶艺有绿茶茶艺、红茶茶艺、乌龙茶茶艺、普洱茶茶艺及花茶茶艺等。

（四）以饮茶器具分类

不同茶具式样、大小、质地等各不相同，它决定了泡茶过程中水温、泡时和很多操作手法、饮茶方式的不同，因而形成了不同的茶艺方法。目前主要有壶泡法（包括紫砂小壶冲泡法和瓷器大壶冲泡法），还有盖碗茶艺和玻璃杯茶艺等。

（五）以冲泡方式分类

不同的冲泡方式在操作方法上不同，冲泡出的茶汤在色香味上也有很大差异。常见的有烹煮法、泡茶法、点茶法、煎茶法等。

二、茶艺的构成要素

我国目前茶艺类型很多，但无论哪一类茶艺，都是由茶、水、具、境、艺、人这六大基本要素构成的。要达到茶艺美，就必须茶、水、具、境、艺、人这六大基本要素俱美，只有六要素的有机结合与完美配合，才能产生出动人的茶艺。

1. 茶

茶是茶艺的物质载体，研究茶艺首先必须了解茶。中国制茶史有近两千年的历史，发展到今天，已有多种茶类。俗话说得好："茶叶喝到老，茶名记不了"，说明茶叶种类之多。不同的茶，品质特点大相径庭。所以对不同的茶叶进行冲泡时，所用茶具、泡法等都应不同，这样才能保证其品质特征得以充分发挥。就是同一类茶，质量档次不同，泡出的茶汤效果也不同。因此，鉴茶、赏茶是茶艺的首要环节，也是最基础的一个部分。作为茶人必须要会区别茶类、识别茶的好坏、新陈、真假，掌握茶叶的贮藏保鲜方法等。

2. 水

茶是作为饮料而被人们利用的，自然离不开水。古人说"水是茶之母"，不同的水，泡出的茶在色、香、味上差别很大。明代张大复在《梅花草堂笔谈》中说："茶性必发于水，八分之茶，遇十分之水，茶亦十分矣；八分之水，试十分之茶，茶只八分耳。"说明好水可以提升茶的品质；差水也会降低茶汤质量。所以，自古以来，人们对泡茶用水都很重视，好茶必须选好水泡。

另外，泡茶用水是需要煮沸的，然而怎样煮沸和煮沸到何种程度，也关系到茶汤质量，故古人称"侯汤（古人对煮水的称呼）最难"。修习茶艺不仅要掌握水的知识，还需要学会煮水方法。

3. 具

即茶具。茶作为饮料，是离不开容器的，俗话说："壶为茶之父"，即说明了茶具在茶艺中的重要地位。不仅如此，茶具还对茶叶品质的充分发挥有着极其重要的作用。因为各种茶具在质地、形状大小上的差异会使其保温性和保香性有很大的差别，这就对茶叶品质特点的充分发挥产生较大影响。如果用紫砂壶冲泡西湖龙井，而用玻璃杯冲泡铁观音，恐怕这两种名茶的优良品质都会大打折扣。所以，根据茶叶正确选用茶具是茶艺的一个重要内容。另外，正确配具，不仅关系茶性的发挥，而且还有美学上的意义。将茶具在质地、式样、色调上协调搭配，可使品茗过程更具艺术美感，更增添品茗的情趣。因此精美的茶具，还是品茗过程中增加艺术气氛和情趣的不可多得的道具。

4. 境

品茶是一件高雅而令人愉快的事，就讲究有一定的环境气氛。假使有了好茶、佳水、美具，但无好环境、好茶伴、好心情，同样不能品出茶的雅趣，品茶也就不能成艺，更不能从中悟道。这里的茶境包括周围的物境和人境、心境等。

5. 艺

艺指的是茶艺的具体操作程序和方法，也包括各种姿势和动作，以及各种礼仪细节等。茶艺的艺之美，是一种动态美，是将前四种静态要素串连起来而形成完整茶艺的重要要素。

6. 人

人是茶艺的主体，前面几要素的有机组合与发挥都是靠人来完成的。所以，人是茶艺的最根本、最关键的一个要素。同时，在茶艺美的创造中，人之美也是其中很重要的一个内容。试想，如果有好茶、佳泉、精具、美境，以及完备的程序、方法，但茶艺员本身不美，那样的茶艺能叫艺术吗？能给人带来美的享受吗？所以，茶人之美是茶艺的一个非常重要的组成部分，作为茶人，有两个方面的美的要求：一是要仪表仪态美；二是要心灵美、言谈举止美。

第四节　茶艺与茶道的关系

一、茶道的概念

"茶道"一词最早出现在唐代。陆羽的好友、著名诗僧皎然在他《饮茶歌诮崔石使君》

一诗的最后一句中就提出了"茶道"一词："熟知茶道全尔真，唯有丹丘得如此。"其后，封演在其《封氏闻见记》卷六"饮茶"中也提到："又因鸿渐之论，广润色之，于是茶道大行。"另外，唐代刘贞亮在讲饮茶十德中也明确提出："以茶可雅志，以茶可行道。"然而，"茶道"一词在唐代零星出现几次后，很长一段时间就再未出现过。直到明朝才又在个别文献中出现过几次，如张源《茶录》中单列"茶道"一条，其记："造时精、藏时燥、泡时洁。精、燥、洁，茶道尽矣。"而这里的"茶道"也仅仅是涉及造、藏、泡等纯技术层面的内容，无品茗悟道等精神层面含义。

总之，"茶道"一词自出现以来，直到当代茶文化复兴这 1000 多年的漫长岁月中，在中国很少使用，而且一直无人对茶道内涵作界定，给出一个明确的定义，更没有人专门著书论述茶道。有人分析这是受中国传统观念影响之故。在汉语里，"道"字是一个比较特殊的字眼。权威辞书《辞海》中对"道"的释义有 15 种义项。既指道路、或水流通行的途径，又指方向、方法、法则、规律、道理、道德，还代表学术或宗教的思想体系，而在传统文化体系中，"道"还是一种非常玄妙的人生观、宇宙观，是很神圣庄重的，高高在上的。老子在《道德经》中就讲"道可道，非常道；名或名，非常名。"大道无形，老子认为能准确表述出来的东西就不是道。孔子也讲"朝闻道，夕可死矣。"（《论语·里仁》）另外，佛经《坛经》中也说："道由心悟。"可见儒家和佛教都认为道是人生的终极追求，道只能由各人用心去感悟。在这些传统思想观念的影响下，中国人从不轻易言道。直到今天，仍有人主张不给茶道下明确定义。如武夷茶人林治就认为"没有必要给它（茶道）下一个统一的定义，如果把'茶道'当成一个固定的、僵化的概念，反倒失去了茶道这一东方文化的神秘感，同时也限制了茶人们的想象力，淡化了茶人们用心灵去体悟茶道时所产生的玄妙感受。用心灵去体悟茶道的感受好比是'月印千江水，千江月不同'。……在各个茶人心中对茶道自有各自不同的美妙感受，我们没有必要、也没有可能去强求一致。"

尽管如此，为更好地进行茶文化理论研究，很多学者认为还是很有必要对茶道等概念给出一个明确的定义，并在这方面作了很多工作。下面介绍几个具有代表性的定义：

庄晚芳："茶道是一种通过饮茶的方式，对人民进行礼法教育，道德修养的仪式。"

丁文："茶道是一种文化艺能，是茶事与文化的完美结合，是修养和教化的手段。"

梁子："茶道，是在一定的环境气氛中，以饮茶、制茶、烹茶、点茶为核心，通过一定的语言、身体动作、器具、装饰表达一定思想感情，具有一定时代性和民族性的综合文化活动形式。"

陈香白："中国茶道就是通过茶事过程，引导个体在美的享受中走向完成品德修养，以实现全人类和谐安乐之道。"

邹明华："茶道一词，既可以指茶的采造煮饮方法和技艺，又可以指通过茶事活动所反映的有关思想、理念及宗教观念。在这里的'道'，即茶事过程中所贯彻的精神。"

久松真一："茶道文化是以吃茶为契机的综合文化体系。茶道文化具有综合性、统一性、包容性。其中有艺术、道德、哲学、宗教以及文化的各个方面。茶道文化的内核是禅。"

在前人研究的基础上，安徽农业大学的丁以寿把茶道内涵定义为两个层次，即饮茶修道和饮茶之道。饮茶修道指通过品茶、修习茶道来实现个人的修心养德，净化灵魂，提高精神境界，这是精神层面的内容，是人的内心修炼，靠用心去悟，是一个长期的内化过程。修习茶道所悟之"道"，即为一种思想、一种精神，不是表演给人看的，也是不可表演的。而饮茶之道则是指泡茶、饮茶等茶事活动中有关的方法、技艺，是技术层面的内容。而茶道的重点在饮茶修道，在茶道思想和精神。

二、茶道的基本精神

如前所述，茶艺不是简单地泡茶、饮茶，它有着深刻的精神内涵。在修习茶艺时，我们须首先认识并掌握茶道的基本精神，并用它来指导茶艺实践，我们的茶艺才能有神有魂、神形兼备、精彩动人，而不是简单的模仿。我们才能在修习茶艺的过程中彻悟人生，提升境界，完善自我。

茶道精神是人们在长期饮茶过程中从茶的自然属性及产生的社会属性当中发掘和提炼出来，并结合人们的思想、文化、信仰而不断引申、扩展而形成的。由于人们所处的时代、社会环境、文化背景和所追求的理想境界等各有差异，在对茶道精神的认识和理解上也会各不相同。真可谓仁者见仁，智者见智。下文对中外茶人总结的各种茶道精神做简要介绍，以便对茶道精神有较为全面的认识，进而从中很好地把握茶道精神的核心。

（一）中华茶道精神

我国的茶道虽然形成于唐代，当时的茶道也具有一定精神内涵，但从未有人对茶道精神进行总结提炼，此项工作还是在 20 世纪 80 年代海峡两岸茶文化复兴时才正式开始。当时茶文化热潮在海峡两岸兴起，各种茶文化新生事物和新学说不断涌现。面对这种情况，茶文化界的许多学者已经意识到必须对中国茶道精神进行提炼并加以明确，才能更好地推动茶文化事业的发展。于是不同学科的专家学者都开始进行理论探索，根据自己的理解来阐释中华茶道的基本精神。而且大家都不约而同地套用日本茶道四规的模式，用四个字来概括中国茶道精神的内容。

1982 年，台湾林荆南教授将茶道精神概括为"美、健、性、伦"四字，即"美律、健康、养性、明伦"，称之为"茶道四义"。

1985 年，台湾的范增平先生在《台湾茶文化论》一书中提出："茶艺的根本精神，乃在于和、俭、静、洁。"

1990 年 2 期《文化交流》杂志上，庄晚芳教授发表了题为《茶文化浅议》的文章，提出了四字守则的中国茶德：廉、美、和、敬。其解释为：廉俭有德，美真康乐，和诚处世，敬爱为人。

1990 年 6 期《中国茶叶》杂志上，中国农业科学院茶叶研究所研究员程启坤和姚国坤发表了题为《从传统饮茶风俗谈中国茶德》的文章，他们在文中主张中国茶德可用"理、敬、清、融"四字来表述。

茶学专家张天福也提出了"俭、清、和、静"的茶道精神。

1993 年，北京市茶叶学会和北京茶叶总公司的张大为和江水，在其论文《略论中国茶道》中提出："以'俭''和''敬''美''健'作为茶道的思想内涵。"

1993 年，台湾的吴振铎介绍了台湾第二届中华茶艺协会上通过的茶艺精神"清、敬、怡、真"。

1999 年，台湾的周渝在其《从自然到个人主体与文化再生的探寻》（《农业考古》1999 年 2 期）一文中提出"正、静、清、圆"四字作为中国茶道精神的代表。

2000 年，武夷茶人林治在他《中国茶道》一书中，把中国茶道精神归纳为"和、静、怡、真"的茶道四谛。认为"和"是中国茶道哲学思想的核心，是茶道的灵魂；"静"是中国茶道修习的必由途径；"怡"是中国茶道修习实践中的心灵感受；"真"是中国茶道的终极追求。

2002年，陈文华在其论文《论中国茶道的形成历史及其主要特征与儒、释、道的关系》中，把茶道精神的本质特征总结为三个字："和（茶之魂）、静（茶之性）、雅（茶之韵）"。

以上各家对中华茶道基本精神（茶德）的归纳，虽不尽相同，但经统计有6个字认同度较高，它们是：和、静、清、敬、俭、美。说明这6个字词被专家学者认为可以反映中国茶道基本精神。综合各家观点说明如下。

和——有和谐、和睦、和平、和善、和气、中和、调和、祥和等多种意义。它是中国茶道精神的核心，体现了茶道的许多精神内涵。

"和"字思想是中国传统文化中儒、释、道三家的核心思想。从这个"和"字，可映现出儒家的中和思想，中庸之道；"和"又契合道家追求的"天人合一"的合美境界；同时还与佛学倡导的和诚处世伦理道德相联系。而这三家体现在"和"字上的思想理念也正是修习茶道所孜孜以求的。从个体来讲，希望达到心境平和，不急不躁；从个体之间来说，希望实现和平、和睦、和谐。故"和"字是茶道的一个非常重要的精神内容。

再从茶性和生活茶道来看，也无处不体现出"和"字来。茶性温和，滋味清淡平和，饮茶虽能使人兴奋、清神，但不乱性，故有"文明饮料""君子之饮"的美称。这也体现出一种"和"，即平和。由于茶叶的这种特性，它十分适宜用来调和人际关系，在日常生活中，茶叶也确实常扮演着亲善人与人关系的角色。三五个朋友围坐在一起，边品茶边谈天说地，谈古论今，其乐融融。"客来敬茶"是中国民间待客的最基本礼仪。有客到访，主人立即泡上一杯清香扑鼻的清茶，表示了对客人的尊敬，当然也会赢得来客的好感，从而使主客关系更加和谐。在人际交往中，茶叶还是一种高雅不俗的馈赠礼品。另外，当人们在交往中出现了纠纷时，茶也可以充当调解员的角色。如在有的地方，有这样的习俗，即某两人遇到有争执，就到茶馆或第三者家里，边喝茶边评理，最后使矛盾化解，重新和好，这种风俗称作"吃讲茶"。可见在茶道和生活茶事中，处处都体现着和字精神。

在茶艺中，"和"字精神还可体现在泡茶时对各种泡茶要素（茶量、水温、泡时等）的适度掌握和泡出的茶汤浓淡适宜、香味适口上；也体现在茶人待人接物的态度上，一个茶人应待人和气，不要盛气凌人、锋芒毕露、咄咄逼人，要内敛、要韬光；还体现在茶艺操作时动作速度和力度的适度上；也可从舒缓的音乐和静雅的环境方面来反映。

静——有安静、宁静、寂静、文静、冷静、雅静等意。静也是中国茶道的一种重要精神。静既体现在茶的自然品性中，也体现在人们的茶事活动中，并且还与中国传统文化精神相吻合。

茶能解渴，能提神醒脑，能清热消暑，饮茶后，可使人思维清晰，头脑冷静，处于一种气定神闲的平静状态，也即饮茶能使人入静。我们品茶，不仅追求茶的生理方面的保健功效，更希望通过饮茶获得特殊的精神感受。而要想真正获得这种特殊的精神感受，按林语堂的话说，"茶须静品"。这里的静包含两个方面，即心静和境静。首先，饮茶者需涤除尘滤，具有宁静、闲怡的性情；同时，饮茶的环境必须静谧清幽、洁净宁寂。这样才有助于排除心灵的紧张，摆脱生活的烦恼，进入闲散宽松的休息状态，在这样的心情和环境下，才能品出茶的真味，获得茶所带来的特殊的精神感受。如卢全《七碗茶诗》中"柴门反关无俗客，纱帽笼头自煎吃"。所以林治把"静"称为中国茶道修习的必由途径。

另外，求静也是道教的重要内容，道教提倡"清静无为"。而很多文人雅士，也把淡泊宁静作为自己追求的极致境界，常通过品茶来体现他们的这种追求。佛教，尤其是禅宗也讲静，禅字为梵文的音译，其本义译成汉文就是"静虑"，禅宗就是主张通过静虑的方式来追求顿悟。所以，静坐是佛家参禅悟道的重要形式。儒、佛、道三家的求静精神与茶的自然品性及茶人的追求融汇在一起，就形成了茶道的"静"字精神。

在茶艺表演中，俭素美和简炼而适度舒缓的动作都可以产生一种静的效果，体现"静"字精神。

清——有清廉、清洁、清静、清寂之意。而后两个意思应纳入"静"字精神，这里应是前两个意思，重点是倡导一种清正廉洁的精神。这一精神，也来自于茶的自然本性。茶生长在高山峡谷中，不染俗尘；泡出的茶汤清洁，茶味清淡；饮茶后使人清心明目，神情清爽，这正与中华民族历来倡导的清正为人、廉洁奉公的为人为官准则相对接，故被提倡为一种茶的精神。

俭——即节俭朴素。"俭"字作为茶的精神内涵，是陆羽在《茶经》中总结出来的。他认为"茶性俭"，最宜"精行俭德"之人饮用。他对俭朴精神极为推崇，这在《茶经》中有所反映。例如，在"四之器"中，他说制"鍑""用银为之至洁，但涉于侈丽"，"卒归于铁也"。不仅陆羽，历代茶人也大都崇尚俭朴，如与陆羽同时代的诗人卢仝在《走笔谢孟谏议寄新茶》诗中对茶的"俭性"就赞道"至精至好且不奢"。另外，古时候很多茶人也常以茶来作为"俭朴"的象征物，用茶来倡导俭朴。节俭，一直是中国人盛誉的传统美德之一，这正与茶的清淡素雅的本性相契合，故被提炼为茶的精神之一。

在茶艺中，"俭"字精神可体现在茶具的选配、服饰、场景设计等方面。

敬——即尊敬、敬爱、敬重，指茶人待人应有的态度。茶在古代常用作敬天地、祖先之物，在生活中也是敬客之物，这就赋予了茶道"敬"字精神。习茶之人要敬爱为人，应常怀一颗感恩之心，客来敬茶，敬茶要有礼，以茶表敬意，以茶利礼仁。因此，我们在以茶待客和茶艺活动中，要做到彬彬有礼，礼仪周全。

美——有美好、完美、怡乐、愉悦之义。庄晚芳解释为："美真康乐。清茶一杯，名品为主，共品美味，共尝清香，共叙友情，康乐长寿。"意即饮茶是一件令人身心愉悦的事，但要以饮好茶为主，并要有融洽的氛围，与友共品，才能获得美好的享受，才有益于身心健康、康乐长寿。

"美"字精神是茶艺的落脚点，是茶艺艺术特征的体现。茶艺应为创造生活美发挥作用。

（二）日本茶道精神

日本茶道在它行世几百年的时间里，一直将千利休提出的"和、敬、清、寂"四规作为它的基本精神，至今未变。解释如下。

和：和睦相处。包括主、客之间和气及人与茶事活动的协调，也指和平安全的环境。

敬：互相尊敬。指相互承认，互相尊重，并做到上下有别，有礼有节。

清：高雅清廉。要求人、茶具、环境都必须清洁、清爽、清楚，不能有丝毫马虎。

寂：指达到悠闲的境界。指整个茶事活动要静，主要是心要静，神情要庄重，主、客都要怀着严肃的态度，不苟言笑地完成整个茶事活动。

其中"和""敬"是处理人际关系的准则，通过饮茶做到和睦相处，以调节人际关系；

而"清""寂"指环境气氛，要以幽雅清静的环境和古朴的陈设，造成一种空灵静寂的意境，给人以熏陶。

（三）韩国茶礼精神——和、敬、俭、真

和：要求人们心地善良，和平相处。

敬：尊重别人，以礼相待。

俭：俭朴廉正。

真：以诚相待，为人正直。

三、茶艺与茶道的关系

如前所述，茶道即饮茶之道和饮茶修道，也可以说茶道是由茶艺和茶道精神这两部分构成。其中茶艺是有名、有形的，是外在的表现形式，是茶道精神的载体；茶道精神则是无形的，看不见、摸不着，只能在茶事活动过程中用心去体会、去感悟，但它是内核，是灵魂。茶艺与茶道精神是血肉相连的两部分，不可分离。若光有精神而无茶艺，那只能是空洞无用的理论；而只有茶艺而无内在精神，则茶艺也只能是毫无生命力的花架子。

就茶道、茶艺的区别来讲，茶艺的重点在"艺"，重在习茶艺术，以获得审美享受；茶道的重点在"道"，旨在通过茶艺修心养性，参悟大道。茶艺的内涵小于茶道，但茶艺的外延大于茶道，它可作为一门艺术进行舞台表演，可以有多种类型。因此有专家认为，说表演茶艺或茶艺表演是可以的，但说茶道表演或表演茶道是不妥的。因为茶道是供人修行的，是内在的，是内心的修炼，不是表演给人看的，可表演的是茶艺而不是茶道。

由此可见，茶道、茶艺是两个既有密切联系，又有所区别的概念。在学习茶艺中必须要正确理解这两个概念，尽量做到"以艺示道，以道驭艺"，只有这样，茶道的精神才能借助茶艺加以发扬光大，茶艺有了茶道为灵魂，才可能真正做到"文质并重，形神兼备，美妙动人"，不仅成为生活艺术，而且成为人生的艺术。

第五节　茶艺形式美的表现法则

如前述，茶艺不仅讲技术，而且具有艺术性，要给人带来美感，获得精神上的享受。尤其是表演型茶艺，更是一种综合表演艺术，在艺术性、观赏性方面要求更高，需要运用多种美学法则。下面对茶艺中常用的形式美表现法则做简要介绍。

一、对称

从美学上来讲，对称指沿着中轴线两边对等的一种表现形式，是中国古老的形式美法则之一。长期以来，对称被人们广泛应用于建筑、造型艺术、绘画以及工艺美术的装饰之中。这是因为对称的事物具有平衡感与稳定性的美学特性，给人以匀称、均衡和重心稳定，即稳固踏实的感觉，可以表现出一种娴静、稳重、庄严、和谐之美。另外，顺着中轴线，对称还可以衬托出中心位置。

对称有绝对对称（或狭义对称）和相对对称（或广义对称）之分。绝对对称是指在中

轴线两边之物在形态、色彩、数量和体积等方面完全相同，如人的五官和体形。这种对称在建筑、造型艺术、绘画以及工艺美术等方面应用较多。但若应用得不好，也会显得有些机械、呆板、平淡、单调、缺乏生机和妙趣。这是因为对称性并没有包揽美的全部。相对对称是追求中轴线两边的均衡，形成重心稳定的效果。它可以通过物体色调明暗、体积大小、数量多少的调整来实现轻重感上的对称。对称在方位上，可以是事物的上下、左右、前后等方位上的对称。

在茶艺活动中，对称是应用最多的一种形式美法则。对称可以是事物的静态对称，即事物在位置上的对称。许多茶艺活动中人的位置，茶案、茶器具的摆放往往都采用以中心线为对称轴作两边对等设置的形式，表现出一种重心稳定，平稳均衡的对称美。如在人员站位上，三人组中通常都是主泡手居中，两个助泡分立两边；在同一舞台上若有两个茶案，一般都是以舞台中心为轴呈左右并排，若有三个茶案，则一定有一个安排在中心位置。再如茶案上茶具的摆放位置，主要的茶器具一般也是放置于中心线上，其他茶具以形状、大小、数量在其两边呈相对对称摆布。如果一边的茶具体积较大，则在其相对边会增加茶具数量，甚至如果一边茶具的颜色深一些，也会在其相对边用增加较浅色茶具的数量或体积等手段来维持两边的平衡，以使视觉上有一种对称美的效果。

对称也可以是事物的动态对称，特别是动作的对称、人体姿势的对称，以此达到赏心悦目的效果。动作的对称，可以由两个人（组）来实现（彩插图1-1）；也可以由一个人的左右手同时操作来实现。表演型茶艺中由一个人的对称动作表现出的动态对称美，易取得观赏美感，如双手同时净杯，双手同时高冲低斟沥泡，但相应来说难度较大。

二、节奏

节奏本来是音乐上的一个概念，指音乐中交替出现的有规律的强弱、长短的现象。在现实生活中，节奏常被引申到自然、社会和人的活动中，指声音、物象、动作的一种与韵律结伴而行的有规律的变化。节奏不是仅限于声音层面，景物的运动、情感的运动和动作的变化也会形成节奏。节奏作为一个美学的表现法则源于宇宙的运动变化以及生命的成长发育。郭沫若先生曾概括总结说："本来宇宙间的事物没有一样是没有节奏的。譬如寒往则暑来，暑往则寒来，寒暑相推四时代序，这便是时令上的节奏；又譬如高而为山陵，低而为溪谷，陵谷相间，岭脉蜿蜒，这便是地壳的节奏。宇宙内的东西没有一样是死的，就因为有一种节奏。"节奏体现的是自然界永恒的运动与变化，具有生命律动的美，是形象生动的表现形式之一。音乐家用长短音交替和强弱音的反复来创造节奏；书法家、画家用线条和形象排列组织的动势去表现节奏。

节奏美也是茶艺中十分重要的艺术表达形式之一，运用得好，能产生出生动、富于生气的艺术感染力，会产生一种音乐的韵律美。在茶艺中，节奏美可表现在很多方面，如茶器具的排列顺序、茶艺动作的动感、语言声音和背景音乐等方面。

茶具排列：通过高矮、大小、方圆等不同茶具的摆放顺序，可表现出节奏美。如工夫茶闻香杯、品茗杯的摆放按高、矮相间形式摆放，会产生一种进行曲的节奏美感；若按高矮、矮高、高矮……的形式摆放，则会带来一种圆舞曲的节奏美感（彩插图1-2）。

茶艺动作：通过轻与重、快与慢、动与静、来与往、顺与逆来表达节奏。如凤凰三点头的冲泡手法、乌龙茶冲泡法中"高冲低斟""关公巡城""韩信点兵"的斟茶方法等通过顺逆、往来、上下等的变化来体现节奏美。节奏美在表演者的行走和很多操作中都可以体现出来。

语言声音：通过语言的疾缓、声音的高低、抑扬顿挫来表现节奏感。也可由操作中发出的声音来体现，如凤凰三点头注水时发出的声音变化等。

三、对比与调和

对比指不同事物间在某个或某些方面（诸如大小、多少、高低、动静、疏密、深浅、明暗等）表现出的差别、变化。例如，大小、高低不同的东西放在一起，红色与黄色的东西放在一起，黑色与白色的东西放在一起，陶器与玻璃器放在一起等，都会带来强烈的对比感。对比运用得好可以产生生动、活泼、醒目的审美效果，如白瓷杯装红茶汤。

"调和"一词有两种含意：一种指对有差别的，有对比的，甚至相反的事物，为了使之成为和谐的整体而进行调整、搭配和组合的过程；另一种指不同的事物组合在一起之后所呈现的和谐、有秩序、有条理、有组织、有效率和多样统一的状态。调和通常是通过事物间某些方面的某种共同的元素来实现的。调和能够使人在变化中感到和谐统一、谐调一致，如成套茶具与其他配具（茶池、茶托、茶巾等）可以在式样、质地、色彩等方面通过某一种或几种共同的元素来实现它们的调和。

在茶艺活动中，对比与调和可以运用在茶艺活动的各个方面，如背景与服饰间、服饰与器物间、器物之间、动作与音乐、解说间等。对比与调和的内容有形象、色彩、声音、质地等。例如，在根雕茶桌上放置一个竹制茶盘，木与竹在质地上相近，这样会产生质地上的和谐一致；在竹茶盘中摆放一把粗犷古朴的紫砂壶并配上几个精细的白瓷茶杯，这里壶与杯以及壶与茶盘之间在质地、颜色上差别较大，会让人感到较强的质地、颜色上的对比感。

对比与调和是两个对立现象，对比强调变化、不同；调和强调"多样的统一，变化的统一"。对比与调和必须结合运用。若过分运用对比而没有调和，会带来刺目、杂乱之感；而没有对比，则一切又会显得枯燥而单调，缺乏活力。只有将两者结合起来，处理好相互关系，才能创造出富有美感的茶艺（彩插图1-3）。

四、比例

比例指事物在大小、重量、个数等方面的数量之间的对比关系。事物的大小、形象，需要恰当的比例，这是人类在长期生活实践中自然形成的固有印象。比例适当可产生一种秩序美；比例不当，就会让人感到很别扭，不会有美感。比如说，人的五官是否端正，有一个比例问题；头和身体的大小也有一个比例，黄金分割法0.618就是一个合适的形象比例。在茶艺活动中，比例问题可以在很多方面表现出来。例如，一个娇柔的姑娘，提着一把大茶壶，坐着泡茶就显得人与茶壶的比例不恰当；品茗杯很小，但奉茶盘很大也有比例不当的问题；除此之外，两手拿小壶的手法也有失比例（力量上的比例）。

五、简素

简单而朴素是茶艺美学的明显特点，也是茶道精神中"俭""静"精神的体现。简素可带给人一种宁静、安详、素雅的美感，使人进入一种清静、空灵的状态。在茶艺活动中，简素美可表现在品茶环境的设置、茶案设计和操作动作编排等方面。

环境设置：以简洁、清爽、素雅为基本格调，除必要用具外（桌、椅），不要有太多的摆设，更忌浓艳、华丽的摆设。常用装饰物为一些素洁的字画或外形秀丽的绿色植物，如兰草等，以营造一种宁静安详的氛围。

茶案设计：色彩多以深色或冷色调为主，切忌艳丽；用具造型简洁大方，不要太繁复（装饰太多）；茶具以天然材料制作的为佳，如陶、瓷的壶杯，竹、木的茶船，棉布或丝麻织的台布等。

动作编排：动作简单、自然，不要太夸张，不要矫揉造作，不要有多余的动作。

除此之外，人的装束要简素，要清丽脱俗，不要穿金戴银，不要浓妆艳抹。

六、自然

这是茶艺审美上的重要法则。讲求自然美，反映了人类对自然追求的心理倾向。人类都希望在自然的环境中生活，这是因为人类吃、住都依赖于自然，从自然界中去获得，因而人类与生俱来就具有一种对自然深深的眷恋。比如沏泡茶叶希望展现青翠、碧绿的芽叶在水中自然地舒展，从而获得心灵的宁静和愉悦。

在茶艺活动中，自然美体现在追求品茗环境的自然情趣，故茶室中常需要用一些天然植物进行装点；也表现在力求茶器具有更多的质朴、自然气息；同时也要求茶艺员在操作中一招一式要从容自然、切忌矫揉造作的动作等。

自然美往往是与简素美联系在一起的。

七、照应

照应又称呼应，体现一事物与其他事物的相互联系。照应体现在表演型茶艺的各个方面，通过照应，把茶艺活动中的各种因素有机地结合在一起，使分散的事物处于一个有机的整体之中，同时映照出此事物与彼事物的内在联系，起到协调与统一的作用。如茶事活动中插花、挂画、楹联与整体环境的照应，讲解与动作的照应，茶艺程序编排的前后照应，茶艺服饰与茶器具的照应，表演者服饰与发型的照应等。照应应用得当，有利于形成多姿多彩但又不显得紊乱的整体美。

八、反复

指同一事物重复多次出现。从审美角度看，反复的整体性强，给人一种整齐一律的美感，有冲击视觉、加深印象的作用。反复不是简单的重复，反复的巧妙应用还可以深化主题，给人层层递进的美感。例如唐代卢全所写的《走笔谢孟谏议寄新茶》一诗："一碗喉吻润，两碗破孤闷。三碗搜枯肠，惟有文字五千卷。四碗发轻汗，平生不平事，尽向毛孔散。五碗肌骨清，六碗通仙灵。七碗吃不得也，唯觉两腋习习清风生。"这一碗、两碗……七碗就是反复的妙用。茶艺活动中反复运用于各个方面，如茶艺表演时在背景音乐、图案装饰、表演者服饰（各操作者着同样的服饰）、程序编排、操作动作（如逐一洗杯）、文字解说等方面合理地应用反复，不仅不会使人感到单调、枯燥、乏味，反而可增进茶艺的整体美感和节奏感。

第二章

CHAPTER

茶艺识茶之要

第一节 茶树基本知识

人们生活中所饮之茶，是从茶树上采摘下的嫩叶经加工而制成的，故了解茶叶知识，当首先从认识茶树开始。

一、茶树学名与原产地

茶树是一种多年生的常绿木本植物，在植物分类学上属于被子植物门（Angiospermae）、双子叶植物纲（Dicotyledoneae）、山茶目（Theales）、山茶科（Theaceae）、山茶属（*Camellia*）、茶种（sect，Thea）。目前国际间通用的茶树学名为 *Camellia sinensis*（L.）O. Kuntze。

根据植物学研究表明，茶树所属的山茶目植物，出现于约 6000 万年以前。茶树原产于中国，这是自古以来一向为世人所公认的事实。但当 1824 年入侵印度的英军少校 Bruce 在中印边界的阿萨姆省的萨地亚（Sadiya）地区发现一株 13.1 米高的野生茶树，1833 年 Bruce 的兄弟又在锡比萨加（Sibisagar）发现了成片的野生茶树后，国外学者中有人就对中国是茶树原产地提出了异议，并在国际学术界引发了争论。100 多年来经过国内外学者的长期实地考察和科学研究，如今绝大多数学者均公认茶树原产地中心在中国的云贵川交界的云贵高原，其主要依据如下。

（1）云贵高原是山茶科植物的分布中心　据古生物学研究，山茶科中大多数植物起源于第三纪，距今约有 6500 万年，后来由于冰川的侵袭，许多山茶科植物被毁灭，而中国的云贵高原大部分地区未遭受冰川覆盖，因此保留了许多古代植物。目前世界上所发现的山茶科植物共有 24 属 380 余种，而中国就有 15 个属 260 余种，且大部分分布在云南、贵州和四川一带。从茶树种质资源来看，云贵高原也是最为丰富的。根据"物种起源"学说，一个属的植物在某个地区集中，即表明该地区是这一植物区系的起源中心。山茶科、山茶属植物在中国西南地区的高度集中，这有力地证明，中国西南地区就是山茶属植物的起源中心，也为云贵高原作为茶树原产地提供了植物起源中心方面的依据。

（2）云贵高原发现大量野生大茶树　研究证明，生产上普遍栽培的灌木型茶树是由乔木型大茶树进化而来的，所以野生乔木型茶树的大量分布也是茶树的原产地的重要依据之一。

关于野生乔木型茶树的分布，早在唐代陆羽《茶经》中就有明确记载。这比 Bruce 在印度发现得要早 1065 年。

20 世纪 50 年代以来，中国学者通过大量实地调查，在云贵高原发现了许多野生大茶树。现今的资料业已表明，中国有 10 个省区 198 处发现野生大茶树，其中有 70% 以上的野生大茶树集中在云贵高原。仅云南省树干直径达 1 米以上的野生大茶树就有十多株。有的地区，如云南思茅地区千家寨，野生茶树群落甚至多达数千亩。所以从古至今，中国已发现的野生大茶树，以其时间之早、树体之大、数量之多、分布之广、性状之异，堪称世界之最。

（3）云贵高原野生茶树的生化特性属于原始类型　合成大量儿茶素是茶树新陈代谢的主要特征之一，故儿茶素是茶树的重要内含成分之一。科学研究表明，茶叶中的儿茶素总量受外界环境条件和栽培措施的影响很大，但儿茶素组成的比例是相当稳定的。儿茶素可分为简单儿茶素和复杂儿茶素两大类，复杂儿茶素是在简单儿茶素的基础上演化而来的。凡是简单儿茶素比例大的茶树属于原始类型，复杂儿茶素比例大的茶树属于进化类型。而云贵高原的野生大茶树正属于原始类型。

（4）云贵高原发现茶籽化石　化石是研究物种起源最重要的实物依据。在 1981 年，贵州省茶科所的刘其志先生等在贵州普安、晴龙两县交界处首次发现了茶籽化石。经专家鉴定，该化石为四球茶，地质年代在第三纪与第四纪之间，距今 6500 万～250 万年。这一重大发现对研究茶的起源具有极其重要的科学价值。

（5）茶树学名及一些国家对茶的称呼都与中国有关　瑞典植物学家、植物分类与命名原则的奠基人林奈，为茶树定的最早学名就是 *Chea Sinensis*，其含义即是"中国茶树"。还有许多国家对茶的称呼也都来自中国"茶"字的发音。如英语中的茶为 Tea，这就是茶字的粤语发音，法文中茶字作 Thé，德文中作 Thee 或 Tee，俄文中作 чай，西班牙语中作 Cha，这些都译自我国茶字的各种地方发音。

二、茶树的形态特征

（一）茶树的外形

茶树的地上部分，在无人为控制情况下，因分枝性状的差异，植株分为乔木型、半（小）乔木型和灌木型三种。

1. 乔木型茶树

有明显的主干，分枝部位高，通常树高 3～5 米以上（高的可达 20 米以上）。

2. 灌木型茶树

没有明显主干，分枝较密，多近地面处，树冠矮小，通常为 1.5～3 米。

3. 半乔木型茶树

在树高和分枝部位上都介于乔木型和灌木型茶树之间。

茶树的树冠形状，由于分枝角度、密度的不同，分为直立状、半直立状、披张状三种。

目前，人工栽培的茶园，为了茶叶的优质和高产，科学地培养植株和树冠，这已成栽培管理上的重要环节。运用修剪和采摘技术，培养健壮均匀的骨干枝，扩大分枝的密度和树冠的幅度，增加采摘面，控制茶树适中的高度等，有效地提高了产量和质量，也方便了采摘和管理。

（二）茶树的组成

茶树属于高等植物，具有高度发展的植物体，其组成部分有根、茎、叶、花、果实和种子。

1. 根

茶树的根系发达，是由主根、侧根、细根、根毛组成，为轴状根系。是茶树吸收营养的主要器官，还有固定、输导、储藏等作用。

2. 茎

茶树的茎，按其作用可分主干、主轴、骨干枝、细枝。分枝以下的部分称为主干，分枝以上的部分称为主轴。茶树的各级分枝构成了茶树体的骨架。茶树的枝茎有很强的繁殖能力，将枝条剪下一段插入土中，在适宜的条件下即可生成新的植株。

3. 叶

茶树的叶片是茶树进行呼吸、蒸腾和光合作用的主要器官。茶树的叶由叶片和叶柄组成，没有托叶，属于不完全叶。茶叶的大小、色泽、厚度和形状，因品种、季节、树龄及农业技术措施等的不同有显著差异。叶片形状有椭圆形、卵形、长椭圆形、倒卵形、圆形等，以椭圆形和卵形为最多。成熟叶片的边缘上有锯齿，一般为 16～32 对；茶叶主脉明显，叶脉分布呈现网状，是茶树叶片的重要特征之一。茶树的嫩叶背面生有茸毛（称毫），一般是随着叶片的成熟度增加茸毛逐渐减少，到第四叶的成熟叶，茸毛便已不见了。

茶树上的幼嫩芽叶与茎组成茶树的新梢，是制作饮料茶叶的原料。按着生叶片数可分为一芽一叶梢、一芽二叶梢等。

4. 花

花是茶树的生殖器官之一。茶花由茶托、花萼、茶瓣、雄蕊、雌蕊五个部分组成，属于完全花，也是两性花。茶花多为白色，少数呈淡黄或粉红色，稍微有些芳香。

5. 果实与种子

茶树的果实是茶树进行有性繁殖的主要器官。果实包括果壳和种子两部分，属于植物学中的宿萼蒴果类型。果实的形状因发育籽粒的数目不同而异，一般一粒者为圆形，两粒者近长椭圆形，三粒者近三角形，四粒者近正方形，五粒者近梅花形。成熟的茶种子多为褐色，少数呈黑色或黑褐色，其大小因品种不同而异，在正常采收和保管下，种子发芽率在85%左右。茶籽可榨油，茶籽饼粕可酿酒或提取工业原料茶皂素。

三、茶树的品种与茶区分布

（一）茶树的品种

品种是作物栽培层面上的概念，是人类在长期栽培过程中选育出的，适于一定环境条件和栽培技术条件下的群体，且有一致的生物学特性、形态特征和繁殖的稳定性，是栽培作物的基本单位。品种可以是植物分类上的种，或种以下的变种，或变种以下的变型。

我国的茶树品种很多，目前对茶树品种分类尚无统一方法，主要有以下几种分类依据。

1. 根据树型来分

乔木型、小（半）乔木型、灌木型。

2. 根据叶片大小来分

特大叶种（叶长>14厘米，叶宽>5厘米）、大叶种（10.1~14厘米×4.1~5厘米）、中叶种（7~10厘米×3~4厘米）、小叶种（叶长<7厘米，叶宽<3厘米）。

3. 根据春季萌芽早迟来分

早生种（清明前盛产）、中生种（四月中旬盛产）、晚生种（四月下旬至五月上旬盛产）。

4. 根据适制性来分

由于各品种茶叶的芽叶性状及化学成分含量不同，表现在适制的茶类上也有差别，据此又可分为绿茶种、红茶种、乌龙茶种、白茶种等。

目前，我国通过国家良种委员会审定的国家级良种有上百种，若加上省级良种和地方性品种可有上千种之多。

（二）我国茶区分布

茶树是一种适宜于温暖、湿润的气候条件和土质疏松深厚而偏酸性（pH4.5~5.5）的土壤条件下生长的植物，因此它的适宜种植范围集中在北纬38°与南纬45°之间。在我国，茶区分布广阔，有21个省、市、自治区的900多个县（市）产茶。茶学界根据我国产茶区的自然经济社会条件，划分了四大茶区。

1. 西南茶区

西南茶区位于我国的西南部，包括云南、贵州、四川、重庆以及西藏东南部。其中云贵高原是茶树原产地的中心地带，茶树品种资源丰富，是中国最古老的茶区。该区大部分地区均属亚热带季风气候，冬不寒冷，夏不炎热，十分适宜茶树生长。主产有红茶、绿茶、黑茶和花茶等茶类，主要名品有都匀毛尖、蒙顶甘露、滇红、普洱茶等。

2. 华南茶区

华南茶区位于中国南部，包括广东、广西、福建、台湾、海南等省（区）。这里除闽北、粤北和桂北等少数地区外，年均温都在19~22℃，最低月（一月）平均气温为7~14℃。茶树的年生长期长达10个月以上，部分地区的茶树无休眠期，全年都可以形成正常芽叶，在良好的管理条件下可常年采茶。该区主产乌龙茶、红茶、黑茶、花茶和白茶等，主要名品有铁观音、凤凰单丛、六堡茶、洞顶乌龙等。

3. 江南茶区

江南茶区位于长江中下游的南部，主要包括浙江、江西、湖南等省和皖南、苏南、鄂南等地，是中国最主要的产茶区，茶叶年产量约占全国总产量的2/3。该区气候温和（年均温15~18℃），雨量充沛，四季分明，十分适宜中小叶种茶树的生长。主产绿茶，主要名品有西湖龙井、黄山毛峰、洞庭碧螺春、君山银针、庐山云雾等；同时也有红茶（祁门红茶）、黑茶、花茶生产。

4. 江北茶区

江北茶区位于长江中下游北岸，包括河南、陕西、甘肃、山东等省和安徽、江苏、湖北三省的北部地区。该茶区是我国最北的茶区，地处北亚热带的边缘，气温较低（年均温15~16℃），积温少，茶树经常因受冻害而减产。主产绿茶，主要名品有信阳毛尖、午子仙毫、秦巴雾毫、恩施玉露等。

第二节　茶叶种类与中国名茶

人们利用茶的最初方式是生嚼吞食，随后发展为生煮羹饮，即将茶鲜叶按类似现代人煮菜汤的方式煮熟食用。之后，人们学会了把剩余的茶叶晒干来进行贮藏。再后来就发展到把茶叶做成茶饼烘干，既有利于贮藏，又有利于运输。到了唐、宋时期已有了成熟的团饼茶的制作工艺，尤其在宋代，团饼茶制作更加精致，进贡给皇帝的贡茶上都要压制精细的龙凤纹而称为龙凤团茶。宋代之后，团饼茶已经不再流行，因为人们认为饮用团饼茶必须把茶叶碾碎，不容易保持茶叶原有的风味。于是，整叶冲泡的散茶开始流行，而茶叶的制造方法也由晒青茶、蒸青茶发展到炒青茶。

中国制茶历史悠久，创造出的茶叶种类繁多。对这众多茶叶进行分门别类，前人做了很多有益的工作。但到目前为止，还未找到一种完善的为国内外普遍接受的茶叶分类方法。在综合各种茶叶分类方法的基础上，中国农科院茶研究所研究员程启坤提出了将中国茶叶分为基本茶类和再加工茶类这两大类的分类方法。此法既简明扼要，又符合表明茶叶制法的系统性并结合茶叶品质的系统性的分类原则，故本书拟按此分类系统对各种茶叶进行介绍。另外，在实际生活中，人们常出于生产、销售、管理和消费等需要，对茶叶做了各种各样适用性分类，为使读者对茶叶种类有较全面的了解，在此以"民间应用型分类"为标题对这些茶类也逐一作简介。

一、基本茶类

基本茶类包括由鲜叶经过各种传统工艺方法的初加工及精加工制成的所有茶叶。对这些茶叶，按其初加工工艺方法的不同，以及加工中茶叶多酚类物质的氧化聚合程度由浅入深变化的系统性，可分为六大茶类，即绿茶、黄茶、黑茶、白茶、乌龙茶（青茶）与红茶。

（一）绿茶类

绿茶加工工艺流程：鲜叶→ 杀青 → 揉捻 → 干燥 。

其中杀青是形成绿茶品质特征的关键工序。鲜叶经过高温杀青，破坏了茶叶内源酶活性，抑制了茶多酚的氧化反应和叶绿素被过多破坏，使制成的茶叶呈现出绿茶特有的绿色绿汤，清香爽口的品质特点。由于酶活性被破坏，茶多酚被更多地保留下来，同时维生素 C 也被破坏较少。据测定，绿茶中的茶多酚和维生素 C 含量比其他茶类都要高许多。从营养保健功效来看，可以说在六大茶类中，绿茶是最好的。

绿茶在我国制茶历史上是出现最早的茶类。发展到今天，它仍是我国产、销量最大，消费人口最多的一种茶类。全国 20 个产茶省（区）都生产绿茶。产量最多的是浙江、安徽、江西、湖南、四川、湖北、江苏等省。同时，绿茶也是我国出口的主要茶类之一，每年出口数万吨，占世界茶叶市场绿茶贸易量的 70% 左右。从茶叶品类来看，绿茶也是六大茶类中品目最多的一种茶类。因杀青、干燥方法以及成品茶外形的不同，绿茶又可分为多种。

（1）按加工过程中杀青方式不同，绿茶可分为蒸青绿茶与炒青绿茶。

蒸青绿茶在加工中是利用高温蒸汽进行杀青，这是一种最古老的绿茶。现代蒸青绿茶是日本在我国古代蒸青绿茶制作工艺基础上改进而成的。其成品茶具有干茶、汤色、叶底三绿的特点。但其香气较沉闷，并带有青气，涩味较重，不如炒青绿茶鲜爽，不适合大多数中国消费者的口味。

炒青绿茶的杀青方式为锅炒杀青。这种加工方法自明朝中后期兴盛以来，一直沿用至今，是目前大多数绿茶的制法。与蒸青茶相比，炒青茶具有香气清高持久，滋味浓纯爽口，汤色黄绿清澈，叶底嫩绿明亮的品质特色。

（2）按加工过程中干燥方法的不同，绿茶可分为炒青、烘青与晒青。

①炒青：指采用锅炒方式进行干燥的绿茶。这种绿茶表现出香高味浓的特点，高档茶还具有熟板栗香。由于炒制手法（或机械）变换，令茶叶在干燥过程中形成不同的形状，因此可分为长炒青（眉茶）、圆炒青（珠茶）、扁炒青（如龙井、竹叶青茶）等多种。

②烘青：指采用烘焙方式进行干燥的绿茶。由于在干燥过程中茶叶很少受到碰撞挤压等外力作用，制成的干茶外形不如炒青光滑紧结，但条索完整，锋苗明显，细嫩原料制成的茶叶还会白毫显露。烘青茶色泽深绿油润，但香气、滋味不如炒青高浓。一般鲜叶原料较老的烘青大部分是作为窨制花茶的茶坯，多不直接饮用，被称为"素茶"或"素坯"，窨花以后称为"烘青花茶"。不过，也有一些细嫩芽叶经精工制作的烘青茶，品质特别优异，不仅芽叶完整，而且色香味俱佳，如"黄山毛峰""太平猴魁""舒城兰花""敬亭绿雪""天山烘绿"等，都属于名优绿茶之列。

③晒青：指利用日光晒干的绿茶。这种茶相对来说数量较少，主要产于云南、四川、贵州、广西、湖北、陕西等省区。在茶叶品质上，晒青不如烘、炒青，故其产品除一部分以散茶形式就地销售饮用外，还有一部分经再加工成紧压茶销往边疆地区，如湖北的老青茶制成的"青砖"，云南、四川的晒青加工成沱茶、饼茶、砖茶等。

（二）红茶类

红茶加工工艺流程：鲜叶→ 萎凋 → 揉捻 → 发酵 → 干燥 。与绿茶相比，加工工艺大相径庭。绿茶制作中鲜叶首先杀青，以钝化酶活力，抑制茶多酚的氧化反应。而红茶正相反，在萎凋、揉捻、发酵过程中，就是要充分利用多酚氧化酶等的催化作用，来促进茶多酚的氧化聚合反应。茶多酚的一系列氧化聚合产物都是一些黄、红、褐色物质，其综合作用就形成了红茶特有的红叶红汤的品质特征。干燥后的红茶，因各种色素浓缩，致使红茶呈现出乌黑油润的干色，所以红茶的英文译名不是"Red Tea"，而是"Black Tea"。

红茶根据制法和成品的外形不同又可分为红条茶与红碎茶。红条茶又进一步分为小种红茶与工夫红茶两种。

1. 小种红茶

小种红茶是我国福建省特产，也是红茶中最早产出的一个品种。其制作工艺独特，在萎凋和干燥过程中都要用松柴明火熏焙，使茶叶吸收大量松烟，并产生复杂的化学反应，从而使成品茶带有浓厚而纯正的松烟气和类似桂圆汤的滋味，形成特异的品质风格。小种红茶以星村乡桐木关生产的为正宗，品质最佳，通常称为"正山小种"或"星村小种"；其邻近地区生产的称为"外山小种"。另外，福建政和、福安、邵武、光泽等县用工夫红茶筛制中的筛面茶切细熏烟而制成的小种红茶，称为"烟小种"或"工夫小种"，如政和工夫小种、福安坦洋工夫小种等。

2. 工夫红茶

工夫红茶是我国独有的传统茶叶产品，也是原产于福建省。其初制的揉捻工序中特别注意条索的紧结完整，精制中又精细筛分，反复拣剔，颇费工夫，因而得名工夫红茶。其品质特征为条索紧细匀直，色泽乌润，红汤红叶，香甜味醇。因产地、品种的不同，其也表现出品质风格上的差异。我国工夫红茶的传统产区主要分布于福建、安徽、江西、湖北、湖南，后来逐步发展到云南、浙江、四川、贵州、江苏、广东、广西等省区。在众多工夫红茶产品中，以安徽的"祁红"和云南的"滇红"品质最优。祁红的香气特别突出，有一种类似蜜糖的甜花香，号称"祁门香"。滇红则条索肥壮，金毫显露，汤色红艳明亮，滋味浓厚刺激性强。这两种茶在国际市场上声誉颇高，尤其深受欧洲消费者的欢迎。

3. 红碎茶

红碎茶与红条茶加工的不同之处在于萎凋叶经揉捻后还要进行切碎或直接用转子机进行揉切，使茶叶呈细小颗粒碎片后再行发酵、烘干等工序。制成的干茶外形细碎，故被称为红碎茶或红细茶。由于细胞破碎度高，有利于茶多酚酶性氧化和冲泡时茶汁的浸出，红碎茶表现出香气高锐持久，滋味浓强鲜爽，加牛奶、白糖后仍有较强茶味的品质特征。这种品质特征很合国外消费者的口味。所以，尽管红碎茶出现的历史很短，但很快就风靡世界，在国际茶叶市场中占了贸易量的80%左右。我国生产的红碎茶，也主要用于出口换汇。中国红碎茶按茶树品种可分为大叶种红碎茶和中小叶种红碎茶两种。相比之下，大叶种茶在汤色、叶底上要更红艳明亮，滋味更浓强鲜，更富有收敛性，品质更靠近国际市场的要求，故出口时往往价格更高。中小叶种茶虽然在色泽、滋味上赶不上大叶种茶，但有些优良品种在香气上表现较突出，可以作为出口红碎茶很好的拼配原料。我国大叶种红碎茶主要出产于云南、广东、广西等省区，而湖南、四川、贵州、浙江、江苏、湖北、福建等省则为中小叶种红碎茶的主要产区。

（三）乌龙茶（青茶）类

乌龙茶属青茶类，是我国特有的一种茶类。它的制法复杂而特殊，工艺流程：鲜叶→晒青→晾青→做青（摇青）→揉捻→焙干。可以看出，这实际上是将红茶和绿茶的制法组合起来形成的一种制茶方法。所以乌龙茶兼容有红、绿茶的品质优点，既有红茶的甜醇，绿茶的清香；又无红茶之涩，绿茶之苦。汤色也介于两种茶之间，呈橙红色。叶底也是有红有绿，素有"绿叶红镶边"之美称。乌龙茶最突出的、有别于其他茶类的一个品质特征，是它具有天然的、沁人心脾的花果香。这些品质不仅来自于它独特的制作工艺，还与茶树品种有着密切关系。我国适制乌龙茶的茶树品种与红、绿茶品种比起来不算多，常见的有铁观音、水仙、肉桂、黄棪、毛蟹、乌龙、奇兰、梅占、佛手、凤凰水仙、青心乌龙、青心大有等。另外，乌龙茶特殊的采摘标准也是决定其独特品质的一个重要因素。一般红、绿茶采摘均以幼嫩芽叶为贵，而乌龙茶却要求鲜叶原料要有一定成熟度。一般以茶树新梢长至一芽四、五叶且形成驻芽时的顶部二、三叶为采摘对象，俗称"开面采"。所以，乌龙茶成品茶外形条索粗壮，叶底芽叶粗大，不如名优绿茶具有观赏价值。

乌龙茶不仅有独特的品质，而且对人体保健也有很好的作用。1977年日本科学家宣布，经研究证明，乌龙茶具有神奇的减肥、美容功效，在有效减轻体重的同时，还可降低胆固醇。这一消息使得在日本和世界范围内很快掀起了一股"乌龙茶热"，从而也促进了我国乌龙茶产销量的增长。

我国乌龙茶主要产于福建、广东、台湾三省，但花色品种众多。各种乌龙茶多以茶树品种命名。如由水仙品种采制的称为水仙，铁观音品种采制的称为铁观音。为区别同一品种茶树在不同地区加工出的乌龙茶品质差异，又往往在品种名前加上地名，如武夷水仙、闽北水仙、安溪铁观音、台湾铁观音等。因品种、制法上的不同，乌龙茶可分为闽北乌龙茶、闽南乌龙茶、广东乌龙茶和台湾乌龙茶四类。

1. 闽北乌龙茶

闽北乌龙茶是指出产于福建北部武夷山一带的乌龙茶，包括武夷岩茶、闽北水仙、闽北乌龙等。以武夷岩茶为极品，其花色品种目前主要有武夷水仙、武夷肉桂、武夷奇种等。在奇种中选择出的部分优良茶树单株单独采制成的岩茶称为"单丛"；单丛中加工品质特优的又称为"名丛"，如"大红袍""铁罗汉""白鸡冠""水金龟"四大名丛。闽北水仙主要产于崇安、建瓯、水吉三地，因产地不同，品质略有差异。崇安水仙是指武夷山的外山茶，品质虽不及岩茶，但仍不失为闽北乌龙茶中的佳品。相比之下，建瓯水仙和水吉水仙品质稍次。闽北乌龙也因产地品种不同而分为建瓯乌龙、崇安龙须茶、政和白毛猴、福鼎白毛猴等。

2. 闽南乌龙茶

闽南乌龙茶是指产于福建南部的乌龙茶。以安溪县产量最多，也最出名，其生产的安溪铁观音早已名扬四方。这种茶外形独特，条索卷曲呈蜻蜓头状，重实如铁，被人形容为"美如观音重如铁"。而且其品质卓越，香气、滋味超群出众，具有一种特殊韵味，人称"观音韵"，或简称"音韵"。除铁观音外，黄金桂也是闽南乌龙茶中的珍品。它是由优良茶树品种黄棪的鲜叶制成，该品种具有早萌的特性，制成的乌龙茶香气特别清高优雅，被称为"清明茶，透天香"。在闽南乌龙茶中，还有大量"色种"，这不是单一的品种，而是由诸如佛手、毛蟹、奇兰、梅占、香橼等多种品种混合制作或单独制作，再拼配而成的乌龙茶。

3. 广东乌龙茶

广东乌龙茶制法源于福建的武夷岩茶，但经过多年仿制和改进，也形成了自己的风格。广东乌龙茶主要产于汕头地区的潮安、饶平、陆丰等县，其他地县出产很少。花色品种主要有凤凰水仙、凤凰单丛和饶平色种等，以凤凰水仙和凤凰单丛最著名。凤凰水仙是用由福建引入的水仙品种制成的乌龙茶，因潮安的乌龙茶主要出产在凤凰乡一带，故在品种名前冠上地名而得茶名。凤凰单丛是凤凰水仙植株中选育出来的优异单株，制出的乌龙茶也是广东乌龙茶中的最上品。饶平色种是用各种不同品种的芽叶制成，主要品种有大叶奇兰、黄棪、铁观音、梅占等。

4. 台湾乌龙茶

台湾所产乌龙茶，根据其萎凋做青程度轻重分为"乌龙"和"包种"两类。"乌龙"萎凋做青程度较重，汤色金黄明亮，香气浓郁带果香，滋味醇厚润滑。其名品主要有冻顶乌龙、台湾铁观音、白毫乌龙等。以冻顶乌龙品质最佳，也最有名。"包种"萎凋做青程度较轻，干茶色泽墨绿油润，汤色黄亮，香气清新持久，有天然花香，滋味甘醇鲜爽，较靠近绿茶。包种茶主产于台北县一带，其中以文山包种品质最好。

（四）黑茶类

在所有茶类中，黑茶的原料最为粗老。其制作工艺是在绿茶工艺中加进了一个渥堆工序，工艺流程：鲜叶→ 杀青 → 揉捻 → 渥堆 → 干燥 。

因渥堆过程堆大，叶量多，时间长，温湿度高，茶叶内含多酚类物质在湿热和微生物作用下，充分进行自动氧化和各种化学反应，从而形成黑茶特有的品质特征：干茶色泽油黑或黑褐，汤色深橙黄带红，叶底暗褐，香气陈醇，滋味浓厚醇和。

黑毛茶多数是制作紧压茶的原料。紧压茶因耐贮藏，便于长途运输，故多远销边疆，供少数民族同胞饮用。因此，称为"边销茶"，或简称"边茶"。我国黑茶因产区和工艺上的差别有湖南黑茶、湖北老青茶、四川边茶、云南黑茶和广西六堡茶之分。

1. 湖南黑茶

湖南黑茶一般以一芽四、五叶的鲜叶为原料。制成的黑毛茶经蒸压装篓后称湘尖。蒸压成砖形的有黑砖、花砖和茯砖等。湖南黑茶是出现较早的边销茶，早在明代就销往边疆地区以换马匹，现主要集中在安化生产。此外，益阳、桃江、宁乡、汉寿、沅江等地也生产一定数量。

2. 湖北老青茶

湖北老青茶主要产于蒲圻、咸宁、通山、崇阳、通城等县。鲜叶原料较粗老，茶梗较多。以老青茶为原料蒸压成砖形的成品茶称为"老青砖"，主要销往西北各地和内蒙古自治区。

3. 四川边茶

四川边茶因销路不同分南路边茶和西路边茶。南路边茶主要由雅安、天全、荥经、乐山、宜宾、达县等地生产。鲜叶原料通常为茶树修剪枝，较粗老。压制成的紧压茶为金尖、康砖。主销西藏，也销青海和四川甘孜藏族自治州。西路边茶产区主要在都江堰、崇州、大邑、北川、平武等地，其原料较南路边茶还要老，叶大枝粗，而且制法简单，直接晒干制成紧压茶原料。原料蒸压后装入篾包制成方包茶或圆包茶，主销四川阿坝藏族自治州及青海、甘肃、新疆等地。

4. 云南黑茶

云南黑茶主要采用云南大叶茶的晒青毛茶（滇青）经发水渥堆、干燥等工序加工而成的黑茶。一般有散茶和紧压茶两种产品形式，以紧压茶最多。紧压茶的原料除晒青毛茶外，还有粗老茶。所谓粗老茶指修剪下的粗老枝叶，经焖炒、揉捻、渥堆过夜、复揉、晒干而制成的毛茶。云南紧压茶销路广，有内销、边销和外销、侨销。因不同消费者饮用习惯不同，对紧压茶原料的要求也不一样。通常边销紧压茶较粗老，允许有一定的含梗量；而内、外、侨销茶则以较细嫩的滇青作主要原料。云南紧压茶有紧茶、饼茶、方茶、圆茶等花色品种。

5. 广西六堡茶

广西六堡茶是广西的著名黑茶，因产于广西苍梧县六堡乡而得名。一般以一芽二、三叶至一芽三、四叶为原料，成品茶有散茶和篓装紧压茶两种。其色泽黑褐光润，汤色红浓，滋味甘醇爽口，香气陈醇，带有松烟味和槟榔味。六堡茶除销往广东、广西外，还远销港、澳地区以及新加坡、马来西亚等国。

（五）黄茶类

黄茶加工方法与绿茶相近，只是在绿茶加工中多了一道堆积闷黄的工序。这个"闷黄"

工序，有的是杀青后揉捻前进行；有的是揉捻后进行；还有的是初烘后再进行；也有的是再烘时才进行。闷黄是形成黄茶品质特征的关键工序，闷黄过程中，在湿热作用下，叶绿素被破坏，使茶叶失去绿色，形成黄茶"黄汤黄叶"的品质特点。同时，闷黄工序还令茶叶中多酚类化合物和其他内含物发生变化和转化，使脂型儿茶素大量减少，可溶性糖、游离氨基酸，以及芳香物质增加，从而使茶叶苦涩味减弱，滋味更加甜醇，香气更加清鲜。黄茶依原料芽叶的老嫩可分为黄芽茶、黄小茶和黄大茶三类。

1. 黄芽茶

用单芽或一芽一叶初展鲜叶加工而成。原料幼嫩，做工精细，是黄茶中珍品。其产品不多，名品就更少，主要有湖南洞庭湖的"君山银针"、四川名山的"蒙顶黄芽"、安徽霍山的"霍山黄芽"和浙江德清的"莫干黄芽"等。

2. 黄小茶

鲜叶原料较黄芽茶稍老，一般为一芽二叶的新梢。属于黄小茶的黄茶有湖南宁乡的"沩山毛尖"、湖南岳阳的"北港毛尖"、湖北远安的"远安鹿苑茶"、浙江温州和平阳一带的"平阳黄汤"等。

3. 黄大茶

鲜叶原料较前两种黄茶都粗老，采摘标准为一芽三、四叶或一芽四、五叶。制工也相对较粗放一些。一般产量较多，销路较广，是黄茶中的大宗产品。主要花色有安徽霍山的"霍山黄大茶"和广东韶关、肇庆、湛江等地的"广东大叶青"等。

（六）白茶类

白茶加工的工艺流程：鲜叶→ 萎凋 → 烘干或晒干 。

首先将鲜叶进行长时间萎凋至八九成干，然后再文火慢烘或日光曝晒至干即得白茶。此工艺看起来简单，不炒不揉，实际上在长时间的萎凋和慢烘过程中，茶叶内含物质发生了各种变化。随着萎凋叶水分减少，酶的活性增强，叶内多酚类化合物氧化聚合，同时淀粉、蛋白质分别水解为单糖、氨基酸，以及它们的相互作用，这些都为白茶特有的品质奠定了物质基础。白茶独特品质的形成，除决定于其特异的制法外，还与茶树品种有着密切关系。所以，白茶制作常选用芽叶上茸毛丰富的品种，如福鼎大白茶、水仙等。这样的品种加上白茶的工艺，才能使所制的成品茶表现出芽叶完整、密披白毫、色泽银绿、汤色浅淡、滋味甘醇的白茶品质特征。

白茶为我国特有的茶类，且产量较少。主产于福建的福鼎、政和、松溪和建阳等县，台湾也有少量生产。白茶因采摘原料不同分芽茶与叶茶两类。

1. 白芽茶

白芽茶是完全用大白茶肥壮的芽头制成的白茶。主要名品为"白毫银针"。主产于福建的福鼎、政和等地。福鼎生产的银针称为"北路银针"，制法中采用烘干方式；产于政和的银针为"南路银针"，采用的是晒干方式。白毫银针在港澳和东南亚地区很受欢迎。

2. 白叶茶

白叶茶是以一芽二、三叶或单片叶为原料制成的白茶。有白牡丹、贡眉、寿眉等花色。其中白牡丹的品质较好，是用大白茶和水仙等良种的一芽二叶制成，外形自然舒展，两叶抱芯，色泽灰绿，酷似枯萎的花朵，因此得名。贡眉为用菜茶群体种的一芽二、三叶制成，品质次于白牡丹。寿眉是采来的芽叶抽摘出芽头制银针后，再摘下的单片叶制成的白茶，品质更次于前两种花色。

二、再加工茶类

再加工茶类指将绿茶、红茶、乌龙茶、黑茶、黄茶、白茶六大基本茶类经各种方法进行加工，以改变其形态、品性及功效而制成的一大类茶产品。目前主要包括花茶、紧压茶、萃取茶、果味茶、保健茶等几类。

（一）花茶类

花茶是将干燥茶叶与新鲜香花按一定比例拼和在一起窨制而成的一种茶类。又称熏花茶、香花茶；在我国北方或港澳地区称为香片。花茶是我国特有的一种再加工茶类，从它出现至今的几百年时间里，一直受着茶人们的喜爱，并得到不断发展，主要得益于其在茶中引入了花香，使人们在饮茶时能获得含英咀华的美好享受。茶能引花香，是因为干燥的茶叶具有疏松而多孔隙的结构，以及内含具有较强吸附气味特性的棕榈酸和萜烯类等大分子化合物。这些特殊的结构和大分子物质，使茶叶特别容易吸附异味。因此，将茶叶与香花拼和在一起，茶叶就会吸附花的芬芳而带上花香。

制作花茶的茶坯可以是绿茶、红茶或乌龙茶。绿茶中最常见、最大量的茶坯是烘青绿茶，炒青绿茶很少，也有部分用细嫩名优绿茶，如毛峰、大方、龙井等来窨制高档花茶。相比绿茶坯来说，用红茶、乌龙茶窨制花茶的数量不多。可以用来窨制花茶的鲜花很多，现代所用的主要有茉莉、珠兰、白兰、玳玳花、柚子花、桂花、玫瑰、栀子花、米兰、树兰等，其中茉莉花应用最多。通常花茶是以所用香花来命名的，如茉莉花茶、珠兰花茶、白兰花茶等。也有将花名与茶坯名结合起来命名的，如茉莉烘青、茉莉毛峰、茉莉水仙、珠兰大方、桂花铁观音、玫瑰红茶等。各种花茶各具特色，但总的品质均要求香气鲜灵浓郁，滋味浓醇鲜爽，汤色明亮。

我国生产花茶历史悠久，产区分布较广。主要产区有福建、广东、广西、浙江、江苏、安徽、四川、重庆、湖南、台湾等。各地生产的花茶以茉莉花茶，尤其是茉莉烘青产量最多，销量最大。花茶的内销市场主要是华北、东北地区，以山东、北京、天津、四川成都销量最大。外销虽然总量不大，但销路较广，日本、美国、法国、澳大利亚等国都有一定市场。

（二）紧压茶类

紧压茶指将各种成品散茶用热蒸汽蒸软后放在模盒或竹篓中，压塑成各种固定形状的一类再加工茶，又称压制茶。紧压茶是一大类茶品，因所用原料茶、塑形模具、成品茶的形状等不同而有多种。一般紧压茶的原料常见的是黑茶，也有部分绿茶和红茶以及少量乌龙茶；塑形模具有竹篓和各种形状的模盒之分；成品茶的形状则多种多样，以方形砖茶最为常见。下面列出紧压茶类的一些常见品种。

1. 沱茶

沱茶成品外形呈厚壁碗形，每个质量有 250 克和 100 克两种。主要产地在云南和重庆。重庆生产的称"重庆沱茶"，是以绿茶为原料加工而成。云南生产的沱茶有两种，一种是以滇青为原料的，称为"云南沱茶"；另一种是以普洱散茶为原料的，称为"普洱沱茶"。沱茶滋味浓醇，有较显著的降血脂功效。

2. 普洱方茶

普洱方茶产于云南，是由绿茶和普洱茶为原料蒸压成的 10 厘米×10 厘米×2.2 厘米方块形紧压茶，净重 250 克。其外表平整，清晰压有"普洱方茶"四个字，香气纯正，滋味浓厚略涩。

3. 米砖茶

米砖茶是用红茶碎末茶蒸压成的 24 厘米×19 厘米×2 厘米的砖形紧压茶，净重 1125 克。外形棱角分明，表面平整细腻，压印有清晰的商标花纹图案。米砖茶产于湖北，销区主要有新疆和内蒙古，也有少量出口。

4. 康砖与金尖

康砖与金尖都是呈圆角枕形的蒸压黑茶。产于四川雅安、乐山等地，属于南路边茶。两种茶制作工艺相似，只是原料拼配比例和成品茶大小规格上有所不同。康砖茶原料较好些，品质也优于金尖，成品规格通常为 17 厘米×9 厘米×6 厘米，每块质量 500 克。金尖成品个体更大，多为 30 厘米×18 厘米×11 厘米，每块质量 2500 克。

5. 花砖与黑砖

花砖与黑砖产于湖南安化，是湖南黑茶成品著名的"三砖"中的两砖（还有"一砖"为茯砖）。花砖与黑砖都是压制成形的砖形茶，制作方法基本相同；在成品规格上，两种茶也一样，体积为 35 厘米×18 厘米×3.5 厘米，净质量 2 千克；外形上看，两者都砖面平整，棱角分明，厚薄一致，压印的花纹图案清晰可辨。其差别主要是在原料拼配上，花砖原料嫩度较黑砖高，含梗量较黑砖少，故品质相应较优。两种茶均主要销往甘肃、宁夏、新疆和内蒙古。

6. 茯砖茶

茯砖茶是以黑茶为原料蒸压成砖形的一种紧压茶。主产于湖南，四川也有部分生产。两地产品规格有所不同。湖南茯砖体积为 35 厘米×18.5 厘米×5 厘米，净质量 2 千克；四川茯砖体积 35 厘米×21.7 厘米×5.3 厘米，净质量 3 千克。茯砖茶压制成砖形后要经过 20 多天的发花过程，在这一过程中，茶砖内微生物繁殖，最后长出金黄色的霉菌，俗称"金花"。茯砖茶的质量与"金花"多少有关，以"金花"较多为上品。茯砖茶的主要销区为青海、甘肃、新疆等地。

7. 青砖茶

青砖茶产于湖北赵李桥，是以湖北老青茶为原料压制成形的黑砖茶。规格为 34 厘米×17 厘米×4 厘米，净质量 2 千克。外形端正光洁，厚薄均匀，色泽青褐，通常砖面上压有凹形的"川"字，故有的称为"川字茶"，主销内蒙古等地。

8. 七子饼茶

七子饼茶又称圆茶。产于云南，是以普洱茶为原料在模内压制而成的一种圆饼形紧压茶。直径 20 厘米，中心厚 2.5 厘米，边缘厚 1.3 厘米，每块质量 357 克。通常将七块圆茶包装成一筒，故称"七子饼茶"，主销东南亚各国。

9. 六堡茶

六堡茶产于广西苍梧县六堡乡，是将整理后的黑茶蒸软后筑压进竹篓而成的一种篓装紧压茶。成品茶呈圆柱形，高 57 厘米，直径 53 厘米，每篓质量 37~55 千克，依级别不同而异。六堡茶讲究"越陈越香"，所以入篓压实的茶叶晾置 6~7 天后，需进仓堆放在阴凉潮湿的地方，经半年左右，陈香味才能显现，形成六堡茶红、浓、醇、陈的特有风格。

（三）萃取茶类

萃取茶指对用热水泡茶浸提出的茶汁加工而成的一类茶制品。主要包括速溶茶、浓缩茶和罐装茶饮料。

1. 速溶茶

速溶茶又称茶精、茶粉。20 世纪 40 年代始于英国，我国 20 世纪 70 年代开始生产，但产量不多。速溶茶是茶叶用热水冲泡萃取出茶汁后，经浓缩、喷雾干燥或冷冻干燥等一系列工序加工而成的粉末状或颗粒状茶制品。其水溶性好，可溶于热水或冷水。冲泡无茶渣存在，冲饮十分方便，但其香气滋味不及普通茶浓醇。因速溶茶易吸湿，其成品包装应注意密封和防潮。速溶茶根据是否调香，又有纯茶粉和添加果香茶粉之分。前者如速溶红茶和速溶绿茶；后者如速溶柠檬红茶、速溶红果茶、速溶姜茶等。

2. 浓缩茶

浓缩茶是将成品茶热水冲泡提出的茶汁进行减压浓缩或反渗透浓缩到一定浓度后装罐灭菌而制成的茶制品。浓缩茶可以作罐装茶饮料的原汁，也可以加水稀释后直接饮用。

3. 罐装茶饮料

罐装茶饮料是以成品茶的热水提取液或其浓缩液、速溶茶粉等为原料加工制成的，用罐（瓶）包装的液体茶饮品。可开罐（瓶）即饮，十分方便。又分纯茶饮料和非纯茶饮料。纯茶饮料是将茶汤按一定标准调好浓度后添加一定抗氧化剂（如维生素 C），不加糖、香料即装罐（瓶）密封、灭菌而制成的。这种茶饮料基本保持了原茶类应有的风味，又称茶汤（水）饮料。非纯茶饮料是在茶汤中添加了各种调味物以改善口感而制成的茶饮品。如果汁茶饮料、果味茶饮料、碳酸茶饮料、奶味茶饮料及其他茶饮料等。

（四）果味茶类

果味茶有两种。一种是将食用果味香精喷洒到茶叶上制成，使茶叶带有果香。这种茶国外生产较多，如草莓红茶、水蜜桃红茶、苹果红茶、百香红茶等，我国广东生产的荔枝红茶也属这种果味茶。另一种果味茶是在成品或半成品茶中加入果汁，烘干后制成。这是近年来开发出的新产品，我国生产的产品有柠檬红茶、猕猴桃茶、橘汁茶、椰汁茶、山楂茶等。果味茶风味独特，既有茶味，又带果香味，颇受消费者喜爱。

（五）保健茶类

保健茶是指将茶叶与某些医食两用的中草药配伍加工而成的复合茶。这种茶以营养保健为主，兼具一定防病治病功效，与以治病为主的药茶不同，属于一种保健饮品。保健茶因加入的配料药材不同而有很多种类，据不完全统计有近 200 余种。各种保健茶的功能各不相同，概括来讲，各种保健茶的保健范围包括减肥健美、降脂降压、抗衰益寿、清音润喉、清热解暑、消食健胃、明目固齿、醒酒戒烟、治痢防毒等。

值得一提的是，在实际生活中，人们常常把与茶一样泡饮的、经过加工的某些植物的茎、叶、花等都称为茶，如人参茶、杜仲茶、绞股蓝茶、菊花茶、金银花茶、苦丁茶、老鹰茶（红白茶）等，其实它们是与茶完全不同种属的植物。不过这类茶一般都具有一定的保健作用，被称为非茶之茶。

三、民间应用型分类

民间从实用出发，常对茶叶做各种分类。每种分类茶都在某些方面表现出一定差异，下面介绍几种常见的茶叶分类方法。

（一）按茶叶采制季节分类

按采制季节通常可分为春茶、夏茶和秋茶。春茶一般采制于每年3~5月，采在清明前的称为"明前茶"；在谷雨前采制的称为"雨前茶"。由于春季温度适中，雨量充沛，加上茶树经头年秋冬季的休养生息，使得春梢芽叶肥壮，色泽翠绿，叶质柔软，幼嫩芽叶毫毛多，与品质相关的一些有效物质，特别是氨基酸及多种维生素富集。故春茶，尤其是春季绿茶质量特好，香高味浓，耐冲泡，尤以明前茶最佳。另外，经过冬季的低温，茶树上的许多病虫也受到抑制，通常春季茶树不需用农药防治病虫，所以从卫生安全性方面来看，春茶也优于其他季的茶叶。

夏茶一般为6~7月采制的茶叶。因已采了一季春茶，再加上此时气温较高，茶树新梢生长快，相应新梢中物质积累较少，特别是氨基酸及全氮量的减少，对绿茶而言，夏茶滋味不及春茶鲜爽，香气不如春茶浓郁。而且由于夏茶中带苦涩味的花青素、咖啡碱、茶多酚含量比春茶高，不但使紫色芽叶增加，成茶色泽不一，还使其滋味更苦涩。当然，就红茶品质而言，由于夏茶茶多酚含量较多，对形成更多的红茶色素有利，因此夏季采制而成的红茶，干茶和茶汤色泽显得更为红润和红亮，滋味也比较强烈。但是夏茶氨基酸含量显著减少，这对形成红茶的鲜爽滋味又是不利的。

秋茶采制于8~10月。此时天气转凉，茶树生长速度放慢，在肥水管理跟上的前提下，此时新梢中可有较多的物质积累，故秋茶质量比夏茶要好。

（二）按茶树生长的自然生态环境分类

按生长的自然生态环境可分为高山茶和平地茶。一般而言，"高山茶"指茶树生长在海拔800米以上者；"平地茶"则是生长在海拔100米以下的茶树。在自然条件下，高山茶品质优于平地茶，素有"高山出好茶"之说。之所以这样，是因为高山具有适宜茶树生长的独特生态环境。一是高山昼夜温差大，白天光合作用形成的养分多，晚上呼吸作用消耗的养分少，从而增加了茶叶中有效成分的积累；二是高山土壤中矿物质和有机质丰富，能满足茶树生长的特殊要求；三是高山上经常云雾缭绕，漫射光多。漫射光能促进茶叶中含氮化合物的代谢，使茶树芽叶中的氨基酸、叶绿素以及芳香物质等成分含量明显增加，而多酚类物质相对较少，使制出的绿茶色绿味鲜香高，不苦涩。一般低海拔地区不具有高山的生态环境，故"平地茶"通常达不到"高山茶"的优异品质。不过，也不能一概而论，因为茶叶的品质好坏受着多种因素的制约，诸如品种、季节、环境条件、栽培技术以及加工技术等。平地茶园只要具有适宜的气温，日照适中，雨量充沛，湿度大，土质条件良好，同样可以生产出优质茶。如果采用种树遮荫、人工灌溉、茶园铺草等技术措施，改善茶园小区气候，加上先进的加工技术，也能保证平地出好茶。

（三）按茶叶加工程度分类

按茶叶加工程度分为初加工茶、精加工茶、再加工茶三种。初加工茶是将鲜叶按基本茶类制作工艺加工而成的干茶。此时的茶虽然形成了所属茶类的品质特色，但外形很杂乱，条索长短、粗细不一，故称毛茶。对毛茶进行筛分、切轧、风选、拣剔、拼配等一系列物理加工，为茶叶精加工，或称茶叶精制，所制成的茶产品即为精加工茶，或称精制茶。精制后的茶叶在外形和内质上都较均匀一致，可作为商品出厂销售。再加工茶前已介绍，不过有人将再加工茶剖分为两类，即再加工茶和深加工茶。其中再加工茶只包括花茶和紧压茶，这些茶是在精制茶基础上进一步加工而得的产品。而深加工茶则是以鲜叶、毛茶、精制茶、再加工茶等为原料，进行各种深度加工而制成的一类新型茶产品，包括速溶茶、浓缩茶、茶饮料、保健茶、茶制品及茶提取物等。

（四）按茶叶销路分类

按销路可分为内销茶、边销茶、外销茶和侨销茶四类。内销茶以国内内地消费者为销售对象。因各地消费习惯不同，喜好的茶类也有差别。如华北和东北以花茶为主；长江中下游地区以绿茶为主；台湾、福建、广东特别喜爱乌龙茶；西南和中南部分地区则消费当地生产的晒青绿茶。边销茶实际也是内销茶，只是消费者为边疆少数民族，因长期形成的习惯，特别喜欢饮用紧压茶。外销茶与内销茶相比茶类较少，主要是红、绿茶，其他茶类很少。外销茶除讲究产品质量外，对农残和重金属等有害物质含量要求很严；对商品包装也很讲究，尤其在包装的容量、装潢用色、文字与图案设计等方面要照顾进口国的传统、宗教和风俗习惯，注意不要触犯其忌讳。侨销茶实际也是外销茶，不过消费者是侨居国外的华侨，特点是喜饮乌龙茶。

另外，还有按干茶形状分类的，有针形（白毫银针）、条形（毛峰）、卷曲形（碧螺春）、扁形（龙井）、尖形（太平猴魁）、片形（六安瓜片）、花朵形（白牡丹）、雀舌形（敬亭绿雪）、圆珠形（珠茶）、螺钉形（铁观音）、束形（菊花茶）、颗粒形（红碎茶）、粉末形（日本抹茶）、团块形（砖茶）等多种。

四、中国名茶简介

所谓名茶，指在消费者中有相当知名度的优质茶。它不同于一般茶之处在于兼具优质和著名两个特点。其著名主要源于其优质，通常名茶都具有独特的外形与优异的色香味品质。因为其独特优异的品质，才赢得消费者的喜爱，一传十、十传百，因而成为知名茶品，即名茶。

名茶优异品质的形成，主要决定于其原料与制法。名茶生产，对鲜叶原料特别讲究。首先鲜叶应来自生长在优越的自然生态环境和良好的栽培管理条件下的茶树；其次，采摘标准一定严格规范。此外，还必须要有好的制茶工艺，才能制出优质茶叶。每种名茶都有其一套与众不同的制作工艺，而且做工要求很高、很精细，所以以前的名茶多是手工制作。现在虽然许多名茶已实现了机械化生产，仍有部分外形特殊的名茶，在某些工序上需要辅以手工操作。

名茶之成名，并为人们所爱，社会珍视，固然离不开其优异的品质，但同时也往往与某些秀丽的风景名胜、名人的诗词歌赋，以及美妙的神话故事、历史传说紧密联系在一起。风光秀丽的风景名胜，不仅为茶树生长提供了很好的自然生态环境，还为茶叶的扬名创造了良好条件。我国许多名茶就出产于有着名山大岳的风景胜地，如庐山云雾、黄山毛峰、西湖龙井、洞庭碧螺春等。我国古代文人对茶都十分钟爱，品质上佳的名茶更受他们青睐，因而引起他们讴歌的兴趣。诗人们为名茶而吟诗作赋，客观上为茶叶扬名四方起了很好的作用。如仙人掌、阳羡茶、双井茶、蒙山茶等历史名茶的声名远播，都离不开文人们的诗词歌赋。

我国历史上，神话故事、民间传说非常丰富。这种民间文学内容通俗生动，口口相传，受众广泛。与茶结合，更加有助于名茶知名度的提高。我国众多名茶中，有不少都伴随有动人的故事传说，如西湖龙井、洞庭碧螺春、太平猴魁、铁观音、大红袍等。由此可见，名茶，它不仅仅是一种自然产物，还蕴含着丰富的文化内涵。人们品饮名茶，不仅能从中品出其色香味的物质美，更能从中获得无以比拟的精神愉悦和美感。

中国是盛产名茶的国家，现有名茶种类有上千种。其中获国际、国家金奖产品有 700 种。下面简介几种特别著名的茶叶名品。

1. 西湖龙井

浙江省著名绿茶。该茶产于风景如画的西子湖畔，历史悠久，素以"色绿、香郁、味醇、形美"四绝享誉国内外，被公推为名茶之魁首。龙井茶属扁形炒青绿茶。外形扁平光滑，大小匀齐，色泽翠绿略黄。

西湖茶区产茶历史悠久，可追溯到南北朝时期。北宋熙宁 11 年（1078 年）上天竺辩才和尚与众僧来到狮子峰下落晖坪的寿圣院（老龙井寺）栽种采制茶叶，所产茶叶即为"龙井茶"。龙井茶因龙井泉而得名。龙井原称龙泓，传说明正德年间曾从井底挖出一块龙形石头，故改名为龙井。龙井茶鲜叶原料一般为清明至谷雨前的一芽一叶初展芽叶。要求所采芽叶匀齐洁净，通常特级龙井茶 1 千克需七八万个芽叶。制作工艺也非常复杂精细，要求很高。

西湖山区各地所产龙井茶，由于生态条件、炒制技术的差别，品质特点也有所不同。所以历史上按产地龙井茶分为"狮"（狮峰）、"龙"（龙井）、"云"（云栖）、"虎"（虎跑）四个品类。20 世纪 50 年代，根据当时生产实际情况，调整为"狮峰龙井""梅坞龙井"和"西湖龙井"三个品类。其品质各具风格，以狮峰龙井最佳，梅坞龙井香气略逊于狮峰龙井，西湖龙井香味不及前两品类。不过，在实际生活中，人们通常将三者统称为西湖龙井。在产销中，龙井茶一般分为特级和一至五级 6 个级别。

2001 年国家质检总局正式对龙井茶实行原产地域保护，将龙井茶定义为：以"龙井"地名命名，用在原产地域范围内经认定的茶园内生产的茶鲜叶，并在原产地域内按《龙井茶》标准生产加工的绿茶。同时规定只有用杭州西湖产区的茶鲜叶生产的龙井茶才能称为"西湖龙井"。原产地实际保护面积为 168 平方千米，此区域外的茶鲜叶生产的龙井茶统统归为"浙江龙井"。

2. 洞庭碧螺春

江苏省著名炒青绿茶。该茶出产于我国闻名遐迩的风景旅游胜地江苏吴县太湖洞庭山。关于碧螺春始于何时，名称由何而来的说法颇多，目前比较公认的是清代王应奎（1757 年）的记述。据说洞庭东山的碧螺峰，石碧上野生着几株茶树。当地老百姓每年茶季都持筐采回，自制自饮。有一年，茶树长得特别茂盛，大家争相采摘，竹筐装不了，只好放在怀中。结果茶叶受到怀中热气熏蒸，生发出奇异香气。采茶人由衷赞叹："吓煞人香（吴县方言）"，遂得此名。后康熙皇帝游览太湖，巡抚宋荦进献"吓煞人香"茶。康熙品后感觉香味俱佳，但名称不雅，就题名为"碧螺春"。碧螺春茶名虽因产于碧螺峰而得，但碧螺春茶汤色碧绿，形卷如螺，采制于早春的特点亦尽为茶名所概括。

碧螺春茶采制工艺要求极高。高级碧螺春鲜叶采摘特别细嫩，嫩度高于龙井。一般为一芽一叶初展。500 克茶需 6.8 万~7.4 万个芽头。采摘期从春分后到谷雨前。高级碧螺春的品质特点是条索纤细，卷曲成螺，满身披毫，银白隐翠；香气浓郁久雅，滋味鲜醇甘厚；汤色碧绿清澈，叶底嫩绿明亮。当地群众把碧螺春的品质特征总结为"铜丝条，螺旋形，浑身毛，花香果味，鲜爽生津"。

3. 六安瓜片

六安瓜片属于半烘炒片形绿茶。其所用原料和采制工艺，以及成茶品质在众绿名茶中独具一格、不同凡响，因而广受消费者青睐，盛名远扬。全国十大名茶评选中，六安瓜片都名列其中，并在各种评奖活动中屡获大奖。

六安瓜片产于安徽省六安市、金寨县、霍山县三地之间的山区和低山丘陵地区的部分乡镇。其原产地主要在金寨县齐头山带。六安早在东汉时就已有茶，唐朝中期六安茶区的茶园就初具规模，所产茶叶开始出名。

六安瓜片采制与一般绿名茶有很大不同。不是采非常细嫩芽叶，而是待新梢已形成"开面"（叶已全展，出现驻芽）时才采。采摘标准以对夹二三叶或一芽三叶为主。通常采摘季节较其他绿名茶为迟，在谷雨之后。采回的鲜叶不直接炒制，要先进行"板片"，即将新梢上的嫩叶（叶缘背卷，未完全展开）、老叶（叶缘完全展开）掰下分别归堆。然后对新梢各部分分别炒制成不同产品。瓜片制作分炒生锅、炒熟锅、拉毛火、拉小火、拉老火等五道工序。炒生锅即为杀青，炒 1~2 分钟，叶片变软，叶色变暗即可扫入熟锅炒制。炒熟锅主要起整形作用。边炒边拍，使茶叶逐渐成为片状。六安瓜片制作中烘焙较为特别，要烘三次，烘焙温度一次比一次高，每次之间间隔时间较长，达 1 天以上。通常拉毛火由茶农在熟锅炒完后进行，即将茶叶放在烘笼上用炭火烘至八九成干，然后拼堆出售。茶叶收购者或经营专业户，将从农户零星收购的片茶按级别归堆，到一定数量时，再完成后两次烘干。拉小火和拉老火的劳动强度大，技术性也较强，是对六安瓜片特殊品质形成影响极大的关键工序。烘至足干的茶叶要趁热装入铁桶，并用焊锡封口，以保持成茶品质。

六安瓜片的品质特点：外形为单片，不带芽和梗，叶缘背卷顺直，形如瓜子，色泽宝绿，大小匀整；香气清香持久，滋味鲜醇，回味甘甜，汤色碧绿，清澈透明，叶底黄绿明亮，在名茶中独具一格。

4. 蒙顶甘露茶

蒙顶甘露茶产于四川省邛崃山脉之中的蒙山。蒙山产茶历史悠久，相传西汉甘露年间（公元前 53—前 50 年），后被宋哲宗封为"甘露普慧禅师"的吴理真最早在山顶五峰之中的上清峰种下了七株茶树，以此开始了蒙山产茶史，距今已有 2000 多年历史。蒙顶茶在历史上是以贡茶而闻名于世的。贡茶历史开始于唐代，一直沿袭到清代，前后持续 1000 多年。

蒙顶甘露为卷曲形炒青绿茶。原料嫩度较石花稍低，为一芽一叶初展。制作工艺较复杂，有摊放、杀青、头揉、炒二青、二揉、炒三青、三揉、整形、初烘、匀小堆、复烘、拼配 12 道工序。成茶品质具有紧卷多毫，嫩绿色润，香高而爽，味醇而甘，汤色黄绿明亮，叶底嫩匀鲜亮的特点。甘露茶在蒙顶茶品中声誉最高，产量较多。1959 年被外贸部评为全国十大名茶之一，后来也在国内外各种评奖活动中多次获奖。

5. 竹叶青

竹叶青产于风光秀丽的四川风景名胜峨眉山。1964 年，陈毅元帅视察峨眉山，在万年寺同老僧人品茶对弈时，对所品之茶赞不绝口，得知此茶尚无名称时，元帅说道："多像嫩竹叶啊，就叫竹叶青吧！"竹叶青由此得名而名扬四海。其外形扁平光滑、挺直秀丽，色泽嫩绿油润，香气清香馥郁，汤色碧绿明亮，滋味鲜嫩醇爽，叶底嫩黄明亮，是目前四川省首推的绿茶品牌。

6. 蒙顶黄芽

蒙顶黄芽茶属黄茶类，是新中国成立后新恢复的历史名茶。其原料为单芽，制作工艺是在石花制作工序中加进了两次用草纸包裹茶叶进行渥黄和一次将茶叶摊放渥黄的工序，操作更复杂，要求更高。全过程有杀青、初包、二炒、复包、三炒、摊放、整形提毫、烘焙 8 道工序。由于其中三次渥黄工序费时较多，黄芽制作通常历时 3 天左右。黄芽品质风格独具，表现出外形扁平挺直，嫩黄油润，全芽披毫；内质甜香浓郁，汤黄明亮，味甘而醇，叶底全芽黄亮的特点。

7. 君山银针

君山银针是湖南省著名历史名茶，属黄茶类，产于岳阳市君山。

君山银针对鲜叶采摘要求很严，每年开采期在清明前 3 天，全部采摘肥硕重实的单芽。制作工艺精细而别具一格，分杀青、摊放、初烘、摊放、初包、复烘、摊放、复包、干燥、分级 10 个工序。其中"初包"和"复包"为用纸包裹渥黄的工序，这是形成黄茶特有品质的关键工序。整个制作过程历时三昼夜，长达 70 多个小时。

君山银针外形紧实而挺直，茸毛密被，色泽金黄光亮；香气高而清纯，汤色杏黄明净，滋味甘醇爽口，叶底鲜亮。用透明玻璃杯冲泡，可见茶在杯中"三起三落"的景观，令人赏心悦目。

8. 白毫银针

白毫银针简称银针，因茶芽满身披毫，色白如银，形状如针而得名。白毫银针产于福建的福鼎和政和两县。

白毫银针完全是由独芽制成，鲜叶原料采摘极其严格。银针制作工序虽简单，但在萎凋、干燥过程中，要根据茶芽的失水程度进行温度、时间调节，掌握起来也很不易，特别是要制出好茶，比其他茶类更为困难。

白毫银针外形优美，芽头壮实，白毫密布，挺直如针。福鼎所产茶芽茸毛厚，色白富光泽，汤色碧清，呈杏黄色，香味清鲜爽口；政和所产汤味醇厚，香气清芬。白毫银针药理保健作用亦较突出，在民间常被作为药用。它味温性凉，有退热祛暑解毒的功效，是夏季理想的清热佳饮，在港澳地区消费者中享有很高的声誉。

9. 安溪铁观音

安溪铁观音是福建闽南乌龙茶的代表，因其品质超群，卓尔不凡，而被人们誉为乌龙茶之王。20 世纪 70—80 年代，日本市场曾两度掀起乌龙茶热，在日本，铁观音几乎成了乌龙茶的代名词。

铁观音外形独特，茶条为螺旋卷曲形，紧结重实，呈蜻蜓头状，并带有青蒂小尾。色泽砂绿青润，表面带有白霜，这是优质铁观音的特征之一。品茶师形容铁观音外形为"青蛙腿，蜻蜓头，蛎乾形，茶油色"。铁观音外形奇异，内质更佳。汤色金黄，浓艳清澈，叶底肥厚明亮，呈现"青蒂、绿腹、红镶边"的特征。品饮茶汤，即感滋味醇厚甘鲜，回甜明显，香气馥郁，久留齿颊，令人心旷神怡，回味无穷。铁观音茶还特别耐冲泡，有"七泡有余香"之誉。

铁观音是茶树品种名，也是成茶茶名和商品茶名。正宗铁观音应是以铁观音品种茶树按铁观音茶特有采制工艺制成的乌龙茶。但是，现在很多地方都是将按铁观音茶特定制作工艺制成的乌龙茶称为铁观音，如台湾就是如此。这些铁观音制茶工艺与安溪铁观音相同，但原料可以选择铁观音品种茶树的芽叶，也可以选择其他品种的芽叶，产品品质与正宗铁观音有所差别，还需饮者细做区分。

10. 祁门红茶

祁门红茶为我国著名工夫红茶，常简称为"祁红"，主产于安徽祁门县。祁红的采制工艺也不同一般，很花工夫，故名工夫红茶。

祁红外形条索紧细，锋苗秀丽，色泽乌润有光，俗称"宝光"；冲泡后汤色红艳透明，叶底鲜红明亮，滋味醇厚甜润，回味隽永，香气浓郁高长，既似蜜糖香，又蕴有兰花香。这种似蜜似花、别具一格的香气，是祁红最为诱人之处，国外把它专称为"祁门香"，是国际上三大高香红茶之一。英国人特别喜爱祁红，皇家贵族都以祁红作为时髦的饮品，并用"王子茶""茶中英豪""群芳最"等美名来加以赞誉。

11. 普洱茶

普洱茶是云南久享盛名的历史名茶。普洱为云南省一地名，历史上曾设普洱府，现为思茅市辖下一县名。普洱原不产茶，只因曾是滇南重要的贸易集镇和茶叶市场，四周各地所产茶叶都集中在此处加工后再销往外地，才将出自此处的茶统称为普洱茶。实际普洱茶主产区应是位于西双版纳和思茅所辖的澜沧江沿岸各县。

普洱茶产区产茶历史悠久，早在东汉时已有种茶的记载。唐、宋时，茶叶已远销西藏等少数民族地区以换取马匹。由于产区自然条件优越，加之茶树品种多为大叶种，茶多酚含量高，制出的普洱茶品质特别优异，味浓耐泡，泡10泡仍有茶味，广受茶客们好评，因而吸引了不少外地客商到普洱采购茶叶。古时的普洱茶主要是晒青绿茶"蒸而成团"的各种形状的紧压茶。由于普洱茶产区地处边远山区，交通闭塞，茶叶运输靠人背马驮，将茶运输到西藏、东南亚及港澳各地，历时需一年半载。在运输过程中，在外界湿、热、氧、微生物等作用下，茶叶内含成分，尤其是茶多酚发生氧化等化学反应，使茶叶产生后发酵，形成了普洱茶特殊的品质风味。进入现代，交通条件大大改善，运输已不再需漫长时间，茶叶自然陈化的条件已不具备。为适应消费者对普洱茶特殊风味的需求，产区生产者改进制茶工艺，将晒青毛茶在高温高湿条件下进行后发酵处理（渥堆），制成了今天属黑茶类的普洱茶。

普洱茶有两种形式，即散茶和紧压茶。散茶为滇青毛茶，经渥堆、干燥后再筛制分级而成。其商品茶一般分为五个等级。紧压茶则为滇青毛茶经筛分、拼配、渥堆后再蒸压成形而制成，现主要产品有普洱沱茶、七子饼茶（圆茶）、普洱砖茶等。

普洱茶独特的制法造就了它特殊的品质风格。普洱茶外形条索粗壮肥大，紧压茶形状因茶而异；色泽乌润或褐红，俗称猪肝色；茶汤红浓明亮，滋味醇厚回甜，具有独特陈香。普洱茶香气风格以陈为佳，越陈越好，保存良好的陈年老茶售价极高。普洱茶不仅为饮用佳品，也具有很好的药用保健功效。经中外医学专家临床试验证明，普洱茶具有降血脂、降胆固醇、减肥、抑菌、助消化、醒酒、解毒等多种作用，在东南亚、我国港澳台、日本和西欧等地有美容茶、减肥茶、益寿茶之美称。

第三节　茶叶的品质鉴评

茶叶的品质特征主要表现在外形和内质两方面。外形是指茶叶的外观特征，即茶叶的造型、色泽、匀整度、匀净度等直观能看到的特征；茶叶的内质是指经冲泡后所表现出的茶叶的香气、汤色、滋味及叶底（包括叶底形态、色泽）等特征。概括地说，茶叶的品质特征即是茶叶的色、香、味、形。因茶叶的原料和加工工艺、方法不同，所形成的各茶类的品质特征也不相同。

对茶叶品质的鉴评，包括茶叶品质的感官审评和茶叶检验两大项内容，一般茶艺工作者能掌握茶叶感官审评即可。感官审评是依赖于评茶人的经验与感受来评定茶叶品质的一项难度很高、技术性很强的工作，是每一个专业茶艺工作者所必须掌握的一项基本技能。要掌握这一技能，一方面必须通过长期的实践来锻炼自己的嗅觉、味觉、视觉、触觉，使自己具有敏锐的审辨能力。另一方面要学习有关的理论知识，如茶叶审评对环境的要求、审评抽样、用水选择、茶水比例、泡茶的水温及时间、审评程序等。下面仅对茶叶鉴评的基本知识做简要介绍。

一、茶叶审评方法

茶叶感官审评，是根据茶叶的形、质特性对感官的作用，来分辨茶叶品质的高低。审评时，先进行干茶审评，然后再开汤审评。审评有八因子法与五因子法两种。对八因子法，干茶审评时看外形的整碎、形状、色泽、净度四个因子，与标准样相对照，初步确定茶叶品质的好坏。开汤后审评看内质，即看汤色、香气、滋味、叶底四个因子，与标准样对照，决定茶叶品质的高低。最后综合外形、内质的八个因子的评分和评语，最终确定茶叶的品质好坏。五因子法是把干评的四个因子归为"外形"一个因子。目前国家标准一般均使用八因子法。

茶叶类别不同，评比时各因子的侧重点也不相同，如名优绿茶类，因其外形规格比较均匀一致，整碎和净度都较好，外形审评时只评比形状和色泽因子。因为茶叶是一种饮料，在审评时大部分茶类都比较注重香气、滋味两因子，在八大因子中，香气和滋味所占的比例往往是最高的。

二、茶叶审评程序

在审评时要先取样，一般是将毛茶 250~500 克或精制茶 200~250 克，放于专用的茶样盘内，评定茶叶的大小、粗细、轻重、长短，以及其中碎片、末茶所占比例，然后均匀取样。红茶、绿茶的成品茶一般取 3 克，乌龙茶取 5 克，放入审评杯内，用沸水冲泡，即开汤。3 克红茶、绿茶加入 150 毫升沸水，泡 5 分钟；5 克乌龙茶加入 110 毫升沸水，泡 2~4 次，每次 2~5 分钟。开汤后应先嗅香气，快看汤色，再尝滋味，最后评叶底，审评绿茶有时应先看汤色。

三、茶叶审评项目

确定茶叶品质的高低，一般要干评外形，开汤评内质，把以下的项目逐一评比，并按照评茶术语写出评语。

（一）外形指标

1. 整碎

主要看干茶的外观形状是否匀整。一般从优到差分为匀整、较匀整、尚匀整、匀齐、尚匀等不同的级差。

2. 形状

条索是各类茶所具有的一定的外形规格，是区别商品茶种类和等级的依据。例如长炒青呈条形、圆炒青呈珠形、龙井呈扁形，其他不同种类的茶都有其一定的外形特点。一般长条形茶评比松紧、弯直、壮瘦、圆扁、轻重，以形状紧结、圆直、肥壮、重实的为好；圆形茶评比松紧、匀正、轻重、空实，以圆紧、匀齐、重实、紧实的为好；扁形茶评比平整光滑程度，一般要求扁平、挺直、光滑。

3. 色泽

干茶色泽主要从色度和光泽度两方面去看。色度即指茶叶的颜色及色的深浅程度；光泽度指茶叶接受外来光线后，一部分光线被吸收，一部分光线被反射出来，形成茶叶色面的亮暗程度。各种茶叶均有其一定的色泽要求，如红茶以乌黑油润为好，黑褐、红褐次之，棕红更次；绿茶以翠绿、深绿光润的好，绿中带黄者次；乌龙茶则以青褐光润的好，黄绿、枯暗者次；黑毛茶以油黑色为好，黄绿色或铁板色都差。干茶的色度比颜色的深浅，光泽度可从润枯、鲜暗、匀杂等方面去评比，以润、鲜、匀为好。

4. 净度

净度是指茶叶中含有杂物的多少。优质茶叶应不含任何夹杂物。

（二）内质指标

1. 香气

香气是茶叶开汤后随水蒸气挥发出来的气味。茶叶的香气受茶树品种、产地、季节、采制方法等因素影响，使得各类茶具有独特的香气风格，如红茶的甜香，绿茶的清香，乌龙茶的花果香，白茶的毫香等。即便是同一类茶，也有地域性香气特点。审评香气除了辨别香型之外，还要比较香气的纯异、高低、长短。香气的纯异是指所闻到的香气与该品种茶叶应具有的香气是否一致，是否夹杂了其他异味；香气的高低可用浓、鲜、清、纯、平、粗来区分；香气长短即香气的持久性，从热嗅到冷嗅都能嗅到香气表明香气长，反之则短。好茶的香气纯高持久，有烟、焦、酸、馊、霉、异等气味的是劣变茶。

2. 汤色

汤色指茶叶中的各种色素溶解于沸水而反映出来的茶汤色泽。汤色在审评过程中变化较快，为了避免色泽的变化，审评过程中要先看汤色或闻香与观色结合进行。审评汤色主要应看色度、亮度、清浊度三个方面。色度指茶汤颜色，各类茶都有其特有的汤色，评比时，主要从正常色、劣变色和陈变色三方面去看。亮度指茶汤的亮暗程度，好茶汤的亮度高。清浊度指茶汤清澈或浑浊程度，汤色纯净透明，无混杂，清澈见底是优质茶汤的表现。

3. 滋味

滋味是评茶人对茶汤的口感反应。审评时首先要区别滋味是否纯正，纯正指正常的茶应有的滋味，纯正的滋味可区别其浓淡、强弱、鲜爽、醇和；不纯正的滋味可区分为苦、涩、粗、异（酸、馊、霉、焦）等味。好茶的滋味应浓而鲜爽、刺激性强或富有收敛性。

4. 叶底

叶底是指冲泡后充分舒展开的茶渣。审评叶底主要靠评茶人的视觉和触觉，看叶底的嫩度、色泽和匀度。一般而言，好的茶叶叶底应嫩芽比例大、质地柔软，色泽明亮、不花杂，叶形较均匀，叶片肥厚。

四、茶叶的鉴别

（一）真茶与假茶的鉴别

假茶是用从其他植物上采摘下来的鲜叶制成而冒充茶叶的物质。由于假茶与真茶是由不同的植物原料所制，故它们在形态特征和生化特征上都有很大的差别。鉴别真假茶叶，可以从干货色泽、香气、滋味方面来看，也可通过开汤审评来比较，还可用生化测定来区别，其中最简便又较准确的方法还是开汤审评。

开汤时按双杯审评方法，即每杯称样 4 克，置于 200 毫升审评杯中。第一杯冲泡 5 分钟，用以审评香气、滋味，看其有无茶叶所特有的茶香和茶味；第二杯冲泡 10 分钟，以使叶片完全开展后，置于装有少量清水的白色盘子中观察有无茶叶的植物学特征。主要从以下几点来判别。

1. 叶缘

真茶的叶缘有锯齿，一般 16~32 对，近叶尖部分密而深，近叶基部分稀而疏，近叶柄部分则平滑无锯齿。而假茶的叶片或者四周布满锯齿，或者无锯齿。另外，茶叶的锯齿上有腺毛，老叶腺毛脱落后，留有褐色疤痕。

2. 叶脉

茶叶主脉明显，主脉分生侧脉，侧脉再分出细脉，侧脉伸展至叶缘三分之二的部位，向上弯曲与上方支脉相联接，形成封闭式网状结构。而假茶叶片的支脉多呈羽状分布，直通叶缘。

3. 茸毛

真茶幼嫩芽叶背面均生茸毛，以芽最多，且密而长，弯曲度大，随芽叶的生长，茸毛渐稀、短，而逐渐脱落。假茶叶片上的茸毛多呈直立状生长或无茸毛。

4. 叶片着生状

真茶的叶片在茎上的分布，呈螺旋状互生；而假茶的叶片在茎上的分布，通常是对生或几片叶簇状着生。

此外，茶叶中含有某特有的化学成分（如茶氨酸）和某些化学成分达到一定含量，故可通过对这些化学成分的测定来识别真假茶。如凡是咖啡碱含量达 2%~5%，同时茶多酚含量达 20%~30% 的可断定是真茶，否则即是假茶。

（二）新茶与陈茶的鉴别

新茶一般是指当年采制的茶叶；陈茶则指隔年以后的茶叶。由于茶叶在存放过程中其化学成分会发生化学反应而使茶叶品质也产生相应变化，这使我们能对新茶陈茶加以区分。

从外观上，新茶的外观新鲜油润，如新绿茶呈嫩绿或翠绿色，表面有光泽，新红茶色泽乌黑油润；新茶条索匀称而紧结。而陈茶因受空气中氧气的氧化以及光的作用，色泽会明显老化，外观灰暗干枯无光；条索则杂乱干硬。如陈绿茶久放后叶绿素分解，茶褐素增多，使干茶色泽灰黄，晦暗无光；陈红茶则色泽灰褐或灰暗。

从手感上，新茶手感干燥，用手指捏捻干茶叶，茶叶即成粉末。而陈茶手感松软、潮湿，一般不易捻碎成末。

从冲泡后的色泽和香味上，新茶经冲泡后，叶芽舒展，汤色清澄，闻之清香扑鼻。而陈茶冲泡后，芽叶萎缩，汤色暗浑，闻之则香气低沉并带有浊气。从茶味上，新茶饮时，舌感醇和清香、鲜爽；而陈茶饮时，舌感陈味较重、淡而不爽。

但这里还需特别说明的是，并非所有的新茶都比陈茶好，有的茶叶品种在适当贮存一段时间后，品质反而更优异。例如，西湖龙井、碧螺春等绿茶，如能在生石灰缸中贮放1~2个月后，滋味将更加鲜醇可口且没有丝毫青草气。福建的武夷岩茶只要贮存方法得当，隔年陈茶反而香气馥郁，口感醇滑，妙不可言，贮存多年的武夷陈茶被懂行的茶人视为至宝。武夷山茶区流传着一首古诗："雨前虽好尚嫌新，火功未退莫粘唇，藏到深红双倍价，家家卖弄隔年陈。"另外，湖南的黑茶、湖北的茯砖茶、广西的六堡茶、云南的普洱茶也都是香陈益清、味陈益醇。

（三）春夏秋茶的鉴别

春夏秋茶主要通过干看外形和湿看内质两方面来鉴别。

干看，主要从茶叶的外形、色泽、香气上加以判断。凡红茶、绿茶条索紧结，珠茶颗粒圆紧；红茶色泽乌润，绿茶色泽绿润；茶叶肥壮重实，或有较多毫毛，且又香气馥郁者，乃是春茶的品质特征。凡红茶、绿茶条索松散，珠茶颗粒松泡；红茶红润，绿茶色泽灰暗或乌黑；茶叶轻飘宽大，嫩梗瘦长；香气略带粗老者，乃是夏茶的品质特征。凡茶叶大小不一，叶张轻薄瘦小；绿茶色泽黄绿，红茶色泽暗红，且茶叶香气平和者，乃是秋茶的品质特征。

湿看，就是进行开汤审评，通过闻香、尝味、看叶底来进一步做出判断。冲泡时茶叶下沉较快，香气浓烈持久，滋味醇厚；绿茶汤色绿中透黄，红茶汤色红艳显金圈；叶底柔软厚实，正常芽叶多；叶张脉络细密，叶缘锯齿不明显者为春茶。凡冲泡时茶叶下沉较慢，香气欠高；绿茶滋味苦涩，汤色青绿，叶底中夹有铜绿色芽叶；红茶滋味欠厚带涩，汤色红暗，叶底较红亮；不论红茶还是绿茶，叶底均显得薄而较硬，对夹叶较多，叶脉较粗，叶缘锯齿明显，此为夏茶。凡香气不高，滋味淡薄，叶底夹有铜绿色芽叶，叶张大小不一，对夹叶多，叶缘锯齿明显的，当属秋茶。

第四节　茶叶的贮藏保鲜

一、影响贮藏茶叶品质变化的环境条件

茶叶属于易变性食品，贮藏方法稍有不当，便会在短时间里风味尽失，甚至变性变味，

失去其饮用价值。这是因为茶叶的色香味主要是由其内含的丰富的化学成分所决定的。这些成分在种类、含量及组成比例上的变化，都会导致茶叶品质的不同。而在茶叶的贮藏过程中，这些内含成分极易受环境条件的影响而发生化学变化，从而导致茶叶品质发生劣变。而影响这些化学变化的外部条件主要有以下几种。

（一）水分

茶叶是一种多孔隙，并且含有大量亲水基团成分（多酚类、氨基酸、多糖等都带—OH）的物质，极易吸湿。一般环境湿度越大，茶叶就很易吸湿。据研究，当绿茶含水量为 3%（红茶为 4.9% 左右）时，茶叶内含成分的化学反应受到抑制。当茶叶含水量增大时，茶叶内含成分便开始进行化学反应。而且，含水量越高，化学反应越剧烈，从而导致茶叶中有益成分大量减少，不利于茶叶品质的成分增加，使茶叶品质发生劣变。当含水量>6.5%时，茶叶存放不到半年就会产生陈味。同时，茶叶含水量增高，也为微生物的生长繁殖创造了条件，使茶叶很易生霉变质。

（二）氧气

茶叶中内含成分的化学变化，很多都是氧化反应造成的。空气中含有 21% 的氧气，茶叶中的茶多酚、茶黄素、茶红素、叶绿素、维生素 C、氨基酸、芳香物质等均易被氧化，其氧化产物大都对茶叶品质不利。在无氧的条件下，茶叶内含成分的氧化反应就会受到抑制，茶叶品质就会得到保持。据试验发现，含氧量低于 5% 时贮藏绿茶，对保持绿茶品质有明显的效果。

（三）温度

这也是影响茶叶内含成分化学反应的一种重要因素。一般温度越高，茶叶内含成分的化学反应就越剧烈，茶叶品质劣变也愈快。试验结果表明，温度每升高 10℃，茶叶色泽褐变的速度就加快 3~5 倍。如果茶叶贮藏于 10℃ 以下的冷库，可较好地延缓褐变过程。而如果能干燥地存放于零下 20℃ 的冷库，则几乎可以完全防止茶叶陈化变质。

（四）光线

光线对茶叶品质也是有很大的破坏作用。因为光的本质是一种能量，光线照射可以加速各种化学反应，对茶叶贮藏产生极为不利的影响，特别是对茶叶的色泽、香气影响最大。在光线照射下茶叶很易褪色、失香，并产生令人不愉快的日晒味。光线对绿茶品质的影响尤为显著，特别是高级绿茶，经 10 天照射就会变色。另外，不仅自然光，人造灯光的影响也很大。

（五）异味

茶叶中含有一些高分子的棕榈酸和萜烯类化合物。此类物质性质活泼，造成茶叶极易吸附异味而产生劣变。

二、茶叶的贮藏保鲜方法

由上可见，要减少贮藏茶叶的品质劣变，关键是要保证低温、干燥、缺氧、避光、无异味的环境。因此，科学地贮藏茶叶的方法，就是力求创造这种条件的方法。常见的贮藏方法有以下几种。

（一）生石灰（硅胶）贮藏法

此法是一种防潮贮藏方法。其做法是用布袋将生石灰装起来放在小口大肚坛内；用牛皮纸将茶叶包起来放入坛内石灰周围。茶：石灰＝6：1～7：1，密封坛口。一般新茶贮藏一个月应检查或更换一次石灰，以后两三个月换一次。

此法优点是操作简单，成本低，原料来源广泛，保质效果好，适用于大宗高级绿茶。如果在家庭里，可用适度大小的纸听、铁罐、瓷罐来装茶，干燥剂采用硅胶。具体做法是先用塑料袋将茶叶密封好，再与1～2小包干燥的硅胶一起放入罐子中密封，贴上标签，注明品种、生产日期存放于阴凉避光处即可。

（二）炒米密封贮藏法

此法是一种用炒米做干燥剂的防潮贮藏法。做法是先将茶叶用薄质洁净的纸包好后放入坛（罐）中，然后将极干燥的炒米倒入坛（罐）内，让其充填于茶包缝隙之中，最后密封坛（罐）口。一两个月后，将发软的炒米取出重新复炒，再次使用。

此法优点是保质效果好，使茶叶带有炒米香，原料可反复使用，适用于炒、烘青绿茶。主要用于家庭茶叶贮藏。

（三）热装密封贮藏法

此法的原理是减少容器内的氧气含量以减弱茶叶内含成分的氧化反应而实现茶叶保鲜。做法是先将茶叶经过烘炒达到足干，然后趁热装入坛中，尽量装满，不留空隙，立即密封。此法优点为简便易行，花费也少，保质效果较好，适用于大宗茶叶和家庭茶叶贮藏，在家庭也可用热水瓶等易于密封的容器来装茶叶。

（四）抽气真空贮藏法

这是近年来名茶贮藏的常见方法。所需用具主要是一台小型家用真空抽气机和一些铝塑复合袋。方法是将新购的茶叶分装入复合袋内，抽气后密封袋口，然后装入纸箱或各种听罐中，用一袋开一袋，非常方便。这样的贮藏方法最适合于茶艺馆。操作得当，有效保存期为二年，如果抽真空后冷藏，可保存二年以上。

（五）冷藏法

将茶叶放在家用冰箱冷藏室（4～5℃）中贮藏。此法简单易行，但要注意防潮防异味，所以茶叶一定要密封包装。最好先用塑料袋密封包装后再放进铁听里存放；若没有铁听，也可用多层塑料袋密封包装，要特别注意塑料袋的密封。塑料袋的密封方法可以用线绳扎紧，也可用封口机封口。还有一种简易的封口法是取直尺一把，点燃蜡烛一支，把塑料袋口迭至需封口处，放到烛光上方适当的高度缓缓移动，在高温下塑料即可软化粘合，达到封口的目的。

第五节　茶叶的营养保健功效与科学饮茶

一、古籍中茶的功效之论

茶由于具有神奇的保健功效，其药用价值和饮茶健身的论述在我国很多历史古籍和古医书中都有记载。《神农本草》是我国有关茶叶记载的最早书籍。从神农发现茶叶开始，就表明茶具有治病的功效，此后多部典籍中都有对茶的药用功效的记载。《神农本草经》中称："茶味苦，饮之使人益思，少卧，轻身，明目。"《神农食经》记载："茶茗久服，令人有力悦志。"东汉华佗《食论》中称："饮真茶，令人少眠。"梁代名医陶弘景云："苦茶轻身换骨"。

自唐时起，人们才真正开始了对茶的药用研究。自唐至清，可收集到论述茶效的古籍不下近百种。我国首部官修本草专著《新修本草》"卷十三茗·苦茶"记载："茗，苦茶……主瘘疮，利小便，去疲、热渴，令人少睡，秋采之。苦茶，主下气，消宿食"。唐代本草学家陈藏器著的《本草拾遗》称茶能"利大小肠，除瘴气"，称"茶为万病之药"。唐孙思邈《备急千金要方》称茶能"令人有力悦志"。唐代陆羽所著《茶经》也论述了茶的功效："茶之为用，味至寒，为饮最宜精行俭德之人，若热渴、疑闷、脑疼、目涩、四肢烦、百节不舒，聊四五啜，与醍醐甘露抗衡也。"同时还记载了很多关于茶的药用功效和偏方，这对后来研究茶的药用起了很大的推动作用。

宋金元时期有 6 本文献涉及茶叶功效，主要有醒睡、解热、下气、消食、利小便、巧疲、解渴、治瘘疮、涌吐和清头目等功效。如北宋唐慎《证类本草》称茶能"去痰热渴"。元代王好古的《汤液本草》中记载："茗，卒PH苦茶……蜡茶是也。清头目，利小便，消热渴，下气消食，令人少睡，中风昏馈多睡不醒宜用此。"元代养生家贾铭所著《饮食须知》中记载"酒后多饮浓茶令吐"，说饮茶具有涌吐功效。

明代有 45 本文献记载了茶叶功效，主要有解渴、祛痰、消食、解热、利小便、下气、醒睡、清头目、治瘘疮、利大肠、除瘴气、利小肠、悦志、清心、止泄、解酒和消积等功效。如明代著名药学家李时珍所著的《本草纲目》科学地记载了茶的功效："茶苦而寒，最能降火，火为百病，火降则上清矣。温饮则火因寒气而下降，热饮则茶借火气而升散，又兼解酒食之毒，使人神居闾爽，不昏不睡，此茶之功也。"又记述有："叶气味苦甘，微寒无毒，主治瘘疮，利小便，去痰热，止渴，令人少睡有力，悦志。下气消食，作饮加茱萸葱姜良。破热气，除瘴气，利大小肠。清头目，治中风昏愤，多睡不醒。治伤暑，合醋治泄痢，甚效。炒煎饮，治热毒赤白痢。同芎藭葱白煎饮，止头痛。浓煎，治风热痰涎。"明高濂撰《遵生八笺》中记载"浓茶漱口……缘此渐坚密"，称饮茶能固齿。明聂尚《医学汇函》称茶能"止泄，消积"。

清代有 71 本文献记载了茶叶功效，主要有解渴、消食、解热、祛痰、清头目、利小便、醒酒、下气、治瘘疮、悦志有力、利大肠、解酒、利小肠、除瘴气、涌吐、清心肺、益精气、止泻、利湿、清咽喉、固齿、消瘀和祛风等。如清汪昂《本草备要》中记载："茶，下气消食，去瘦热，除烦渴，清头目。"清代沈李龙《食物本草会纂》记述："茗……茶味清香，能止渴，生精液，去积滞秽恶，醉饱后，饮数杯最宜。……叶味苦甘，微寒无毒……久食令人瘦，去入脂，使人不睡。……茶子苦寒有毒，治喘急顿咳，去痰垢。"清代医学家赵学敏编著的《本草纲目拾遗》称"饮之可以疗风"，饮茶具有祛风的效果。

二、茶的主要保健成分

从古至今，人们对茶叶保健功效和药用价值的认识主要凭借临床经验和人群体验总结出来。近年来大量科学研究发现，茶叶之所以具有多种多样的功效，主要是因为茶叶中含有多种对人体有益的化学成分。这些成分中，一类是人体必需的营养成分；另一类是在某些病理情况下对恢复人体健康有益，称之为药效成分或保健成分，主要有茶多酚、咖啡碱、氨基酸、茶多糖、茶皂素、芳香物质、色素、维生素、矿物质元素等700多种成分。

（一）茶多酚

茶多酚又称"茶鞣质""茶单宁"，是一类存在于茶树中的多元酚的混合物，是茶叶中多酚类物质的总称，占茶叶干物质重的18%～36%。是茶叶所特有的化学成分，包括儿茶素类（黄烷醇类）、黄酮及黄酮醇类、花青素及花白素类、酚酸及缩酚酸等，其中以黄烷醇类（儿茶素）最为重要。近年来，药学界对茶多酚的研究报道较多，研究结果表明茶多酚具有"七抗、二防、三降一解"的作用，即抗氧化、抗炎、抗肿瘤、抗辐射、抗病毒、抗过敏、抗菌；防动脉粥样硬化、防老年痴呆；降低血脂、降血糖、降体重；解毒作用。

不同茶叶中茶多酚的含量是不同的。从茶类来看，绿茶>乌龙茶>红茶；从茶树生长的季节来看，夏、秋茶>春茶；从茶树品种来看，大叶种>中、小叶种。

（二）咖啡碱

咖啡碱是一种黄嘌呤生物碱化合物，占茶叶干物质重的2%～4%，随茶树生长发育条件及品种不同而有所差别，一般嫩芽中含量最高，随着茶叶成熟度增加，其中咖啡碱含量逐渐减少。咖啡碱是茶叶的重要滋味物质和品质成分，也是一种中枢神经兴奋剂。具有兴奋、强心、促进消化液分泌、抗过敏、抗炎症、利尿、抗肥胖等功效，近年来还发现其在抗癌与肿瘤治疗、防治阿尔茨海默病和帕金森病、治疗早产儿原发性呼吸暂停等方面具有一定的疗效。

（三）氨基酸

在茶叶中已发现有26种氨基酸，除了构成蛋白质的20种氨基酸外，还含有6种非蛋白质氨基酸，即茶氨酸、豆叶氨酸、谷氨酰甲胺、γ-氨基丁酸、天冬酰乙胺、β-丙氨酸。茶叶中的游离氨基酸有20多种，占茶叶干物质重的2%～5%。其中茶氨酸是茶树中含量最高的游离氨基酸，其含量占氨基酸总量的一半以上，它也是茶叶特有的氨基酸，可以作为鉴别真假茶叶的标志性物质。茶氨酸在茶汤中泡出率可达80%，是使茶汤呈现鲜爽味的主要成分，与绿茶品质等级呈正相关。其药理功能主要有降脂降血压，预防心血管疾病，缓解焦虑情绪、保护神经作用；预防糖尿病；辅助治疗肿瘤；提高免疫力等。

茶叶中的氨基酸含量因茶而异，一般绿茶>乌龙茶、黄茶>红茶、白茶>黑茶；在同类中，高级茶>低级茶。

（四）维生素

维生素是维持人体正常生命活动的微量有机化合物，参与机体内的特殊代谢作用。茶叶中含量最多的是维生素C，以绿茶特别是高档绿茶含量最高，每100克高档绿茶中维生素C含量平均在200毫克以上，多的可达500毫克。维生素C具有抗氧化功能，能增强人体的免疫功能，预防感冒，促进铁的吸收，有防癌、抗衰老、防治坏血病的作用。除维生素C以外，茶叶还含有维生素A、维生素D、维生素E和维生素F、叶酸和泛酸等成分，能保护视力，维持皮肤和血管的健康，抗氧化、预防衰老，预防溃疡等。茶叶中的维生素除了具有自身的保健功能外，还可以与茶叶中的多酚类等物质共同作用，形成新的保健功效。

茶叶中各种维生素的含量，一般来说，绿茶>乌龙茶>红茶；对同类茶来说，高级茶>低级茶；就不同季节的茶来说，春茶>夏、秋茶。

（五）茶多糖

茶叶中具有生物活性的复合多糖，一般称为茶多糖（TPS），是一类与蛋白质结合在一起的酸性多糖或酸性糖蛋白，糖体主要包括阿拉伯糖、木糖、果糖、葡萄糖及半乳糖。粗老茶叶中富含茶多糖，其茶叶多糖是多糖、蛋白质、果胶、灰分和其他成分等的混合物。茶多糖主要为水溶性多糖，易溶于热水。茶多糖具有多种保健功效，如降血糖、抗氧化、免疫调节、抗肿瘤、抗凝血、抗疲劳、抑菌杀毒、减肥等。

（六）芳香物质

芳香物质又称挥发性香气组分（VFC），是茶叶中易挥发性物质的总称，是赋予茶叶香气的最主要成分。迄今为止，已从茶叶中分离出约 700 种芳香物质，但是含量很少，占茶叶干物质重的 0.005%～0.03%，其主要组成成分有碳氢化合物、醇类、醛类、酮类、羧酸类、酯类、内酯类、酸类、杂氧化合物、含硫化合物和含氮化合物。这些芳香物质可以通过对人的嗅觉神经系统产生综合作用，从而影响人体的精神状态和免疫系统。其生物活性作用主要有抗菌消炎、止痛、镇静、改善免疫系统、抗疲劳等。

（七）茶皂苷

茶皂苷又名茶皂素，是一类齐墩果烷型五环三萜类皂苷的混合物。茶皂素由苷元、糖和有机酸三部分组成。基本碳架为齐墩果烷，有机酸则包括当归酸、惕各酸、醋酸和肉桂酸。茶皂苷是一种性能优良的非离子表面活性剂，具有较强的发泡、乳化、分散、湿润等作用。茶皂素的生物活性作用主要有抗炎与抗氧化、抑制酒精吸收和保护肠胃、降血脂和降血压等。

（八）矿质元素

茶叶中含有丰富的矿质元素，约有 27 种，其中多数都是人体生命活动所必需的微量元素，有的还是其他食物中少见的元素，如硒具有增强人体对疾病的抵抗力，抑制癌细胞发生的作用。又如人们称之为"生命之火花"的锌元素，能防止味觉异常、皮肤炎、免疫力低下等。茶叶中含量较多的氟能预防蛀牙。铜、钼等也是与人体健康有着密切关系的微量元素，人体缺铜会使全身软弱、呼吸减慢、皮肤溃疡；缺钼会发生早期衰老等。

三、茶的主要保健功效

茶叶中含有多种对人体具有特殊功效的功能性成分，如茶多酚、咖啡碱、茶黄素、茶多糖、茶氨酸、γ-氨基丁酸等，各种成分对人体的功能效应各有侧重。茶叶之所以具有多种保健功效，是各种成分综合作用的结果。近 20 多年来，国内外许多学者都致力于茶叶内含成分及其药理药效研究，为茶的保健和医疗功效提供了生化和现代医学基础。

（一）饮茶可以补充人体多种营养元素

研究表明，茶叶中含有咖啡碱、单宁、茶多酚、蛋白质、碳水化合物、氨基酸、色素、芳香油、酶、维生素 A、维生素 B、维生素 C、维生素 E、维生素 P 以及无机盐、微量元素等700 多种成分，其中有些是人体必需的营养成分，如维生素、蛋白质、氨基酸、矿质元素等。

饮茶可以补充维生素。茶叶中含有多种维生素，茶叶中脂溶性维生素，如维生素 A、维生素 D、维生素 K、维生素 E 等对人体健康很重要，只是通过饮茶方式难以被人体吸收利用，人们可以通过以茶掺食，制成茶食品、茶菜肴等方法，由饮茶改为吃茶，使其得到充分的利用。藏族同胞生活在高原缺氧的地方，食物以肉类为主，缺少蔬菜、水果，人体不可缺少的维生素等营养成分主要靠茶叶来补充。藏族人中流传着"宁可三日无粮，不可一日无茶"的说法。

饮茶可以补充氨基酸。氨基酸在茶叶中的含量一般在 2%～5%，含量虽然不算高，但种类较多，仅游离氨基酸就多达 25 种。如茶氨酸、赖氨酸、谷氨酸、苯丙氨酸、苏氨酸、蛋氨酸、异亮氨酸、亮氨酸、色氨酸、缬氨酸都是人体代谢机能所不能缺少的，其中的有些在人体中无法合成，只有通过饮食摄取，而饮茶就是最便捷的途径。

饮茶可以补充矿物质元素。矿物质元素是人体所必需的营养物质，到目前为止，人们已经在茶叶中发现了 27 种矿物质元素，其中的很多是人体生命活动必需的元素，常量元素有钾、钙、钠、镁、磷、氯、硫，微量元素有氟、硒、锌、铝、硅、铬、铁、锰、钒、钴、铜、砷、钼等。茶叶中的某些矿物质元素，例如锶、溴、铷等，能够参与人体新陈代谢，对维持人体的健康起着举足轻重的作用。经常饮茶，是获得这些矿物质元素的重要途径之一。

（二）提神醒脑益智作用

喝茶能帮助人驱除睡意、提起精神是很多喝茶人都有过的切身体验。这主要是茶叶中的咖啡碱既能兴奋中枢神经系统，使头脑清醒，增进思维，又有加快血液循环，促进新陈代谢，使人消除疲劳的作用。所以常喝茶可以让人精神兴奋，精力集中，思维活跃，提高工作效率。

对茶的这一功效古代茶人就有所认识。三国时，魏人张揖在《广雅》中有述："其饮醒酒，令人不眠。"东汉人华佗《食论》中也有"苦茶久食，益意思"的论述。当代也有人通过小白鼠试验来证实茶的这一功效，试验结果显示饮茶的老鼠比对照鼠更快走出迷宫。

（三）有助于延缓衰老

人体衰老的主要机制之一是脂质过氧化过程和自由基的过量形成。脂质过氧化后会形成许多有害物质，而自由基的过量形成，又会促进脂质过氧化过程。因此，过量自由基的毒性反应是威胁人体健康的罪魁祸首。过去，人们常服用维生素 C、维生素 E 等抗氧化剂，以减少自由基的产生，抑制脂质过氧化，延缓细胞衰老。而茶多酚具有更强的抗氧化性和生理活性，1 毫克茶多酚清除对人体有害的过量自由基的效能，相当于 9 微克超氧化物歧化酶（SOD），大大高于其他同类物质。浙江农业大学杨贤强等研究结果表明，茶多酚清除活性氧自由基效率高达 90%以上，显著优于维生素 C、维生素 E。美国、日本、古巴等国也有类似的研究结果。如日本奥田拓男等的试验指出，维生素 E 防止脂质过氧化的作用为 4%，而富含茶多酚的绿茶，其效果达 74%。这说明绿茶延缓衰老的效果比维生素 E 高 17.5 倍。此外，茶叶中的多种氨基酸，如赖氨酸、苏氨酸、组氨酸等也有促进生长、防止早衰的功效。

（四）预防辐射伤害

日本人早就称茶为"原子时代的饮料"。因为二次世界大战快结束时，美国在日本广岛、长崎投下两颗原子弹，造成数十万人员伤亡。战后追踪调查发现，凡有长期饮茶习惯的人辐射伤害较轻，存活率较高。这一调查结果引起许多科学家的关注，进行了许多有关茶叶防辐射的研究。结果表明，茶多酚、脂多糖、维生素 C 和某些氨基酸的综合作用能吸收放射性物质锶-90（^{90}Sr），并使之通过粪便排出，就是进入人体骨髓的锶-90 也能被吸收出来。茶叶对放射线照射而引起的白血球减少症也具有较好的治疗效果。一些癌症患者，常因放射线照射治疗而引起白血球大幅度下降，服用以茶多酚制成的片剂后，能使白血球止降回升，疗效达 80%~93.9%。因此，人们常将茶多酚制品作为癌症放疗的辅助药物。

目前，电视机和电脑已进入千家万户，其辐射波虽然轻微，但长期积累也会对健康有害。所以，在看电视或操作电脑时，饮用一杯清茶，将产生良好的辐射防护效果。

（五）　抗菌抑菌作用

茶叶对一些病毒和细菌有一定的抑制作用，有一定的消炎效果。因为茶多酚和鞣酸作用于细菌，能凝固细菌的蛋白质，从而将细菌杀死。所以茶叶可用于治疗某些疾病，如霍乱、伤寒、痢疾、肠炎等。皮肤生疮、溃烂流脓、外伤破皮，用浓茶冲洗患处，有消炎杀菌作用。口腔发炎、溃烂、咽喉肿痛用茶叶来调理，也有一定疗效。美国科学家在 2003 年出版的一期《美国科学院学报》上报道："茶叶中名为'茶氨酸'的化学物质可以使人体抵御感染的能力增强 5 倍。"在 2003 年的"非典"时期，也有很多科学家经研究认为，多饮绿茶对预防 SARS 病毒有一定作用。近年，国外有人研究发现茶黄素及其没食子酸酯对艾滋病毒也有抑制作用。

（六）　降脂、降糖、降压功效

近 20 年来，由于食物结构的变化，患"三高"的人群有逐年增加趋势。饮茶对预防和降低"三高"有积极作用。

之所以饮茶能降血脂，是因为茶多酚类化合物能溶解脂肪，并促进脂类化合物从粪便中排出。

试验发现茶多酚以及茶黄素对人和动物体内的淀粉酶、蔗糖酶活力有抑制作用，其中茶黄素的效果最强，所以饮茶能有效降低血糖。另外，据中外小白鼠试验也证实，饮茶对降低血糖也有较明显的效果，其中绿茶的降血糖效果优于红茶，绿茶冷水浸出液比热水浸出液降糖效果好。

饮茶降血压的机理，主要是儿茶素类化合物对血管紧张素 I 转化酶活力有明显的抑制作用。同时，咖啡碱和儿茶素能增强血管韧性和弹性，扩张冠状动脉，增加血管的有效直径，从而使血压下降。另外，血钠含量高是引起高血压的原因之一，茶中富含钾，易溶于热水中，可促进血钠的排除。

（七）　预防心血管疾病

大量的调查研究发现，喝茶多的人其血液中胆固醇总量较低，其原因主要是低密度胆固醇（LDL）的量减少，而高密度胆固醇（HDL）没有大的变化。主要作用机理为茶抑制了消化系统对胆固醇的吸收，促进体内脂质、胆固醇的排泄。因此，喝茶可改善血液中胆固醇的比例，从而达到预防心血管病的效果。另外，血小板凝集形成血栓也是动脉硬化、心肌梗塞的原因之一。而茶多酚能抑制血小板凝集以防止血栓的形成，还能增强红细胞弹性，缓解或延缓动脉粥样硬化，故经常饮茶可以软化动脉血管，降低冠心病的发病率。

（八）　防癌抗癌作用

多年来，国内外关于茶叶防癌、抗癌研究取得重大进展。1998 年 11 月在上海召开的"茶与抗癌学术研讨会"上，中国预防医学科学院韩驰教授在报告中宣布：获得了茶可预防人类癌症的有说服力的证据，并指出茶多酚和茶色素均有明显的防癌作用。另外，台湾学者的研究结果也认为，绿茶和红茶均具有很强的防癌作用。茶叶防癌机制虽未全部探明，但以下几点是明确的：

（1）茶叶能显著阻断亚硝胺等多种致癌物质在体内合成；

（2）茶多酚具有很强的抗氧化能力，其抗氧化效果是维生素 E 的 9.6 倍，所以能大量清除体内的自由基；

（3）抑制癌变基因表达；

（4）调节人体免疫平衡等。

实际生活中很多调查数据也支持茶有抗癌防癌作用的结论：据江苏省流行病学调查，肝癌高发区的启东县，饮茶率只有 15.4%；而低发区的句容县，饮茶率却为 61.4%。另外，日本厚生省也有类似的调查结果，即饮茶习惯最普遍的静冈县的癌症死亡率显著低于日本全国癌症平均死亡率。

（九）强心解痉作用

茶叶中的咖啡碱具有强心、解痉、松弛平滑肌的功效，能解除支气管痉挛，促进血液循环，是治疗支气管哮喘、止咳化痰、心肌梗死的良好辅助药物。

（十）利尿、解乏作用

据实验，茶的利尿效果明显，与饮同量水的对照组比较，饮茶组的平均排尿量是前者的 1.55 倍。这主要是茶叶中的可可碱、咖啡碱和芳香油综合作用的结果。由于茶的利尿作用，可通过尿液把人体内过量乳酸排出体外，有助于人体尽快消除疲劳。

（十一）减肥作用

茶中的咖啡碱、肌醇、叶酸、泛酸和芳香类物质等多种化合物，能调节脂肪代谢，特别是乌龙茶对蛋白质和脂肪有很好的分解作用。茶多酚和维生素 C 能降低胆固醇和血脂，所以饮茶能减肥。

（十二）防龋齿作用

茶中含有氟，氟离子与牙齿的钙质有很好的亲和力，能变成一种较为难溶于酸的"氟磷灰石"，就像给牙齿加上一个保护层，提高了牙齿防酸抗龋能力。

四、各类茶的保健功效

在我国，按制法不同茶叶被划分为绿茶、红茶、白茶、青茶（乌龙茶）、黑茶和黄茶六大茶类。由于各类茶的加工方式不同，其所含的生物活性物质种类和含量亦不同，故各类茶的保健功效也有所差异。

（一）绿茶的主要保健功效

绿茶属于不发酵茶，由于加工过程中的"杀青"工序，钝化了茶鲜叶中的酶活性，使得加工出来的绿茶较多地保留了鲜叶内的天然成分，如茶多酚、维生素 C 等。绿茶中的这些天然成分，对防衰老、防癌、抗癌、杀菌消炎、美容养颜、护眼明目等均有特别效果，为其他茶类所不及。尤其是绿茶的抗氧化性，为六大茶类之首。

（二）红茶的主要保健功效

红茶属全发酵茶，是在加工过程中茶鲜叶经充分发酵得到的产物。发酵过程中茶多酚在酶促作用下，氧化聚合生成茶黄素和茶红素等物质。经过发酵的红茶内含成分更丰富，但茶多酚大部分已经转化为各种茶色素。红茶的性味特征比绿茶更温和，有一定的暖胃的作用。红茶能够帮助胃肠消化、促进食欲，可利尿、消除水肿。在预防癌症和抗肿瘤、抗炎和调节免疫力、防治心血管疾病等方面也有较突出的功效。

试验证明，红茶中活性成分茶黄素能够减轻由神经毒素 1-甲基-4-苯基-1，2，3，6-四氢吡啶损伤的帕金森病（PD）小鼠神经退变与细胞凋亡；红茶也可以减轻由 β-淀粉样蛋白42 肽段引起的脂膜紊乱，对阿尔茨海默病（AD）可能存在预防治疗作用。所以，红茶在防治神经退行性疾病方面也有一定作用。

（三）乌龙茶的主要保健功效

乌龙茶属半发酵茶，是中国几大茶类中独具鲜明特色的茶叶品类。乌龙茶内含物质丰富。除了与一般茶叶一样具有提神益思、生津利尿、消除疲劳、解热防暑、杀菌消炎等保健功能外，还突出表现在抗突变、防癌症、降血脂、防治心血管疾病、抗衰老、助消化等方面有特殊功效。乌龙茶对单纯性肥胖的疗效非常好，其效率可以达到64%。所以，在日本多次掀起"乌龙茶热"，尤其是日本女性，特别喜欢我国的乌龙茶。

（四）黑茶的保健功效

黑茶属后发酵茶。由于黑茶茶叶原料选用较粗老的毛茶，制茶工艺特殊（有渥堆工序）等方面有别于其他茶类，因此黑茶的药理保健功能亦具有特殊性。黑茶中有机酸的含量明显高于非发酵的绿茶。高含量的有机酸，可以与茶多酚或者茶多酚氧化产物产生很好的协同效果，有益于改善人体肠道功能。黑茶具有很强的解油腻、助消化的功能，所以其降脂减肥的功效表现得特别突出，被肉食民族视为不可缺少的生命之茶。另外，黑茶中含有较多的茶多糖。茶多糖能够增强机体自身抗氧化能力和提高肝脏中葡萄糖激酶的活性，具有明显的降低血糖作用。

（五）白茶的主要保健功效

白茶属微发酵茶，由于其制法在各类茶中最简单，因此保持的化学成分较接近于茶鲜叶的成分。由于白茶寒凉，味清淡，在民间常用作降火凉药，因此其在退热降火、清凉解毒等方面功效显著。白茶可以抗菌，如抑制葡萄球菌和链球菌感染，对肺炎和龋齿的细菌具有抗菌效果。2009 年德国拜尔斯道夫股份公司研究发现，白茶中的化学物质能分解脂肪细胞，并阻止新的脂肪细胞形成，因而可防治肥胖症。

（六）黄茶的主要保健功效

黄茶属于轻度发酵茶类，黄茶的制作起源于绿茶，其独特的闷黄工艺使黄茶的内含物质种类和含量有别于其他茶类。闷黄过程中会产生大量的消化酶，对脾胃有好处，可以防治食道癌，对消化不良，食欲不振、懒动肥胖等都有一定的疗效。此外，黄茶还可以提神、抑菌、保护心肌、化痰止咳等。

茶艺品茶之水

人们品茶，不仅为了解渴去乏，还讲究茶的色香味美，以求从品茶中获得一种美好的享受。然而泡茶水质对茶的色香味是否能充分发挥有很大影响。水质不好，将有碍茶的色香味的发挥，甚至有损于茶味。因此，自古以来，人们对品茶用水的选择都非常重视。明代许次纾在《茶疏》中说："精茗蕴香，借水而发，无水不可与论茶也。"明朝的张源在《茶录》中把茶与水的关系作了形象的比喻："茶者水之神，水者茶之体，非真水莫显其神，非精茶曷窥其体。"说明了水是茶的基础，茶、水不可分离。明代张大复在《梅花草堂笔谈》中也谈到："茶性必发于水，八分之茶，遇十分之水，茶亦十分矣；八分之水，试十分之茶，茶只八分耳。"这里对茶水关系作了量化，更说明了水的重要，好水不仅能把茶泡开，还能改善茶的品质，使八分之茶变成十分之茶。相反，不好的水也能破坏茶的品质。可见，在泡茶品茶中，水的选择是多么重要。学习茶艺，必须掌握水的知识。

第一节　水的种类

地球 70% 的表面被水覆盖，但能为人类所饮用之水只占了其中很少的比例。这当中，可作沏茶用水的水在质量上也有很大差别，有多种分类。

一、根据来源分

水的分子式为 H_2O，其本身并无好坏之分。但不同地域、不同环境下的水质却有好坏之别，功用也有所不同。常言道："一方水土养一方人。"有些地方出产的水，饮用后令人肤色白皙，面目姣好，智慧聪明；有的地方的水，长期饮用会导致疾病的发生，这已为很多实际事例所证实。所以，人们在研究饮用水时，常常首先考查其来源。

在根据水的来源分类时，首先将水分为天然水和加工水两大类。天然水又按其来源的不同分为地水和天水，其中地水包括山泉水、江河水、溪水、湖水、井水等；天水指雨水、雪水、冰雹等。加工水指人类对天然水施以各种加工手段处理后而得到的水，它在水性、水质上较天然水有较大改变，是目前常用的品茶用水，包括自来水、蒸馏水、纯净水、人工矿泉水等。

二、根据水的硬度分

天然水的硬度主要由水中 Ca^{2+}、Mg^{2+} 的含量来度量。水的硬度的表示方法很多，但常用的有三种：一种是用单位"毫克/升"表示；另一种是用"德国度（H_G）"表示，这种方法是将水中的 Ca^{2+}、Mg^{2+} 折合为 CaO 来计算，每升水含 10 毫克 CaO 就称为 1 德国度，我国目前常用此种表示方法；还有一种方法是用"毫克 $CaCO_3$/升"表示，它是将每升水中所含的 Ca^{2+}、Mg^{2+} 都折合成 $CaCO_3$ 的毫克数，这种表示方法美国使用较多。

$$1 \text{毫克/升} = 2.804 \text{德国度} = 50.045 \text{毫克 } CaCO_3/\text{升}$$

天然水按硬度的大小可以分为以下几类：$0 \sim 4°H_G$ 为极软水；$4 \sim 8°H_G$ 为软水；$8 \sim 16°H_G$ 为中等软水；$16 \sim 30°H_G$ 为硬水；$30°H_G$ 以上为极硬水。

一般软水都是宜茶好水，但硬水是否适宜泡茶，也不能一概而论。硬水因其中 Ca^{2+}、Mg^{2+} 的存在形式又可分为暂时性硬水和永久性硬水。若因含碳酸氢钙、碳酸氢镁而引起的硬水称作暂时性硬水；而因含钙、镁的硫酸盐或氯化物导致的硬水称作永久性硬水。因为暂时性硬水中的碳酸氢钙、碳酸氢镁可以通过煮沸的办法使之分解而生成碳酸钙（镁）沉淀 $[Ca(HCO_3)_2 \longrightarrow CaCO_3\downarrow + CO_2\uparrow + H_2O]$，从而从水中除去，使水由硬变软，如同我们所见的烧水壶底上常有一层白色坚硬的物质，就是碳酸钙（镁）沉淀的产物。故暂时性硬水是适宜泡茶的，而永久性硬水则不宜用来泡茶，因为会对茶的香气和滋味造成不良影响。但不论哪种硬水，硬度大于 30 度都不能饮用，更不用说泡茶了。

在各种水源的水中，一般雨水、雪水属于天然软水，而其他山泉水、江河水、井水等多属于暂时性硬水。自来水视其来源而定，蒸馏水应属于软水。

第二节　古今茶人对品茶用水的认识与利用

一、古代茶人论水

我国古代茶人对品茶择水给予了极大重视，出了很多研究水的专著。唐代有张又新《煎茶水记》，宋代有欧阳修的《大明水记》、叶清臣的《述煮茶小品》，明代有徐献忠的《水品》、田艺蘅的《煮泉小品》，清代有汤蠹仙的《泉谱》等。至于论茶兼论水的著作则更多，如陆羽《茶经》、蔡襄《茶录》、赵佶《大观茶论》、唐庚《斗茶记》、罗廪《茶解》、熊明遇《罗山介茶记》、许次纾《茶疏》、顾元庆《茶谱》、陆廷灿《续茶经》等，都是较重要的论水著作。

在众多著作中，对品茶用水最早做研究，并且研究得较精深者当首推茶圣陆羽的《茶经》。陆羽在《茶经·五之煮》中，总结了前人及他本人多年饮茶的经验，提出："其水，用山水上，江水中，井水下。其山水拣乳泉、石池漫流者上；其瀑涌湍漱，勿食之。久食令人有颈疾。又水流于山谷者，澄浸不泄，自火灭至霜郊以前，或潜龙畜毒之其间，饮者可决之，以流其恶，使新泉涓涓然，酌之。其江水，取去人远者。井，取汲多者。"这段话的意思是：煮茶用的水，以山水最好，江水次之，井水最差。山水又以出乳泉（指富于矿物质的石钟乳滴下的水——吴觉农《茶经评注》）、石池水流不急的为最好。像瀑布般汹涌湍急的水不要喝，久喝会使人的颈部生病。还有流蓄在山谷中的水，水澄静而不流动，从炎夏到霜降以前，可能有蛇蝎的积毒潜藏在里面，饮用的人可以先加以疏导，把污水放去，待有新泉缓缓地流动时取用。江河的水要在远离居民的地方取用。井水要从经常汲水的井中取用。

陆羽不仅对不同水源的优劣做了论述，还对各种水源的水做了具体分析，指出了宜茶之水。他的这段精辟的论述，在今天看来，仍有可取之处。陆羽能在一千二百多年以前提出如此见解，可见他确实高明，不愧为"茶圣"。他的这段论述，基本上成了经典，对后人在品茶选水时起着指导作用。后人品茶用水的研究论述，都是建立在此基础上的。

陆羽不只是对品茶用水做了理论性论述，他还到处巡游，对各地水质进行仔细调查比较，并把所到之处的水，按其对茶影响的优劣评定次第，共划分了二十个名次，其中许多至今都是名泉。

在陆羽对饮茶用水研究的基础上，后人继续不懈地深入研究，取得很大成就，发展了品茶选水的理论。例如，宋朝徽宗皇帝赵佶在其《大观茶论》中对点茶用水的论述，就对陆羽的理论有所发展。陆羽《茶经》中认为："山水上，江水中，井水下。"并把天下泉水、江水、溪水分成二十等。而徽宗在《大观茶论》中认为："水以轻、清、甘洁为美，轻甘乃水之自然，独为难得。古人品水虽曰中零、惠山为上，然人之远近似不常得。但当取山泉之清洁者。其次则井水之常汲者为可用，若江河之水，则鱼鳖之腥，泥泞之淤，虽轻甘无取。"宋徽宗的这段论述，主要有两点：一是评价水的好坏，应以是否"轻、清、甘洁"为标准。虽然前人推荐的名泉水好，但因地理距离原因，不可能人人可得。因此，只要当地山泉清洁就是好水。二是经常有人取用的井水，仍是较好的水，比江河水为好。江河水虽轻甘，但有鱼腥味、泥沙重，不如活井水（这点与陆羽观点相左）。

宋徽宗的这些观点表明他在对水的评价和选用上较前人更加注重实质。他抓住了水的本质，提出了以轻、清、甘洁的评水标准，而不是仅由水的来源来评其好坏。这样的择水标准更客观、科学，更易于为人所学习与掌握。他还不迷信名泉，认为名泉虽好，但不是人人可得，只要水清亮甘洁就是烹茶好水。宋徽宗提出的这种鉴水标准，在今天看来也是有一定科学合理性的。水轻，即水中的杂质就少，溶解的矿物质总量就少，若水中矿物质含量超标，对茶汤的质量必有不良影响。而水清则指水的清亮、清洁，是作为饮用水的基本要求。所谓水甘，是指水一入口，舌尖顷刻便会有甜滋滋的美妙感觉，咽下去后，喉中也有甜爽的回味，用这样的水泡茶自然会增添更多茶之美味。所以，符合"轻、清、甘洁"标准的水确实应是宜茶好水。

宋徽宗在鉴水择水上的这种求实的观点，在宋代及其以后的许多茶学家的著作中都有反映，并不断有所发展。如宋代唐庚《斗茶记》中也说："水不问江井，要之贵活。"意即不论是江水还是井水，只要是不断流动或被人不断取用的水就好。用现代观念来看，活水中细菌不易大量繁殖，活水也有自然净化的作用，同时，活水中氧气和二氧化碳等气体含量较高，泡出的茶汤滋味鲜爽。另外，明代也有茶人提出水要"冽"，即水温要冷。如有人认为："泉不难于清，而难于寒。""冽则茶味独全。"因为寒冽之水多出于地层深处的泉脉之中，所受污染少，水质纯净，泡出的茶汤滋味就纯正。

纵观古代茶人对品茶用水的研究结果,可以总结出,古人对品茶用水的鉴评标准可以归纳为五个字:"清、轻、甘、活、冽"。这一五字标准在今天看来也不失其科学合理性。

在谈到古人对品茶用水的研究时,不得不提及清朝的乾隆皇帝。众所周知,乾隆皇帝是一个嗜茶如命之君。由于对茶的爱好,也引发了他对品茶用水研究的兴趣。据说,他曾根据前人"水以轻为好"的鉴水理论特制了一个量水用的银斗,每次出巡都要带在身边,常用来量所经之地水的重量,以水的重量来评价水质的优劣,轻者好,重者差。据史料记载,经过斗量,北京玉泉山之水斗重1两,在乾隆量测过的水中是最轻的,因此被乾隆御封为"天下第一泉"。乾隆的这一鉴水方法,在今天看来也具有一定的科学性,可以说是现代用仪器来鉴水质的萌芽。它的优点在于可操作性较强,具有一定标准,从而避免了主观随意性鉴水的弊病。

古人不仅在对现存的水源的评价与选择上做了很多研究,由于优良的泉水不是随处可得,故而他们还在取水与贮存水方法方面下了不少工夫,创造了很多改造泡茶用水品质的方法。下面简介几例这方面的史料。

明代田艺蘅《煮泉小品》:移水而以石子置瓶中,虽养其味,亦可澄水,令之不淆。……择水中洁净白石,带泉煮之,尤妙,尤妙。

明代徐献忠《水品》:移泉水远去,信宿之后,便非佳液。法取泉中子石养之,味可无变。移泉须用常汲旧器,无火气变味者,更须有容量,外气不干。

明代许次纾《茶疏》:甘泉旋汲用之则良,丙舍在城,夫岂易得,理宜多汲贮大瓮中,但忌新器,为其火气未退,易于败水,亦易生虫。久用则善,最嫌他用。水性忌木,松杉为甚,木桶贮水,其害滋甚,挈瓶为佳耳。贮水瓮口,厚箬泥固,用时旋开,泉水不易,以梅雨水代之。

明代罗廪《茶解》:梅水(梅雨季节的雨水——编者注)须多置器于空庭中取之,并入大瓮,投伏龙肝两许,包藏月余汲用,至益人。伏龙肝,灶心中干土也。

明代朱国祯《品水》:家居苦泉水难得,自以意取寻常水,煮滚,总入大磁缸,置庭中,避日色。俟夜,天色皎洁,开缸受露。凡三夕,其清澈底,积垢二三寸,亟取出,以坛盛之。烹茶与慧泉无异。盖经火锻炼一番,又泡露取真气,则返本还元,依然可用。

二、现代对水的认识与评价

现代科学技术的发展,使现代人对水的认识更加深入,更能抓住本质,已从古人的感性认识上升到理性认识。现代运用物理、化学等科学知识,以及各种分析化验仪器设备,对泡茶用水进行深入研究,发现水与茶之所以有着密切的关系,不同的水泡出的同一种茶之间存在着差异,是由于茶叶中含有的丰富的化学成分与水中的矿质元素发生了化学反应,以及水中的矿质元素的某种物理作用,从而影响了茶汤的色泽和滋味。浙江茶叶公司曾做过试验,同样的西湖龙井、越毛红、温炒青,分别用虎跑泉、雨水、西湖水、自来水、井水冲泡,茶的香气、滋味、汤色高下殊别,其结果以虎跑泉为最佳,井水最差。

归纳前人的各种研究结果,现在一般认为,在饮用水中,对茶汤质量影响最大的因素有以下几种。

(一)水中矿物质成分的种类

许多矿质元素与茶中内含成分反应的生成物对茶汤色香味影响较大。例如:

1. 氧化铁

当水中含有低价铁 0.1 毫克/升时，茶多酚很易与铁发生化学反应，使茶汤变成黑褐色，滋味变淡。若水中含有高价氧化铁，其影响比低价铁更大。铁离子越多影响越大，甚至使茶汤表面浮起一层"锈油"，影响人们的饮用。

2. 铝

茶汤中含有 0.1 毫克/升时，似无察觉，含 0.2 毫克/升时，茶汤产生苦味。

3. 钙

茶汤中含有 2 毫克/升时，茶汤变坏带涩，含 4 毫克/升时，滋味发苦。

4. 镁

茶汤中含有 2 毫克/升时，茶味变淡。

5. 铅

茶汤中加入少于 0.4 毫克/升时，茶味淡薄而有酸味，超过时产生涩味，如在 1 毫克/升以上时，茶味涩且有毒。

6. 锰

茶汤中加入 0.1~0.2 毫克/升时，产生轻微的苦味，加到 0.3~0.4 毫克/升时，茶味更苦。

7. 铬

茶汤中加入 0.1~0.2 毫克/升时，即产生涩味，超过 0.3 毫克/升时，对茶汤品质影响很大，但该元素在天然水中很少发现。

8. 镍

茶汤中加入 0.1 毫克/升时，就有金属味，天然水中一般无镍。

9. 银

茶汤中加入 0.3 毫克/升时，即产生金属味，天然水中一般无银。

10. 锌

茶汤中加入 0.2 毫克/升时，会产生难受的苦味，但水中一般无锌，可能由于与锌质自来水管接触而来。

11. 盐类化合物

茶汤中加入 1~4 毫克/升的硫酸盐时，茶味有些淡薄，但影响不大；加到 6 毫克/升时，有点涩味，在自然水源里，硫酸盐是普遍存在的，有时多达 100 毫克/升。若茶汤中加入氯化钠 16 毫克/升，只使茶味略显淡薄，而茶汤中加入亚碳酸盐 16 毫克/升时，似有提高茶味的效果，会使滋味醇厚。

（二）水中矿物质含量

我们知道，茶汤那令人愉快的色香味是由于茶叶中丰富的有效成分在冲泡过程中浸入水中后综合作用的结果。而泡茶用水中矿物质的多少，将影响茶叶中有效成分的溶解度。水中矿物质含量多时，茶叶的有效成分的溶解度就小，茶味浓度就淡；反之，溶解度就大，茶味浓度就浓。据测定，用纯净水煮沸泡茶，茶多酚物质能溶出 6.3%，而用硬度 30 度的水泡茶，只能溶出 4.5%，后者只是前者的 70% 左右。同样，与茶味有关的氨基酸及咖啡碱也是呈随水的硬度增高（矿物质含量多）而浸出率降低的态势。所以，以现代科学的观点，泡茶用水应采用含矿物质较少的软水，这与古人讲究泡茶用水要轻是一个道理。

（三）水的 pH

茶汤色对 pH 高低很敏感，水质呈微酸性，茶汤色透明度好；若水质趋于微碱性，会促进茶多酚产生不可逆的自动氧化，形成大量的茶红素盐，以致使茶汤色泽趋暗，滋味变钝，失去鲜爽感。

随着科学技术的进步，对于生活用水，国家已提出了科学的水质鉴定标准，对于科学地评价水质提供了依据。其鉴定主要包含四项指标。

1. 感官指标

感官指标要求水质清澈透明，水中无肉眼可见杂质，不得有异臭异味异色，浑浊度<5°，色度<15°。

2. 化学指标

pH 为 6.5~8.5，总硬度<25°（以碳酸钙计：<450 毫克/升，实际<100 毫克/升），氧化钙含量<250 毫克/升，铁<0.3 毫克/升，锰<0.1 毫克/升，铜<1.0 毫克/升，锌<1.0 毫克/升，挥发性酚类<0.002 毫克/升，阴离子合成洗涤剂<0.3 毫克/升。硫酸盐<250 毫克/升，氯化物<250 毫克/升，溶解性总固体<1000 毫克/升。

3. 毒理学指标

氟化物<1.0 毫克/升，适宜浓度 0.5~1.0 毫克/升；氰化物<0.05 毫克/升，坤<0.05 毫克/升，汞<0.001 毫克/升，镉<0.01 毫克/升，铅<0.05 毫克/升，铬（六价）<0.05 毫克/升，硝酸盐（以氮计）<20 毫克/升。

4. 细菌指标

1 毫升水中的细菌总数<100 个，大肠杆菌群在 1 升水中<3 个。

三、品茶用水的选择

由前面的介绍可知，古人认为泡茶最好的水是山泉水，尤其是一些名泉水。虽然古人是凭经验、感官来认识的，但确有一定的科学道理。用现代科学观点来看，山泉水对泡茶来说有三条优点：①水的清洁度高。泉水多出现在一些名山大川，周围环境绿树葱幽，生态环境好，污染少，而且水经过多层岩石过滤，清澈洁净。②水质营养丰富。泉水在径流渗透的过程中，溶入一定量的为人体所必需（还可调节人体的酸碱平衡）的微量元素，使泉水具有较高的营养保健价值。例如，有的泉水中富含锂、锶、锌、溴、碘、硒、偏硅酸等，还有的泉水含有氡气，就具有抗癌作用。③泉水泡茶口感好。溶入的矿质元素多以碳酸氢盐类形式存在，在水煮的过程中，一方面降低了水的硬度；另一方面，部分碳酸氢盐分解，释放出 CO_2，增加了水中的气体含量，有活跃口感的作用，使茶汤鲜醇爽口，即人称"串茶香"。所以，山泉水最宜泡茶。

但是，也应认识到，泉水通常出自山上，并不是随处都有，其取用受到一定的局限。另一方面，作为现代人，看问题应用辩证的观点，不能把问题看得很绝对。我国地大山多，山泉水不少，由于各泉的水源和流经途径不同，泉水中的溶解物、含盐量和硬度等均不相同。因此，并不是所有泉水都是优质的泡茶好水。有的泉水，含盐量太高，已失去饮用价值，更不能用来泡茶，如硫黄矿泉水，只能用于沐浴。

除泉水外，江、河、湖、溪水也属于宜茶之水，虽不像泉水那样清轻甘洌，但经过净化、煮沸可使水洁净、软化，符合泡茶用水要求。不过，由于工业发展，而环保工作又没跟上，我国许多江河河段污染严重，在取用江河水泡茶时，应注意周围的环境，并对水作好消毒净化处理。

井水属于地下水，是否适宜泡茶，不可一概而论。一般来说，深层地下水有耐水层的保护，受污染少，水质洁净，有的甚至水质甘美，是泡茶的好水。如北京故宫里的"大庵井"，曾是皇宫里的重要饮水来源。而浅层地下水易被地面污染，水质较差。所以，深井比浅井好。其次，城市里的井水受污染多，多咸味，不宜泡茶；农村的井水受污染相对较少，适宜饮用。当然也有例外，如湖南长沙城内著名的"白沙井"，那是从砂岩中涌出的清泉，水质好，而且终年长流不息，取之泡茶，香、味俱佳。

雨水和雪水，古人誉为"天泉。"按理说雨、雪等天水是比较纯净的，虽然雨水在降落过程中会碰上尘埃和二氧化碳等物质，但含盐量和硬度都很小，属于天然软水，历来就被古代茶人用来煮茶，特别是雪水，更受古代文人的喜爱。如唐代白居易《晚起》诗中的"融雪煎香茗"，宋代辛弃疾词中的"细写茶经煮香雪"，元代谢宗可《雪煎茶》中的"扫将新雪及时烹"等，都是歌咏用雪水烹茶的。与雪水相比，雨水泡茶的效果不是都好，因季节不同而有很大差异。秋季天高气爽，尘埃较少，雨水清冽，泡茶滋味爽口甘回；梅雨季节，和风细雨，有利于微生物滋生，用来泡茶品质较次；夏季雷阵雨，常伴飞沙走石，水质不净，泡茶茶汤浑浊，不宜饮用。

不过这里需要特别说明的是，雨、雪水虽然是天然软水，按道理上讲是泡茶好水，但由于现代工业的高度发达，造成空气污染很严重，尤其在城市中，因而使雨、雪水很不纯净，通常不宜饮用，故人们直接用雨、雪水泡茶的越来越少。

现在城市和部分农村的饮用水都是自来水。自来水一般都是经过人工净化，消毒处理过的江河水或湖泊水。凡达到国家饮用水卫生标准的自来水，都可以用来泡茶。但有时自来水中用过量氯化物消毒，气味很重，用之泡茶，会严重影响茶汤品质。为了消除氯气，可将自来水贮存在缸中，静置一昼夜，待氯气自然逸失后，再用来煮沸泡茶就较好。有条件的也可采用净水器来处理。若急需饮用而来不及处理的自来水，可适当延长煮沸时间，以驱散氯气。另外，自来水目前绝大多数都是通过铁水管送入千家万户的，铁管往往在水长时间不流动的情况下会生锈。这种被铁锈污染的自来水，也不宜泡茶，泡出的茶汤色泽深暗。所以，每天早上最初放出的一部分水应去掉不要，不能饮用，更不能用来泡茶。

蒸馏水和纯净水为人工加工成的软水，泡茶较好，但成本较高。

四、泡茶用水的煮法

选择了好的品茶用水，还应掌握正确的煮水方法，因为水一般要煮开后才能泡茶。然而怎样把水煮开，煮开到什么程度才合适，这就有一些讲究。古人称煮水为候汤，认为"候汤最难"。实际上不是说煮水有多困难，而是说对煮水要给予足够的重视，要讲究正确的方法，否则会影响茶汤的香气和滋味。历代茶人对煮水都有不少论述。陆羽在《茶经》中就提出水要用活火来煮，并将水的煮沸程度分为三沸："一沸"为微有响声，出现鱼目般水珠上冒；"二沸"为水泡如泉涌般上冲，陆羽形容为泉涌连珠；"三沸"为响声大震，水呈波涛般翻滚，陆羽形容为腾波鼓浪。陆羽认为，若水过三沸则老矣，不可食用了。后代人都以此作为煮水法则。如明代许次纾在《茶疏》中也谈到："水一入铫，便须急煮。候有松声，即去盖，以消息其老嫩。蟹眼之后，水有微涛，是为当时。大涛鼎沸，旋至无声，是为过时。过则汤老而香散，决不堪用。"这些都是告诉人们，泡茶烧水要用猛火急烧，当以"蟹眼"小汽泡过后，大汽泡刚生（即初沸水）为度，不可用文火慢烧、久沸。

古人的这些关于煮开水的论述，不是无中生事，故弄玄虚。虽然他们没有对其原理进行分析，但实际上是有科学道理的。水用文火慢烧，或在壶中沸腾时间太长，会使水中所含的少量 O_2 和 CO_2 散失掉，这样的水泡出来的茶饮后会感到缺乏"鲜爽味"。用锅炉蒸汽加热煮沸的开水泡茶，茶汤中带有"蒸熟味"，不那么爽口，就是这个缘故。另外，水中含有微量的亚硝酸盐，在高温久沸的情况下，水分不断蒸发，亚硝酸盐浓度相对提高，不利于人体健康。所以煮水方法应掌握两条：一是急火快煮，不可文火慢烧；二是以水初沸为好，不要烧得过"老"或过"嫩"。

第三节　著名茶泉简介

在天水、井水、江水、湖水、河水、泉水诸水中，古今茶人对泉水情有独钟。这除了因为泉水清轻甘活洌，确是宜茶好水外，还因为泉水常出自名山大川，常伴有许多神话故事。品饮泉水，常易引人产生遐想，增添更多情趣。用林治的话说："泉水无论出自名山幽谷，还是出自平原城郊，都以其汩汩溢冒，涓涓流淌的风姿，以及淙淙潺潺的声响引人遐想。泉水可为茶文化平添几分野姿，几分幽韵，几分神秘，几分美感。所以，在中国茶道中，寻访名泉是茶人们津津乐道的佳话趣谈，是中国茶道的迷人乐章。"

古代茶人在研究品茶用水时，常爱将各种宜茶用水进行评第排序。如陆羽将天下水排出了二十等。唐代刘伯刍也排了七个级别，即扬子江南零水第一、无锡惠山寺石泉水第二、苏州虎丘寺石泉水第三、丹阳县观音寺水第四、扬州大明寺水第五、吴淞江水第六、淮水第七。乾隆也把几种泉水排出了次第。虽然由于这些名人接触过的名泉不尽相同，以及各人的欣赏爱好和所用标准不一，使得各人评出的次第有较大差异，但在各人排出的次第中，名列前茅的都是著名泉眼。其中有四个天下第一泉、一个第二泉、四个第三泉。下面就对其中的一些主要名泉做简要介绍。

一、陆羽赞赏的第一泉——庐山康王谷谷帘泉

谷帘泉又称玉帘泉、三叠泉、三级泉、水帘水。位于江西省庐山南麓石镜峰下的康王谷中。该谷是一条长达 7 千米的狭长谷地，现名庐山垅。泉水主要发源于庐山大汉阳峰。因瀑布被山岩、巨石阻滞，水流被迫分成如带如丝数不清的细流，淙淙飘洒到崖下，悬注 170 余米，如一幅玉制的门帘挂在谷中，因而名"玉帘泉""谷帘泉"。自从陆羽评定该泉为"天下第一泉"，谷帘泉就名扬四海，历代文人墨客纷纷到此一游，并争相品水题咏，留下不少华章佳句，不断丰富了谷帘泉的文化内涵。

宋代著名理学家朱熹在《康王谷帘水》一诗中咏道：

采薪烹绝品，渝茗浇穷愁。

敬谢古陆子，何年复来游。

苏东坡也在品饮谷帘泉水后留有一名诗：

　　　　岩垂匹练千丝落，雷起双龙万物春。

　　　　此水此茶俱第一，共成三绝鉴中人。

　　陆游也曾到庐山汲取谷帘泉之水烹茶，他在《试茶》诗中有"日铸焙香怀旧隐，谷帘试水忆西游"之句，并在《入蜀记》写道："谷帘水……真绝品也。甘腴清冷，具备众美。非惠山所及。"

　　元代著名书画家赵孟頫也曾作《水帘泉诗》曰：

　　　　飞天如玉帘，直下数千尺。

　　　　新月如镰钩，遥遥挂空碧。

　　目前，谷帘泉已作为庐山旅游的一个景点，在通向谷帘泉的路口建有一座石牌坊，正额"天下第一泉"五个大字为宋代大书法家黄庭坚所书，副额"玄玉之膏（右），云华之液（左）"是唐代道士吴筠对谷帘水的赞词。背面正额也是"天下第一泉"五个大字，为元代书画大家赵孟頫所书，副额"卉木繁荣，和风清穆"摘自陶渊明诗句。

二、扬子江心第一泉——镇江中泠泉

　　中泠泉（意为大江中心处的一股清冷的泉水）又称南零水、中零泉、中濡泉等。据唐代张又新《煎茶水记》载，品泉家刘伯刍对若干名泉佳水进行品鉴，较水宜于茶者凡七等，而中泠泉被评为第一，故素有"天下第一泉"之美誉。该泉位于江苏镇江市西北长江南岸的金山以西一里多的扬子江边。唐代时，中泠泉为江心泉（由于泉眼位置较低，扬子江水一涨便被淹没，江落方能泉出），处于长江漩涡之中，汲取中泠泉水极为困难。《金山志》记载："中泠泉，在金山之西，石弹山下，当波涛最险处。"由于这些原因，它被蒙上一层神秘的色彩。据说古人汲水要在一定的时间——"子午二辰"（即白天上午11时至下午1时；夜间11时到凌晨1时），还要用特殊的器具——铜瓶或铜葫芦，绳子要有一定的长度，垂入石窟之中，才能取得到真泉水。若浅、若深或移位于先后，稍不如法，即非中泠泉水味了。无怪当年南宋诗人陆游游览此泉时，曾留下"铜瓶愁汲中濡水，不见茶山九十翁"这样的诗到了清代后期，由于沧海桑田的变化，长江主河道北移，南岸的江滩不断沉积扩大，中泠泉由江心泉变成了陆地泉。人们在泉眼四周砌成石栏方池，池南建亭，池北建楼，池内石壁上镌刻着"天下第一泉"五个苍劲有力的大字，系清末镇江知府、书法家王仁堪手书。从而使这里成了镇江的一处古今名胜，目前中泠泉仍常流不竭。泉水表面张力大，满杯的泉水可高出杯口1~2毫米而不外溢。用中泠泉水泡茶，茶汤清澈甘香。

　　自唐迄今，中泠泉水盛名不衰，历代有许多达官贵人、文人学士，或派下人代汲，或冒险自汲，都对中泠泉表示出极大兴趣。不少名人还为它题诗题词赞咏，如南宋民族英雄文天祥有咏泉诗曰：

　　　　扬子江心第一泉，南金来北铸文渊，

　　　　男儿斩却楼兰首，闲品茶经拜羽仙。

　　康熙皇帝也曾有《试中泠泉》诗云：

　　　　缓酌中泠水，曾传第一泉。

　　　　如能作霖雨，沾洒遍山川。

三、乾隆御封第一泉——北京玉泉

　　玉泉，位于北京颐和园以西的玉泉山南麓，当人们步入风景秀丽的颐和园昆明湖畔之时，玉泉山上的高峻塔影和波光山色，立刻会映入你的眼帘。明代蒋一葵在《长安客话》中，对玉泉山水做了生动的描绘："出万寿寺，渡溪更西十五里为玉泉山，山以泉名。泉出石罅间，诸而为池，广三丈许，名玉泉池，池内如明珠万斗，拥起不绝，知为源也。水色清而碧，细石流沙，绿藻翠荇，一一可辨。池东跨小桥，水经桥下流入西湖，为京师八景之一，曰'玉泉垂虹'。"

玉泉，这一泓天下名泉，它的名字也同天下诸多名泉佳水一样，往往同古代帝君品茗鉴泉紧密联系在一起。清康熙年间，在玉泉山之阳建澄心园，后更名曰静明园，玉泉即在该园中。玉泉水质好，水味甘美，以"水清而碧，澄洁似玉"而著称，明清两代，玉泉均为宫廷用水水源。

随着岁月的流逝，环境的变迁，目前玉泉水已枯竭，泉眼旁边仅余立刻的《玉泉山天下第一泉记》石碑。

四、济南趵突泉

趵突泉，一名瀑流，又名槛泉，宋代始称趵突泉，在山东济南市西门桥南的突泉公园内。向有泉城之誉的济南，有以趵突泉、黑虎泉、珍珠泉、五龙潭为代表的四大泉群。金代竖立的"名泉碑"榜上有名的泉水就有七十二处，其中趵突泉名列七十二泉之首，它也是我国北方最负盛名的大泉之一，为古泺水发源地。据《春秋》记载，公元前 694 年，鲁桓公"会齐侯于泺"，即在此地。

趵突泉，是自地下岩溶溶洞的裂缝中涌出，三窟并发，浪花四溅，声若隐雷，势如鼎沸，平均流量为 1600 升/秒。北魏地理学家郦道元《水经注》有云："泉源上奋，水涌若轮。"泉池略成方型，面积亩许，周砌石栏，池内清泉三股，昼夜喷涌，状如白雪三堆，冬夏如一，蔚为奇观。由于池水澄碧，清醇甘洌，烹茶最为相宜。宋代曾巩有"润泽春茶味更真"之句。相传清代乾隆皇帝下江南途经济南时，品饮了趵突泉水，觉得这水竟比他御封的"天下第一泉"玉泉水更加甘洌爽口，于是又赐封趵突泉为"天下第一泉"，并决定从济南启程南行时，沿途就改喝趵突泉水了。临行前，还写了一篇《游趵突泉记》，并为趵突泉题书了"激湍"两个大字。另外，蒲松龄也赋予其"第一泉"的桂冠。

趵突泉目前已成为济南一著名景点。在泉池之北有泺源堂，始建于宋代，清代重建，堂前抱柱上刻有元代书法家赵孟頫撰写之槛联：

云雾润蒸华不注

波涛声震大明湖

在后院壁上嵌有明清以来咏泉石刻若干。西南有明代"观澜亭"，中立"趵突泉""观澜""第一泉"等明清石碑。池东有来鹤桥，桥东大片散泉亦汇注成池，在水上建有"望鹤亭"茶厅。古往今来，凡来济南的人无不领略一番那"家家泉水，户户垂杨"，"四面荷花三面柳，一城山色半城湖"的泉城绮丽风光。而清代乾隆未年，时任山东按察使的石韫玉在《济南趵突泉联》语中，则更把趵突泉等名泉胜水，描绘成天上人间的灵泉福地，飞泉流云，一派仙乐清音，令人感到有些神奇虚幻。只有灵犀相通，才能领略那半是人间半是天上，似真似幻的奇妙意韵。

五、惠山泉

惠山泉被陆羽和刘伯刍同时评为"天下第二泉"。该泉位于无锡市的惠山。惠山，一名慧山，又名惠泉山，由于惠山有九个山陇，盘旋起伏，宛若游龙飞舞，故称九龙山。宋苏轼有诗曰："石路萦回九龙脊，水光翻动五湖天。"无锡惠山，以其名泉——惠山泉著称于天下。此泉共有三处泉池，入门处是泉的下池，开凿于宋代。池壁有明代弘治十四年（1501年）杨理雕刻的龙头，泉水从上面暗穴流下，由龙口吐入地下。上面是漪澜堂，建于宋代。堂前有南海观音石，是清乾隆年间，从明朝礼部尚书顾可学别墅中移来的，堂后就是闻名遐迩的"二泉亭"。亭内和亭前有两个泉池，相传为唐大历末年（779年），由无锡县令敬澄派人开凿的，分上池与中池。上池八角形水质最佳；中池呈不规则方形，是从若冰洞浸出。据传，此洞隙与石泉是唐代僧人若冰寻水时发现的，故又称其为"冰泉"。在二泉亭和漪澜堂的影壁上，分嵌着元代书法家赵孟頫和清代书法家王澍题写的"天下第二泉"各五个大字石刻。

惠山泉水为山水通过岩层裂隙过滤后流淌的地下水，因此水清澈如镜，常年涌流不止，味甘而质轻，且极富营养，含有 14 种微量元素，泡茶最宜。

这清碧甘洌的惠山泉水，从它开凿之初，就同茶人品泉鉴水紧密联系在一起了。在惠山二泉池开凿之前或开凿期间，唐代茶人陆羽正在太湖之滨的长兴（今浙江长兴县）顾渚山、义兴（今江苏宜兴市）唐贡山等地茶区进行访茶品泉活动，他多次赴无锡对惠山进行考察，曾著有《惠山寺记》。相传唐代武宗会昌年间（841—846 年），无锡籍宰相李绅把家乡的惠山泉水带到京城分赠给好友，还作诗称赞"二泉水"："乃人间灵液，清鉴肌骨，含漱开神，茶得此水，皆尽芳味。"经此一渲染，更吊起了人们的胃口。嗜茶如命的宰相李德裕品尝后，就特别爱饮惠山泉水，他依仗权势，命人将水装入坛中，用快马传递三千里，从无锡送到当时的京都长安。唐代诗人皮日休用杨贵妃驿传荔枝的故事，作诗讽刺：

丞相常思煮茗时，群侯催发只嫌迟。

吴关去国三千里，莫笑杨妃爱荔枝。

六、杭州虎跑泉

虎跑泉，在浙江杭州市西南大慈山白鹤峰下慧禅寺（俗称虎跑寺）侧院内，距市区约 5 公里。这里终年草木繁茂，地面覆盖着海绵状土层，雨水被吸收后，会慢慢地渗透到山岩断层，形成涓涓细流，聚集于虎跑泉内。该泉水晶莹甘洌，水中可溶性矿物质较少，总硬度低，水质很好。尤其用来泡龙井茶，汤明、香郁、味鲜，还有一种类似鲜橄榄的回味。故人们把"龙井茶，虎跑水"称为西湖双绝。

关于虎跑泉的由来，还有一个神话传说。唐元和年间（806—820 年），有个性空和尚游方到此，居于大慈寺（虎跑寺）内。这里环境清幽，风景灵秀，但因为附近没有水源，他想另觅住处。一天，性空和尚梦见神仙前来相告，说是要派两只老虎把南岳衡山的童子泉移来。第二天，果然见两只老虎跑来，刨地作穴，泉遂涌出，而且水味甘洌醇厚，于是取名"虎跑泉"。

虎跑泉原有三口井，后合为二池。在主池泉边石龛内的石床上，寰中正有个头枕右手小臂人侧身卧睡，神态安静慈善，那种静里乾坤不知春的超然境界，颇如一副联语所云："梦熟五更天几许钟声敲不破，神游三宝地半空云影去无踪。"同时，栩栩如生的两只老虎正从石龛右侧向入睡的高僧走来，形象也十分生动逼真。这组"梦虎图"浮雕寓神仙给寰中托梦，派遣仙童化作二虎搬来南岳清泉之典。除此之外，"虎移泉眼至南岳童子，历百千万劫留此真源"——这副虎跑寺楹联也是写的这个神话故事，只是更具有佛教寓意。

西湖双绝"龙井茶叶虎跑水"广为人们喜爱。古往今来，凡是来杭州游历的人们，无不以能身临其境品尝一下以虎跑甘泉之水冲泡的西湖龙井之茶为快事。历代的诗人们留下了许多赞美虎跑泉水的诗篇。如苏东坡有："道人不惜阶前水，借天与匏尊自在偿。"清代诗人黄景仁（1749—1783年）在《虎跑泉》一诗中有云："问水何方来？南岳几千里。龙象一帖然，天人共欢喜。"诗人是根据传说，说虎跑泉水是从南岳衡山由仙童化虎搬运而来，缺水的大慈山忽有清泉涌出，天上人间都为之欢呼赞叹。同时，也赞扬高僧开山引泉，造福苍生功德。

近年来随着改革开放的飞速发展，旅游业的方兴未艾，也推动了杭州茶文化事业的蓬勃发展。杭州建起了颇具规模的茶叶博物馆，借以弘扬中华民族源远流长的茶文化优秀遗产，普及茶叶科学知识，促进中外茶文化的交流。如今，在西湖风景区的虎跑、龙井、玉泉、吴山等处均恢复或新建了一批茶室，中外茶客慕名而至，常常座无虚席。杭州市内的不少品茗爱好者，往往于每日清晨乘车或骑自行车到虎跑等名泉装取泉水，用以冲茶待客，或自饮品尝，以取陶然之乐。鉴于品泉者日益增多，杭州新闻界曾经呼吁，应适当节制每日取水量，以保护古泉的自然水量及其久享盛名的清爽甘醇。

七、杭州龙井泉

龙井泉，在浙江杭州市西湖西面凤篁岭上，为一裸露型岩溶泉。本名龙泓，又名龙湫，是以泉名井，又以井名村。龙井村是饮誉世界的西湖龙井茶的五大产地之一，而龙泓清泉历史悠久，相传，在三国东吴赤乌年间（238—250年）已发现。此泉由于大旱不涸，古人以为与大海相通，有神龙潜居，所以名其为龙井，又被人们誉为"天下第三泉"。龙井泉旁有龙井寺，建于南唐保大七年（949年）。周围还有神运石、涤心沼、一片云等诸景胜迹，近处则有龙井、小沧浪、龙井试泉、鸟语泉声等石刻环列于半月形的井泉周围。

龙井泉水出自山岩中，水味甘醇，四时不绝，清如明镜，寒碧异常，如取小棍轻轻搅拔井水，水面上即呈现出一条由外向内旋动的分水线，见者无不奇。据说这是泉池中已有的泉水与新涌入的泉水间的比重和流速有差异之故，但也有人认为，是龙泉水表面张力较大所致。

龙井之西是龙井村，满山茶园，盛产西湖龙井，因它具有色翠、香郁、味醇，形美之"四绝"而著称于世。古往今来，多少名人雅士都慕名前来龙井游历，饮茶品泉，留下了许多赞赏龙井泉茶的优美诗篇。

苏东坡曾以"人言山佳水亦佳，下有万古蛟龙潭"的诗句称道龙井的山泉。杭州西湖产茶，自唐代到元代，龙井泉茶日益称著。元代虞集在游龙井的诗中赞美龙井茶道："烹煎黄金芽，不取谷雨后，同来二三子，三咽不忍漱。"明代田艺衡《煮茶小品》则更高度评价龙井茶："今武林诸泉，惟龙泓入品，而茶亦龙泓山为最。又其上为老龙泓，寒碧倍之，其地产茶为南北绝品。"

清代乾隆皇帝曾数次巡幸江南，在来杭州时，不止一次去龙井烹茗品泉，并写了《坐龙井上烹茶偶成》咏茶诗和题龙井联："秀翠名湖，游目频来溪处；腴含古，怡情正及采茶时。"历代名人的这些诗词联语，为西子湖畔的龙井泉茶平添了无限韵致，也更令游人向往。

八、苏州虎丘寺石泉

苏州虎丘，又名海涌山。在江苏省苏州市阊门外西北山塘街，距城约3.5千米。春秋晚期，吴王夫差葬后三日，有白虎蹲其上，故名虎丘，一说为"丘如蹲虎。以形名。"东晋时，司徒王珣和弟王珉在此创建别墅，后来王氏兄弟将其改为寺院，名虎丘寺，分东西二刹；唐代因避太祖李虎（李渊之祖父）名讳，改名为武丘报恩寺。武宗会昌年间寺毁，移往山顶重建时，将二刹合为一寺。其后该寺院屡经改建易名，规模宏伟，琳宫宝塔，重楼飞阁，曾被列为"五山十刹"之一。古人曾用"塔从林外出，山向寺中藏"的诗句来描绘虎丘的景色，苏州虎丘不仅以风景秀丽闻名遐迩，也以它拥有天下名泉佳水著称于世。

据《苏州府志》记载，茶圣陆羽晚年，在德宗贞元中（约于贞元九年至十七八年间）曾长期寓居苏州虎丘，一边继续著书，一边研究茶学、研究水质对饮茶的影响。他发现虎丘山泉甘甜可口，遂即在虎丘山上挖筑一石井，称为"陆羽井"，又称"陆羽泉"，并将其评为"天下第五泉"。据传，当时皇帝听到这一消息，曾把陆羽召进宫去，要他煮茶，皇帝喝后大加赞赏，于是封其为"茶神"。陆羽还用虎丘泉水栽培苏州散茶，总结出一整套适宜苏州地理环境的栽茶、采茶的办法。由于陆羽的大力倡导，"苏州人饮茶成习俗，百姓营生，种茶亦为一业"。

因虎丘泉水质清甘味美，在继陆羽之后，又被唐代另一品泉家刘伯刍评为"天下第三泉"，于是虎丘石井泉就以"天下第三泉"名传于世。那么，这一泓天下名泉的具体地址，究竟在哪里呢？如今来苏州虎丘的游人，往往因未能亲临其址，一品味美甘醇的古泉之水而引为憾事。

这久已闻名天下的"虎丘石泉水"，即在这颇有古幽神异色彩的"千人石"右侧的"冷香阁"北面。这里一口古石井，井口约有一丈见方，四面石壁，不连石底，井下清泉寒碧，终年不断。这即是陆羽当年寓居虎丘时开凿的那眼古石泉，在冷香阁内，今设有茶室，这里窗明几净，十分清雅，是游客小憩品茗之佳处。

九、济南珍珠泉

珍珠泉，在山东省济南市泉城路北珍珠饭店院内，为泉城七十二泉四大泉群之一，珍珠泉群之首。泉从地下上涌，状如珠串，泉水汇成水池，约一亩见方，清澈见底。清代王祖《珍珠泉记》云："泉从沙际出，忽聚忽散，忽断忽续，忽急忽缓，日映之，大者如珠，小者为玑，皆自底以达于面。"此名泉胜地曾被官府侵占，新中国成立后重加修整，小桥流水，绿柳垂荫，花木扶疏，亭榭幽雅。附近还有濯缨、小王府、溪亭、南芙蓉、朱砂等诸名泉，组成珍珠泉群，均汇入大明湖。清代刘鹗《老残游记》描绘济南"家家泉水，户户垂杨"的景色，当是这一地区。

珍珠泉水，清碧甘冽，是烹茗上等佳水。当年清乾隆皇帝在品评天下名泉佳水时，以清、洁、甘、轻为标准，将斯泉评为天下第三泉。乾隆以特制的银斗衡量，斗重一两二厘，珍珠泉只比被评为天下第一泉——北京玉泉之水略重二厘。以乾隆品泉标准来衡量，珍珠泉略胜闻名遐迩的扬子江金山第一泉和元锡惠山天下第二泉。

乾隆皇帝每逢巡幸山东时，喜欢以珍珠泉水煎茶。如乾隆二十年（1756年）谕旨："朕明春巡幸浙江，沿途所用清茶水……至山东省，著该省巡抚将珍珠泉水预备应用。"

历代的文人墨客也曾在珍珠泉畔咏题诗词楹联。济南某县令赞泉联曰："逢人都说斯泉好，愧我无如此水清。"清末民初人扬度题珍珠泉联云：

随地涌泉源，时澄澈一讯，莫使纤尘滓渊鉴；

隔城看山色，祁庄严千佛，广施法雨惠苍生。

十、上饶广教寺陆羽泉

陆羽泉，原在江西上饶广教寺内，现为上饶市第一中学。唐代茶神陆羽于德宗贞元初（785—786年）从江南太湖之滨来到信州上饶隐居，之后不久，即在城西北建宅凿泉，种植茶园。据《上饶县志》载："陆鸿渐宅在府城西北茶山广教寺。昔唐陆羽尝居此，号东冈子。刺史姚骥尝诣所居。凿沼为溟之状，积石为嵩华之形。隐士沈洪乔葺而居之。《图经》羽性嗜茶，环有茶园数亩，陆羽泉一勺为茶山寺。"

由于这一泓清泉水质甘甜，被陆羽品评为"天下第四泉"。唐诗人孟郊（751—814年）在《题陆鸿渐上饶新开山舍》诗中有"开亭拟贮云，凿石先得泉"之句。陆羽泉开凿迄今已有一千多年，在古籍上多有记载。清代张有誉《重修茶山寺记》："信州城北数（里）武岿然而峙者，茶山也，山下有泉，色白味甘。陆鸿渐先生隐于尝品斯泉为天下第四，因号陆羽泉。"至20世纪60年代初尚保存完好，可惜在后来"挖洞"时，将泉脉截断，如今在这眼古井泉边上尚保存清末知府段大诚所题"源流清洁"四个篆字，作为后人凭吊古迹的唯一标志了。

陆羽当年在上饶隐居时开石引泉，种植茶园，在当地世代僧俗仕宦中间，产生了深远美好的影响。茶山寺、陆羽泉曾在历史上成为上饶著名胜迹，许多人为此写下了赞颂诗篇。刘景荣在《游茶山寺·有引》云：

信城北茶山寺有泉，陆羽遗迹在焉。余素阅《茶经》，知其旷世逸才，淹博经史，抱道潜身；邀游湖海，品天下之泉，揽山川之胜；逍遥一世，风流千古。景慕有年，今量信营，得游此地，爱赋一律，以志仰止。

鸿濛初判此山开，一掬甘泉地涌来。

满经茶香高士种，几行翠竹老僧栽。

只今钟声敲禅院，忆昔鼎铛沸曲台。

隐负经纶人不在，流风常在白云隈。

明代贡修龄在《幕雨同吴鼎陶司李游茶山四绝》（录其中二首）云：

其二

一勺清泠水。涓涓无古今。

空山人不见，想见品泉心。

其三

昔闻桑苎子，萧散不为家。

今看种菊处，曾开几树花。

在古人于上饶留下的诸多赞颂陆羽的翰墨中，莫过于一位佚名作者题《陆羽泉联》："一卷经文，苕雪溪边证慧业；千秋祀典，旗枪风里弄神灵。"这副对联，不仅对仗工妙，而且更高度集中地概括了茶神陆羽为中国乃至世界的茶学、茶文化事业作出的卓越贡献，为世世代代的人们所景仰。

茶艺品茶之具

茶具，按现代人的称呼是指茶叶冲泡品饮过程中所用的一切器具。但在中国历史上，对茶具的称呼不是始终如一的。西汉王褒《僮约》中称"具"；到晋代以后则称为茶器了，如西晋杜毓《荈赋》和《广陵耆老传》中都称"器"；到了唐代，陆羽在《茶经》中把饮茶所需的器具称为茶器，而把茶叶采制过程中所用器具称为茶具，这种称呼一直沿用到北宋，在蔡襄写的《茶录》中仍是这样称呼。到了南宋，审安老人写《茶具图赞》时，才将称呼改为茶具，并一直沿用至今。

茶具同其他饮具、食具一样，也经历了一个从无到有，从共用到专一，从粗糙到精致的发展过程。它主要受茶叶加工技术、饮茶方式和制具材料及材料加工技术等因素的影响，随这几方面的发展变化而不断发展变化。

第一节　茶具的发展历史

一、茶具的起源

茶具的出现肯定是在茶作为饮料之后。在原始人类生嚼茶叶和稍后与其他食物混煮而食的时期，显然不会有为茶而产生的器具。但是茶具也不是茶一成为日常饮料就出现的，一般认为，我国最早饮茶的器具是与酒具、食具共用的。而且这种共用经历的时期很长，因为那时对茶的饮用很粗放，基本上像煮蔬菜汤那样煮着吃。如此饮茶，当然不一定需要专用的茶具，完全可用食具或其他饮具代之。那么茶具究竟是何时从其他食具和饮具中独立出来而成为一种专用器具的呢？由于年代太久远，很难考证其确切时间，对于这个问题，在茶文化界有"两汉说"和"魏晋说"这两种说法。

"两汉说"主要是依据西汉（前206—8年）王褒的《僮约》和20世纪70—80年代，浙江上虞出土的一批东汉时期（25—220年）的瓷器。据姚国坤等编撰的《中国古代茶具》一书认为，王褒的《僮约》当算我国现存史料中最早谈及饮茶所用器具的一篇文献资料。《僮约》中谈到："烹茶尽具，已而盖藏"，有人理解，这里的"茶"指的是"茶"，"尽"作"净"解，而"具"当然就是指茶具了。但也有人认为，这里的"具"，可以解释为茶具，也可以理解为食具，它是泛指烹茶时所使用的器具，还不能断定是专用茶具。另外，对"烹茶尽具"中的"茶"也有不同理解，有人认为指的是苦菜，那么，其"具"也就不成为饮茶之器具了，当为食具论。不过，在这一学说中，还有一个较为有力的依据是浙江上虞出土的一批东汉文物，其中有碗、杯、壶、盏等器具，考古学家认为这是世界上最早的瓷茶具。因此，有人认为，我国的茶成为日常饮料，最晚始于秦代；而作为饮茶时所需的专用器具，即茶具的出现，至迟始于汉代。

"魏晋说"的主要依据是西晋（265—316年）左思的《娇女诗》中"心为茶荈剧，吹嘘对鼎𬭊"这两诗句。有人说这是茶学界所公认的有关茶具的最早文字记载，这一诗句中的"鼎𬭊"可能是专用茶具。与左思差不多同一时代的杜毓，在《荈赋》中也有"器择陶简，出自东隅""酌之以匏，取式公刘"之句，也有茶具的影子。另外，陆羽在《茶经》中引《广陵耆老传》载：晋元帝（317—323年）时，"有老姥每旦独提一器茗，往市鬻之。市人竞买，自旦至夕，其器不减。"从这些史籍的片言只语中，有的专家就推断，最迟在两晋之前，茶具就已初步形成。但也有专家认为，这些片言只语不能说清楚所用的器具是专用茶具，还是与其他饮食所共用的器具。

总之，在隋唐之前，茶具可能已出现，但茶具在民间的普遍使用，以及成套专用茶具的确立，还是经历了一个相当长的时期。

二、完备配套的唐代茶具

唐代，饮茶之风已在全国兴起，而且时人饮茶已由粗放煮茶进入精工煎茶的阶段，对饮茶过程讲究技艺，在意品饮情趣。因此，就要求有专用的茶具与之相对应。而且茶具不仅仅是用来做煎茶、饮茶的一般容器，还要求具有能更好地发挥茶的色、香、味的实用功能，因此在生产中对茶具的色泽、质地、造型等方面都多有讲究。这就使我国茶具自唐代开始很快发展起来。

唐代最早介绍系列茶具的还是茶圣陆羽。他在《茶经》中对煎茶道所需的一整套二十八件茶具从材料、造型、色泽及性能等方面一一作了详细介绍。这套茶具，按其用途可分为八类。

（一）生火用具

风炉 陆羽亲自设计，形如古鼎，有三足两耳，可放在桌上。炉内有床放置炭火，炉身下腹有三个窗孔，用于通风。上有三个支架（格），用来承接煎茶的镬。炉底有个洞口，可以通风出灰，其下有一只铁制的灰承。风炉的三个足上，均铸有古文字注脚。一足上铸有"圣唐灭胡明年铸"，一般认为，"圣唐灭胡"即指唐代宗广德元年，即公元763年讨灭"安史之乱"之际。而这一年的"明年"当指公元764年，一些专家认为，陆羽用"圣唐"之词，表明了他鲜明的政治态度，他对当时朝廷是歌颂的，也说明他很关心国家大事，有儒家积极入世的思想。一足铸有"坎上（主水）巽（主风）下离（主火）于中"，及各封对应的象征物"彪"（风兽）、"翟"（火禽）、"鱼"（水虫）。按《杂卦》之解，说的是风（巽）在下，以兴火；火（离）在中，以助烹。也就是说，煮茶的水放在上面镬内，风从炉底洞口吹入，火在炉腔中燃烧，说的是煎茶的基本原理。一足上铸有"体均五行去百病"，意思是饮茶能使五脏调和，百病不侵，借五行之说来赞美茶的药理功能。

而风炉腹三个窗孔之上，又分别铸有"伊公""羹陆""氏茶"字样，连起来读成"伊公羹，陆氏茶"。"伊公"指的是商朝初期贤相伊尹，"陆氏"当指陆羽本人。《辞海》引《韩诗外传》曰："伊尹……负鼎操俎调五味而立为相"，这是用鼎作为烹饪器具的最早记录，而陆羽是历史上用鼎煮茶的首创者。在这里，陆羽把自己与名相伊尹相提并论，可见他自视很高。也有专家认为，这是陆羽借伊尹"以羹论道"的典故来说明他是以茶论道，他要通过著《茶经》来阐发修身、养性、齐家、治国、平天下的大道理。

灰承　用于承接炭灰的用具，由一个有三只脚的铁盘构成。

筥　用竹或藤编制而成的箱，供盛炭用。

炭树　六棱的铁棒，一头尖，中间粗，握处细的木杵，细的一头系上一小镊，作为装饰；也可制成锤状或斧状，敲炭用。

火筴　又名筋。是用铁或铜制的火箸，供取炭用。

（二）煮茶用具

鍑　又称釜，即大口锅，用熟铁制成。内光外粗，耳成方形。主要供烧水、煎茶用。

交床　是一种十字交叉的支架，上置剜去中部的木板，供置鍑用。

竹夹　像筷子，两头包银，长一尺。用来煎茶激汤。

鹾簋　用瓷器制成的盛盐的罐子。

揭　用竹制成，用来取盐。

熟盂　用陶或瓷制成。可盛水 2 升，供盛放茶汤、"育汤花"用。

（三）烤、碾、量茶用具

夹　用小青竹制成，长一尺二寸，一头一寸处有节，其余部分剖开呈夹子状。也可用精铁或熟铜制造。炙烤茶时夹茶饼翻茶用。

纸囊　用剡藤纸双层缝制。用来贮放烤好的茶，可以"不泄其香。"

碾　由碾轮和碾槽构成。用木料制作，碾槽内圆外方，既便于运输，又可稳固不倒。内有一车轮状带轴的碾轮。用它将炙烤过的饼茶碾成碎末，便于煎茶。碾也有石制的，以及金属、陶瓷制的。

拂末　用鸟羽毛做成。碾茶后，用来清扫茶末。

罗合　罗为筛，合即盒，经罗筛下的茶末盛在盒子里。罗合用竹制成，筛网用纱或绢绷成。

则　用海贝、蛤蜊的壳充当，或铜、铁、竹制成的小匙之类，量茶用。

（四）水具

水方　用木料制成方形容器。用来盛煎茶用的清水，容量为可盛水一斗。

漉水囊　骨架可用不生锈的生铜制作，也可用竹、木制作，但不耐久。囊可用青竹丝编织，再缝上绿色的绢布，有一手柄，便于手握。此外，还需做一个绿油布袋，平时用来贮放漉水囊。此具实为一具滤水器。

瓢　又称牺杓。用葫芦剖开制成，或用木头雕凿而成，作舀水用。

（五）饮茶用具

碗　用瓷制成，盛装茶汤和饮茶用。在唐代文人的诗文中，更多的称碗为"瓯"，也有称"盏"。

札 用茱萸木夹住棕榈纤维捆紧制成的刷子状，或用一段竹子，装上一束棕榈纤维形成笔状，供调汤用。

（六）清洁用具

涤方 用木料制成，形似水方，可容水8升。用来洗涤茶具，并盛装洗涤后的废水。

滓方 形同涤方，容量5升，用来盛放茶渣。

巾 用粗绸制成，长2尺（0.67米）。用来擦干各种茶具，做两块可交替用。

（七）收藏用具

畚 用白蒲编织而成，也可用莒，衬以双幅剡纸，能放碗十只。

具列 用木或竹制成，呈架状或柜状，用来收藏或陈列茶具。

都篮 用竹篾制成的容器，用来盛放烹茶用的全部器物。

对这二十八件一套的茶具，陆羽认为是煎茶道必不可少的。不过，在《茶经·九之略》中，他又指出，在一定条件下，有的茶具也可省略。如在"松间石上"饮茶，其地上可放置茶具，就无须用"具列"。用"稿薪鼎铄"煮茶，则"风炉、灰承、炭挝、火䇲等废"。在"瞰泉临涧"旁煎茶，则"水方、涤方、漉水囊废"。若五人以下出游，能够把茶事先碾得很细带走，就不需要罗合、碾、拂末等具了。总之，茶具的选用，应按照客观的实际条件进行，不必机械照用。

唐代茶道大行，饮茶普及，也带动了制瓷业的发展。当时出现了各种瓷窑在全国各地遍地开花、争奇斗妍的喜人局面。当时，在全国享有盛名的瓷窑主要有越窑（浙江宁绍地区）、邢窑（河北内丘、临城一带）、岳窑（湖南湘阴一带）、鼎州窑（陕西铜川市）、婺州窑（浙江金化等地）、寿州窑（安徽淮南市一带）、洪州窑（江西丰城市一带）。其中越窑和邢窑最为有名。邢窑以烧白瓷著名，其瓷器胎薄，色泽纯洁，造型轻巧精美，有"圆如月，薄如纸，洁如玉"的美誉，在当时北方一带使用较多。而越窑是著名的青瓷窑，从东汉时就开始烧制原始瓷器，被中外陶瓷学界公认为是中国瓷器的发源地。唐代越窑生产的茶具主要有碗、瓯、执壶（注子）、杯、釜、罐、盏托、茶碾等数种。初唐时，茶碗为盅形，直口深腹，圆饼足；中晚唐时又通行撇口碗，口腹向外斜出，为壁形足或圈足，碗口多成荷叶状、葵式、海棠式等，使碗腹壁曲折起伏。唐代的执壶（注子），初期为鸡头壶，中唐开始，执壶器型为喇叭口，短嘴，腹肥大，有宽扁形把。五代时，嘴延长成曲流。越窑生产的茶具不仅种类多，产量大，而且质量很好。因此，越窑青瓷茶具很受欢迎，在唐代的中国南方一带尤其如此。越窑青瓷中质量最好的称作"秘色瓷"，其胎体薄，胎质细腻，造型规整，釉色青黄如湖绿色。越窑青瓷茶具在南方流行，除了其本身质量优异外，一个很重要的原因是陆羽在《茶经》中提倡使用青瓷茶具所致。他认为与邢窑的白瓷、寿州窑的黄瓷和洪州窑的褐瓷比较起来，越窑的青瓷茶具泡茶最"宜茶。"这是因为，唐人所饮之茶为饼茶，碾碎煎煮后茶汤呈红褐色，如果用白色、黄色、褐色茶具盛汤，茶汤分别呈现出红、紫、黑色，保持不了茶汤的本色。而用青瓷茶具，在青色衬托下，茶汤泛绿，陆羽认为这样才体现了茶的本色，故用青瓷茶具盛茶饮用"最宜"。后来，随着时代变迁，越窑到北宋中期，因江南人口猛增，农业生产大发展，大量山林、土地被开发利用，加剧了制瓷原料和燃料的紧张状况。同时，品饮情趣的改变，斗茶讲究汤白盏黑，致使越窑茶具生产日渐衰落，至南宋时已完全停烧，一代名窑就这样寿终正寝了。

　　陆羽提出的茶具，只是唐代文人茶道茶具主流的代表，但它不是唐代茶具的唯一。在唐代，由于茶道流派较多，在茶具方面也有较大差别。在宫廷里，由于主要流行的仍是煎茶道，故在茶具种类上与陆羽茶具相似，但在所用材料和茶具做工上有天壤差别。帝王将相们为显示其财富和地位，茶具材料无不求其好，茶具制作无不求其精。这从1987年陕西扶风县法门寺地宫中出土的唐代宫廷茶具中可见一斑。其茶具材料有金、银、琉璃等材料，陶瓷材料茶具也是最好的青瓷——秘色瓷，由此可见帝王生活的奢侈。另外，在民间，由于茶的饮用方法较多，而且一般百姓饮用茶也不如文人雅士们讲究，因此，所用茶具与陆羽茶具有所不同。除了在茶具用材质量上显得较粗糙外，茶具配套规模也较小，这显示出民间平民百姓在饮茶上的随意性较大。民间的茶具材料上多为瓷器，也有少量漆器。如茶碾，陆羽设计的为木质，皇家用鎏金，而民间为瓷质的，既耐用，又便宜。除茶碾外，民间还有一种茶臼（擂钵）作碾茶工具。民间在饮茶器具上，除了瓷碗、瓯、壶外，还有陆羽《茶经》中未记述的盏托（茶托子），这在当时民间十分流行。陆羽没有记载，是由于疏忽，还是其他原因，在学术界成了一个悬案。

三、穷极精巧的宋代茶具

　　我国饮茶之风兴于唐，盛于宋。自唐及宋，饮茶风气日渐高涨。上到朝廷，下到地方官吏、文人学士都尚茶，以品茶为雅。这些风气进一步推动了饮茶之风的蔓延，民间饮茶更是普及，茶已成了"开门七件事"，"不可一日无"。饮茶风盛行，必然带来茶具制造业的发展，尤其是宋代斗茶成风，茶具对斗茶胜负有着至关重要的影响，这就促使茶具不断改进，逐步向精致方向发展。另外，宋代在饮茶方式上也较唐代有所不同，由唐代的以煎茶为主向以点茶为主方向变化，相应在茶具上也有所变动。总之，由于饮茶方式、饮茶风气、人们的价值观念、审美情趣等方面的影响，宋代的茶具较之唐代有较大变化，主要体现在以下几方面。

（一）宋代茶具配套规模较唐代大为减小

　　这主要由于饮茶方式的改变所致。虽然宋代仍然以蒸青饼茶为主要茶类，但饮茶方法已由煎茶法改为点茶法，程序方法更为简单。点茶过程中，没有了煮茶的环节，因而陆羽设计的风炉、鼎镬、交床等在这里就成为多余，而是用一个煮水的汤瓶取而代之。另外，宋人品茶开始讲究品其"真味"，摒弃了在茶汤中放盐的习俗，因而加盐的一套用具也取消了。北宋蔡襄在《茶录》中对当时饮茶所需的"茶器"作了一一介绍。

　　茶焙　由竹篾编成，用于烘茶用。

　　茶笼　贮存茶叶用，有密封性，平时置于高处，以不近湿气。

　　砧椎　砧为木，椎或金或铁，为将饼茶解块的工具。

　　茶钤　金属夹子，作炙茶时夹茶饼用。

　　茶碾　碾茶用。

　　茶罗　筛茶用。

　　茶盏　碗，盛茶、点茶用。

　　茶匙　作击拂茶汤用。茶匙要重，击拂时才有力，黄金为上，民间以银铁为之。竹者轻，建茶不取。

汤瓶　煮水用。也叫茶吊子，形似茶壶。宋时讲究汤瓶要小，易候汤，又使点茶注汤有准。黄金为上，民间以银铁或瓷石为之。

宋徽宗的《大观茶论》列出的茶器有碾、罗、盏、筅、缾（瓶）、杓等，这些茶具与蔡襄《茶录》中提及的大致相同。值得一提的是南宋审安老人的《茶具图赞》，审安老人真实姓名不详，他于宋咸淳五年（公元 1269 年）集宋代点茶用具之大成，以传统的白描画法画了十二件茶具图形，称之为"十二先生"，并按宋时官制冠以职称，赐以名、字、号，足见当时上层社会对茶具钟爱之情。"图"中的"十二先生"，作者还分别批注"赞"誉，用以说明该茶具的质地、形制、作用等。这"十二先生"分别是韦鸿胪（焙茶用茶炉）、木待制（木制的茶臼）、金法曹（茶碾）、石转运（磨茶粉的石磨）、胡员外（舀水用的葫芦瓢）、罗枢密（罗茶之筛）、宗从事（清扫茶粉的茶帚）、漆雕密阁（茶托盏）、陶宝文（兔毫茶盏）、汤提点（汤瓶）、竺副帅（搅打茶汤的茶筅）、司职方（茶巾）。

总之，从现有的宋代有关茶具的史料可见，有宋以来，由于饮茶方式的改变，所用茶具较唐代已经大大简化。

（二）宋代茶具极力追求精巧豪华

宋代人饮茶，重在品。这个"品"字，不仅是品茶，而且要"品"茶具。因此，对茶具非常讲究。人们不但在乎茶具的功用、外观和造型，而且更看重其质地。在唐朝，除宫廷外，民间常用的是陶或瓷茶具。而宋代，人们竞相追求玉、金或银质茶具，并以家藏有这样的金银茶具而显富摆阔。南宋周辉在《清波杂志》中写道："长沙匠者，造茶器极精致，工值之厚，等于所用白金之数。士大夫家多有之，置几案间。但知以侈靡相夸，初不常用也。"

（三）宋代饮茶器具的生产以斗茶需要为导向

斗茶在宋代风行于世，相应地茶具也围绕斗茶而不断改进。尤其是斗茶中至关重要的茶碗（盏）更是变化大。唐人饮茶讲究体现茶的本色，茶汤要泛绿，因此要求茶碗以青色为宜。宋人斗茶，以茶汤表面泡沫纯白为优，为了体现茶色，则以黑瓷盏为最佳。这样，以生产黑瓷茶具的建窑因此而名扬四方。其生产的黑瓷茶碗俗称"建盏"。其他各地的瓷窑也纷纷效仿，争相生产黑瓷茶具，使黑瓷茶具逐渐取代了唐朝风行的青瓷茶具。

除了在茶碗的崇尚色泽上发生了较大改变外，围绕着斗茶，宋代的茶碗在造型上也面目一新。唐时推崇的容易把茶汤及渣喝干的敞口浅腹碗已失去市场。为了斗茶的需要，宋代的茶碗常设计为口大，底微宽，足小，碗口外撇，好似一只翻转的斗笠的形式。这样的造型，点茶时便于茶筅在碗中击拂茶汤，香气易散发出来，击拂茶汤时汤不易外溢而使茶汤面破损，而且还能容纳更多的茶泡沫。小足使茶碗显得亭亭玉立，美观大方。在建盏中还有一个比较特别的设计，就是从茶盏内壁口沿以下 1.5~2 厘米处内收一阶，可以起到注汤时的标准线的作用。因为点茶时，冲的水过多或过少，都不利于汤花产生和使茶味达到最佳，有了这条标准线，注水就有了定准，这也是建盏在当时受欢迎之处。

除了黑釉碗，宋朝还首创了用于斗茶的茶筅，多用老竹制成。茶筅要求厚重，以便于充分搅动茶汤产生沫饽。此物在我国至今未曾发现其实物，只是从一些宋画中可见其身影。但是，自宋朝日本人在浙江径山寺学习了中国茶道后，也把中国茶具带回了日本，故目前在日本茶道中还可见茶筅这一工具。

宋朝因斗茶风行而使建盏出尽风头。但在宋代，瓷器生产并不只此一家。随着饮茶的普及，以及向外传播，对陶瓷茶具的需求量越来越大，这就大大促进了陶瓷业的发展。各地窑场生产的茶具不仅数量大，而且花色品种层出不穷，呈现一派繁荣景象。其中最著名的有五大名窑：官窑（浙江杭州市）；哥窑（浙江龙泉县）；定窑（河北曲阳县）；汝窑（河南宝丰县）；钧窑（河南禹州市）。它们均先后专门为皇宫烧制过茶具和其他生活用具。

四、过渡时期的元代茶具

元代时期较短，没有生产出有特色的茶具，很大程度上保留着南宋时期茶具的特色。蒙古人游牧民族的生活习惯，使元代的茶具朝厚重与豪放方向发展。从某种意义上说，元代茶具是上承唐、宋，下启明、清的一个过渡时期。

五、创新定型的明代茶具

明代茶具相对于唐、宋而言，可谓是一次大的变革。因为唐宋时的人们以饮饼茶为主，采用的是煎茶法和点茶法。两法虽有很大不同，但也有很多相似之处，因而在茶具上也有许多共通之处。元代时，条形散茶直接用沸水冲泡法已在全国范围内兴起。到明代时，更是以冲泡法取代了煎、点两法。这样，唐、宋时的炙茶、碾茶、罗茶、煮茶等器具都成了过去，而与冲泡法相适应的一些茶具种类则脱颖而出。明代对这些新茶具种类是一次定型，因为从明至今，人们使用的茶具种类基本上已无多大变化，仅仅在茶具式样和质地上有所变化。

明代茶具的变革，主要有两个特点：其一是配套茶具数量大大减少，这与饮茶方式的简化相一致；其二是茶具质地上返朴归真，一改宋朝时追求金、银、玉石茶具的奢豪风气，对茶具讲究质朴、自然，崇尚陶瓷茶具。当然，明代讲究质朴、自然，并不等于明人的茶具粗俗简陋。他们对茶具同样讲究制法、规格，注重质地，特别是在茶具的创新和制作工艺的改进方面，比唐、宋有更大的发展。下面对明代的主要茶具做简要介绍。

（一）贮茶器具

明时，由于人们饮用的条形散茶比早先的团饼茶更易受潮，因此，茶叶贮藏就显得更为重要。选择贮藏性能好的贮藏器具，就成了茶人们普遍关注的一个问题。一般说来，明代贮茶，采用的是贮焙结合的方法。所用的贮茶器具主要是瓷或陶制的罂，也有用箬竹篾或叶子等编制而成的笼（篓），雅称建城。具体方法：将买回的茶叶放入茶焙中，其下放置盛有炭火的大盆将茶叶烘干。然后，在大陶罂底部放上几层干燥的箬叶，其上再放烘干冷却后的茶叶，其上再放箬叶。最后，取折叠成六七层的用文火烘干的宣纸扎封罂口，上面再"压以方厚柏木板一块，亦取焙燥者。"至于平时取用，"以新燥宜兴小瓶取之，约可受四、五两，取后随即包整。"这样的贮藏茶叶法和贮藏器具至今民间仍在应用。

（二）洗茶器具

在中国饮茶史上，"洗茶"一说始于明代。按明代人的说法，用热水洗茶，一是去"尘垢"，二是去"冷气"，使泡出的茶叶更加"色青香烈"。用来洗茶的工具一般称为"茶洗"。这是一种陶制的器具，形如碗，分上下两层，上层底有如算子似的圆孔眼。洗茶时使"沙垢皆从孔中流出"。这种叫茶洗的茶具，是明代的创造，也只在明代的茶书中有记载，从清代以后，茶洗已不再列入茶具中了。

（三）烧水器具

明代烧水器具主要有炉和汤瓶，其中炉为铜炉和竹炉最为时兴。而汤瓶则种类多些，有瓷器瓶、银瓶、锡瓶、铜瓶等。对这些汤瓶，有的认为瓷器为上，也有人认为银瓶为上。但不论何种汤瓶，在造型和工艺上比以前均更为讲究。

（四）饮茶器具

如果说明代的茶具较唐、宋变化较大，其主要还是体现在饮茶器具上。而饮茶器具变化的突出特点一是小茶壶的出现，二是茶盏的变化。

茶壶在明以前已有之，而且还是作为茶具的一个重要组成部分。唐、宋时称为"注子"和"执壶"，不过那时的茶壶只是用来煮水煮茶的，还不是真正意义上的直接用于泡茶的茶壶。只有在明代，随着饮茶方式的改变和陶瓷业的飞速发展，才使茶壶成了真正的泡茶之壶。明代人在茶壶质地上，主要喜欢陶或瓷制品，尤其崇尚紫砂茶壶。这就使得宜兴的紫砂陶壶名声渐起，为其日后成为紫砂陶器中心奠定了基础。对于茶壶的形制，明代人主张以小为贵。冯可宾解释道："每一客，壶一把，任其自斟自饮，方为得趣。何也？壶小则香不涣散，味不耽搁"。因此，紫砂小茶壶成为明代茶具的一种时尚。

作为饮茶中主要用具的茶盏，在明代也出现了很大改变。虽然明代茶盏仍主要是瓷质的，但对茶盏釉色的要求出现了大转变。因斗茶而走红的黑盏遭到明人的废弃，而白色茶盏开始登上了大雅之堂。这是因为明人饮用的是与现代炒青绿茶相似的芽茶，也是以青翠为佳。绿色的茶汤用洁白如玉的茶盏来衬托，会显得更清新雅致，悦目自然。明人的这种尚白的直接结果，即促进了白瓷的飞速发展，使江西景德镇当时就成了全国的制瓷中心，有"瓷都"之称。其生产的白瓷茶具胎白细致，釉色光润，具有"薄如纸，白如玉，声如磬，明如镜"的特点，被明人称为"甜白"。除色泽喜好上的变化外，明代茶盏上加盖的也增多起来。加盖的作用：一是保温；二是保香；三还可防尘，保证茶汤清洁卫生；四还方便品饮，可避免茶汤表面浮渣进入口中。直到今天，这种盖碗仍是常用的茶具之一。

六、异彩纷呈的清代茶具

清代的茶具基本上没有突破明代的格局。尽管清代基本上形成了六大茶类，但这些茶仍属于散形条茶，在饮用方式上仍然沿用明代的直接冲泡法。所以，所用茶具基本上与明代相同，只是壶和盏的流行式样有所变化，制作工艺上也有较大进步，从外观看更加花哨一些。例如：

（1）当时生火仍然推崇竹炉　另外，在京城北京，还流行一种以木为框，内外敷石灰的三角形小茶炉。其表面描有飞禽走兽，鱼虫花草，人物山水，倒也显得十分雅致。

（2）清代的茶盏、茶壶通常多以陶或瓷制作　这促使景德镇的瓷器和宜兴的紫砂陶茶具有了飞速发展，形成了"景瓷宜陶"的格局。在紫砂茶具中，以紫砂茶壶变化最大。明代的紫砂壶形制多为几何形和筋纹型，造型比较单一。清代制壶匠人在继承前人工艺的基础上又不断创新，创造了自然型类茶壶，并在茶壶上铭刻警句、诗词、绘画，使紫砂茶壶呈现千姿百态。除此之外，在制壶的材质上也在不断革新。在清朝中期（乾隆、嘉庆年间），宜兴紫砂还推出了以红、绿、白等不同石质粉末施釉烧制的粉彩茶壶，以及嵌金镶银，用金银包边的茶壶等，使传统紫砂壶制作工艺又有了新的突破。

清代的茶盏主要流行的是盖碗，尤其在康熙、雍正、乾隆时期特别盛行。当时盖碗的材质主要是瓷器，其瓷茶具精品，多由景德镇生产。与明代相比，清代的瓷茶具主要是在彩釉工艺方面有许多创新：一是釉彩的色泽种类增多，据记载，当时掌握的釉彩已达 57 种之多；

二是上彩釉的工艺上有突破性进展，出现了粉彩和珐琅彩两种釉上彩工艺；三是瓷器上纹样题材更加广泛，除传统的花草鱼虫、飞禽走兽外，还有描绘民间风俗习惯、历史故事，以及寓意深刻的诗文、吉祥图案、各族文字等。此外，自清代开始，福州的脱胎漆茶具，四川的竹编茶具，海南的椰子、贝壳茶具等也开始出现，使清代的茶具更加异彩纷呈，形成了这个时期茶具的重要特色。

七、丰富多彩的现代茶具

茶具发展到现在，真可用丰富多彩来形容。首先，在茶具材料上就很广泛，有传统的陶、瓷、金、银、铜、锡等，也有很多新材料，如铝、不锈钢、玻璃、塑料、复合纸等。其次，式样、色彩上更是异彩纷呈。造型有传统古典的，也有现代抽象的；有简朴的，也有华丽的；有色彩凝重的，也有色彩鲜艳的；等等。另外，在功能、用法上更有很大拓展。如煮水用的炉子就有电炉、酒精炉、烧固体燃料的炉子、燃气炉，以及传统的炭炉等。茶杯也有保温的、不烫手的和阻隔茶渣的等，不胜枚举。

第二节　茶具的种类

我国茶具从产生至今，已经历了一、两千年的历史。在这样漫长的历史时期里，曾出现过多种多样的茶具。或用途不同，或质地不同，或造型不同，或色彩、尺寸不同等，林林总总。对这众多的茶具，如果将其归纳成类，从不同的角度就有不同的分类。由于制作茶具的材料不同，使制成的茶具在保温、隔热等性能上有所不同，而这些性能又是对茶汤质量和茶具使用的方便性影响较大的因素。所以，下面主要按茶具的制作材料来进行分类，并对各类茶具做简要介绍。

一、陶器茶具

陶土器具是新石器时代的重要发明，是我国最古老的盛物器具之一，距今已有七八千年的历史（有的说上万年）。其质地最初是粗糙的土陶，然后逐渐演变为比较坚实的硬陶，再发展为表面敷釉的釉陶。

宜兴是我国陶器生产基地，在古代时其制陶业就已很发达。商周时期，出现了几何印纹硬陶；秦汉时期，已有了釉陶的烧制。其北宋起开始生产紫砂茶具，据说苏东坡曾设计了一种提梁紫砂壶，被人称为"东坡壶"。宜兴的紫砂茶具真正走俏于世，成为茶人的抢手货，还是明朝以后的事。因为明代广泛采用直接冲泡法，相对于唐、宋的煎、点末茶来说，不太容易瀹出茶香，这对清心品茗会带来一些缺憾。紫砂茶壶体小壁厚，保温性能好，有助于瀹发与保持茶香，自然就受到了茶人的欢迎。在陶器茶具中，紫砂茶具，尤其是紫砂壶是最具特色的。

二、瓷器茶具

瓷器比陶器出现晚些，约始自东汉晚期。但作为茶具，瓷器茶具比紫砂陶茶具出现早些。从唐代开始，瓷器茶具就成为了茶具主流品种。

瓷器源于陶器，是陶器生产的发展。两者有许多相似之处，也存在很大的区别。陶与瓷的主要区别在于：①作胎原料不同，陶器一般用黏土，而瓷器是用瓷石或瓷土（含有高岭土、长石、石英等成分）作胎；②胎色不同，陶器胎色呈红、褐或灰色，且不透明，而瓷器胎色为白色，具透明或半透明性；③釉的种类不同，陶器一般不施釉，施的也是低温釉，而瓷器表面却要施高温釉；④烧制温度不同，陶器的烧制温度一般在 700~1000℃，而瓷器烧制温度一般在 1200℃ 以上；⑤总气孔率不同，一般精陶为 12%~30%，而现代瓷器为 2%~6%；⑥吸水率不同，普通陶器为 8% 以上，而瓷器为 0~0.5%；⑦瓷器质地致密一些，硬度较高，而陶器质地较疏松，硬度较低一些。用硬器敲击，瓷器声音更清脆，而陶器声音要低沉一些。

当然，要正确区分陶器与瓷器，应综合考虑，仅比较其中一两点，容易产生误解。例如浙江上虞黑瓷，因作胎材料中含铁量较高，故其胎亦呈红、灰等色；南宋官窑所产瓷器显露胎色，并以"紫口铁足"为贵；北方瓷器因其胎中含氧化铝较高，大部分瓷器不能达到致密烧结，吸水率较高，有的可达 5% 以上。这些瓷器如果仅仅对照上述的一两条来衡量，就不能称之为瓷器了。因此在实际鉴别时，必须同时兼顾原料、釉、高温三方面综合考虑。

瓷器茶具在制作中因所施釉料不同而有很多品种，其中主要的有青瓷、黑瓷、白瓷、彩瓷茶具等。

（一）青瓷茶具

青瓷茶具是指施青色高温釉的瓷器。青瓷釉中主要的呈色物质是氧化铁，含量为 2% 左右。又由于氧化铁含量的多少、釉层的厚薄和氧化铁还原程度的高低不同，会呈现出深浅不一、色调不同的颜色。若釉中的氧化铁较多地还原成氧化亚铁，那么釉色就偏青，反之则偏黄，这与烧成气氛有关。烧成气氛指焙烧瓷器时的火焰性质，分氧化焰、还原焰和中性焰三种。氧化焰指燃料充分燃烧生成二氧化碳的火焰；还原焰是指燃料在缺氧条件下燃烧，产生大量一氧化碳、二氧化碳及碳化氢等的火焰；中性焰则介于两者之间。用氧化焰烧成，釉色发黄；用还原焰烧成则偏青。青瓷中常以"开片"来装饰器物，所谓开片就是瓷的釉层因胎、釉膨胀系数不同而出现的裂纹。

在瓷器茶具中，青瓷茶具是最早出现的一个品种。早在东汉时浙江的上虞越窑就开始烧制青瓷器具。唐时，随着我国饮茶之风大盛，茶具生产获得了飞跃发展。当时烧制青瓷茶具的窑场很多，著名的有浙江越窑、瓯窑、婺州窑，湖南的岳州窑、长沙窑，江西的洪州窑，安徽的寿州窑，四川的邛州窑等。但最为有名的是越窑，陆羽在《茶经》中也对它赞扬有加："碗，越州上。"越窑的产品常为其他瓷窑所模仿、学习，当时主要的青瓷茶具有茶碗、执壶、茶瓯（小碗）等。宋代，由于斗茶的兴起，推崇用"绀黑"色茶盏，青瓷茶具不如唐朝时兴盛，但并未消失，各地瓷窑仍在生产青瓷茶具，而且工艺水平不断提高。当时著名的青瓷窑已由越窑让位于浙江龙泉县的哥窑，哥窑在继承越窑青瓷特色的基础上有所发展，使生产出来的青瓷茶具胎薄质坚，釉层饱满，有玉质感，造型也很优美。至明代中期，哥窑生产的青瓷产品还远销法国，并引起轰动。法国人认为无论怎样比拟，也找不到适当的词汇去称呼它。后来，只好用欧洲名剧《牧羊女》中主角雪拉同的美丽青袍来比喻，从此以后"雪拉同"便成了龙泉青瓷的代名词。现今，世界上有许多著名博物馆中，都收藏有龙泉青瓷茶具。

（二）黑瓷茶具

黑瓷茶具是指施黑色高温釉的瓷器。釉料中氧化铁的含量在5%以上。由于釉料中含铁量较高，烧窑保温时间较长，又在还原焰中烧成，釉中析出大量氧化铁结晶，使成品瓷器显示出各种流光溢彩的特殊花纹，极具观赏价值。

黑瓷与青瓷一样，烧造历史非常悠久。在东汉越窑遗址中就已发现，青、黑瓷器曾经一度共存。东汉时期的黑瓷釉色不纯，不仅黑中带褐色，而且品种较少。到了东晋，黑瓷烧制技术有所提高，它的釉色更纯正光亮，色调也较稳定，器型古朴大方、美观实用。到了唐代，黑瓷生产较为普遍。黑瓷生产的鼎盛时期是宋代，这主要与饮茶方式和风俗的改变有着密切关系。宋朝斗茶，讲究茶面泡沫的纯白色，这由黑色来衬托视觉效果最好，故宋时黑瓷茶具盛行。宋朝以后斗茶风渐弱，并销声匿迹，黑瓷茶具也随之变少了。

宋代生产黑瓷茶具的瓷窑较多，有福建建窑、江西吉窑、山西榆次窑、四川广元窑等。而且像定窑之类原先以烧白瓷茶具为主的名窑，也开始生产黑瓷茶具。在众多生产黑瓷茶具的窑场中建窑生产的"建盏"最为人称道。建盏的特点有以下几个方面。

（1）盏面斑纹美观。建盏由于配方独特，在烧制过程中因随机窑变使釉面呈现兔毫条纹、鹧斑点（形如鹧鸪蛋的银色小圆点）、日曜斑点（大小斑点相串，在阳光下呈现彩斑）等，一旦茶汤入盏，能放射出五彩缤纷的点点光辉，增加了斗茶的情趣。在几种花纹中，兔毫纹较多，后两者极少，鹧鸪斑茶盏只在古窑场旧址出土了一些碎片，日曜斑点茶盏，目前在我国还未见实物，只在日本有4件藏品。

（2）盏的胎质疏松厚度较大，隔热保温效果较好，这对斗茶有利。

（3）造型设计独特。不仅宋人热衷于建盏，受其影响，日本人也把它视为珍品。因为建盏是日本僧人在浙江天目山"径山寺"修行学道后带回日本去的，因而日本人称之为"天目茶碗"。

除建窑生产的建盏外，浙江余姚、德清一带也曾生产过漆黑发亮、美观实用的黑釉瓷茶具，最流行的是一种鸡头壶。日本东京国立博物馆至今还存有一件名为"天鸡壶"的黑瓷茶具。

（三）白瓷茶具

白瓷茶具是指施透明或乳浊高温釉的白色瓷器，在唐代就被称为"假玉器"，是一种很受欢迎的瓷器。据考证，白瓷器具的出现比较早，大约始于公元6世纪的北朝晚期。到唐代，形成了独立的茶具，各地白瓷窑场也纷纷生产白瓷茶具。其中著名的有河北内丘县的邢窑、河北曲阳县的定窑、河南巩县的巩县窑等。这些窑场的产品最负盛名的要数邢窑烧制的白瓷茶具，陆羽称它"类银""类雪"。虽然唐、宋时的饮茶风尚中对茶具色泽主要是尚青和喜黑，但白瓷茶具仍有一定市场，其生产从未中断过。当时生产的白瓷茶具有壶、瓶、盏、碗等，至今仍有留传于世的。从明代开始，人们普遍饮用与现代炒青绿茶相类似的芽茶和叶茶，时尚用冲泡法饮茶，汤色以"黄绿"为佳。于是，能够显示出茶的真色的白瓷茶具再次兴起，这也给景德镇的瓷器生产带来了大好发展时期。尽管相传景德镇的白瓷茶具在唐代时已负盛名，但它的大发展还是在明代以后才开始的。如果说明朝以前中国瓷业生产是"百花争艳"的话，到了明代，基本上就是景德镇"一花独秀"的局面。景德镇的瓷器生产几乎占领了全国的主要市场，成为全国的制瓷中心，由此而赢得了"瓷都"的桂冠，并保持至今。

景德镇生产的白瓷茶具，主要有茶壶、茶盅、茶盏、茶杯等。其胎质轻薄，表面光润，白里泛青，雅致悦目，精品层出不穷。特别是明永乐年间生产的甜白釉产品，更是精品中的精品。这种白瓷釉质洁白，温润如玉，肥厚如脂，给人以一种"甜"的感觉，故有"甜白"之称。甜白釉瓷有厚薄之分，薄胎器可以薄到半脱胎的程度。曾几何时，甜白釉瓷有"薄如纸，白如玉，声如磬，明如镜"的美誉。

当然景德镇虽有"瓷都"的地位，但并不是说全国只有景德镇一地产白瓷茶具。湖南醴陵市、河北唐山市、安徽祁门县等的白瓷茶具也是各具特色的。

（四）颜色釉瓷茶具

这是各种施单一颜色高温釉瓷器的统称，主要着色剂有氧化铁、氧化铜、氧化钴等。以氧化铁为着色剂的有青釉、黑釉、酱色釉、黄釉等；以氧化铜为着色剂的有海棠红釉、玫瑰紫釉、鲜红釉、石红釉、红釉、豇豆红釉等，均以还原焰烧成，若以氧化焰烧成，釉呈绿色；以氧化钴为着色剂的瓷器，烧制后为深浅不一的蓝色。此外，黄绿色含铁结晶釉色也属于颜色釉瓷，俗称"茶叶末"。

（五）彩瓷茶具

彩瓷是釉下彩和釉上彩瓷器的总称。釉下彩瓷器是先在坯上用色料进行装饰，再施青色、黄色或无色透明釉，经高温烧制而成。釉上彩瓷器是在烧成的瓷器上用各种色料绘制图案，再经低温烘烤而成。

彩瓷茶具又因釉彩种类和上釉工艺的不同而分成多种。

1. 青花瓷茶具

青花瓷茶具属于釉下彩瓷茶具之列，是彩瓷茶具中的一个最重要的花色品种，又称"白釉青花"。它始于唐代，元朝开始兴盛，特别是明、清时期，在茶具中独占魁首，成了彩瓷茶具的主流。

青花瓷茶具，是指以含氧化钴的色料，在白色的生坯上直接描绘图案纹饰，再涂上一层透明釉，尔后在窑内经1300℃左右高温烧制而成的瓷器。在烧制时，用氧化焰则青花色泽灰暗，用还原焰则青花色泽鲜艳。它的特点是：花纹蓝白相映成趣，色彩淡雅，有华而不艳之力。加之彩料上涂釉，显得滋润明亮，更平添了青花茶具的魅力。

景德镇是我国青花茶具的主要产地，生产的茶具品种主要有茶罐、茶瓶（水壶）、茶瓯、茶壶、茶盅、茶盏等。与白瓷茶具生产一样，景德镇的青花茶具也是在明朝永乐、宣德、成化三个时期达到无与伦比的境地。如成化年间，青花茶具堪称"一代风格"：胎体轻薄，透视能见淡肉红色，图案纹饰、线条勾划层次分明，清花色泽淡雅清丽，素静明快，造型精致秀美。明代刘侗、于奕正《帝京景物略》称："成杯一双，值十万钱。"足见青花瓷之珍贵。

清代，特别是康熙、雍正、乾隆时期，青花瓷茶具又有长足发展。尤其以康熙年间生产的青花茶具，更是史称"清代之最"。这一时期的青花瓷茶具，胎质细腻洁白，纯净无瑕，人称"糯米胎"。釉面肥润透色，釉层适中，纹饰图案多样，也有全篇诗文或大段书写。青花色泽鲜艳，呈宝石蓝色，由于青料的浓淡不同，立体感强，有很好的艺术效果。

明、清时期，除景德镇生产青花茶具外，较有影响的还有江西的吉安市、乐平市，广东的潮州市等地，云南的玉溪市、建水县，四川的会理县，福建的德化县、安化县等地。此外，全国还有许多地方生产"土青花"茶具，在一定区域内供民间饮茶使用。

2. 釉里红茶具

釉里红瓷也是釉下彩瓷品种之一。是在瓷器生坯上用含氧化铜的色料绘成图案花纹，然后施透明釉，用还原焰高温烧制而成的瓷器。

釉里红是元代景德镇制瓷工匠的重要发明之一，它与青花制作工序大体相同，但釉里红呈红色，青花现蓝色。由于釉里红烧成难度大，产量比青花少得多。到了明代洪武年间，釉里红较为盛行，但红色往往晕散而不太鲜艳。明宣德年间，釉里红的烧制技术趋于成熟。清雍正年间是釉里红烧制最成功的时期，特别是青花与釉里红在同一器上共展华姿，格外耀眼。乾隆以后，釉里红生产技术日渐衰落。

3. 斗彩瓷茶具

斗彩瓷是釉下青花与釉上彩结合的品种，又称"逗彩"。先在瓷器生坯上用青花色料勾绘出花纹的轮廓，施透明釉，用高温烧成后，再在轮廓内用红、黄、绿、紫等多种色彩填绘，经低温烘烤而成。除填彩外，还有点彩、加彩、染彩等数种。斗彩创始于明成化年间，它历来被人们视为珍品。它色彩丰富，釉色透明鲜亮，其红彩多点缀星点与花朵，艳丽耀目，其黄彩娇嫩雅致，绿彩深浅不一，紫色醒目，泛出五光十色的光晕。这些色彩真可谓斗奇争艳，各显风姿。

4. 五彩瓷茶具

五彩瓷也是釉上彩品种之一，是在已烧成的白瓷上用红、绿、黄、紫等各种色彩颜料绘成图案花纹，经低温烘烤而成。其特点是色彩丰富繁缛，效果浓艳。据文献载，五彩始于明代宣德时期，色彩以红、绿、黄三色为主。五彩发展至嘉靖、万历两朝，已十分兴盛。到清代雍正时期，由于粉彩盛行，五彩趋于衰落。因五彩比粉彩烧成温度稍高，不如粉彩那样有柔软感，故又称"硬彩"。

5. 粉彩瓷茶具

粉彩瓷也是釉上彩品种之一，又称"软彩"。是在烧成的素瓷上用含氧化砷的"玻璃白"打底，再用各种彩色颜料渲染绘画，经低温烘烤而成。粉彩于康熙中期出现，其纹饰及施彩的风格简朴，色料粗糙，施彩浓厚。雍正时，粉彩瓷器盛行，逐渐取代康熙五彩的地位，成为釉上彩的主流。雍正粉彩通过在色料中掺入铅粉及施加玻璃白，以减弱色彩的浓艳程度，使其色调温润柔和，有明显的立体感。乾隆之后，粉彩开始逐渐走下坡路。

6. 珐琅彩瓷茶具

珐琅彩瓷也是一种釉上彩品种，又名"瓷胎画珐琅"，即在烧成的白瓷上用珐琅料做画，经低温烘烤后即呈各种颜色。多以黄、绿、红、蓝、紫等色彩做底，再彩绘各种花卉、鸟类、山水和竹石等图案，纹饰有凸起之感。珐琅是一种较软的玻璃料，主要成分为硼酸盐和硅酸盐，在其中加入不同金属氧化物作为呈色剂，并用油调和便成了珐琅彩。以珐琅彩为颜料的彩绘技法源于法国，它所产生的效果如油画一般。清初，随着法国商人和传教士的大量涌入，这种技法也传入我国。珐琅彩器一直专属王室御用供品，故数量及少，很是珍贵，所制器型有盘、碗、壶、瓶、杯等，多为宗教、祭祀用品。

三、金属茶具

在我国历史上，用金、银、铜、铁、锡等金属作茶具的并不少见。唐代，在陆羽《茶经》中介绍的二十八件茶具中，就有铁炉和铁镀、铁则等。另外，在宫廷里，帝王们为显示其豪华高贵的地位，常用金银制作茶具。如陕西扶风县法门寺地宫中出土的一套晚唐时宫廷茶具中，就有七件是金银制作的。到了宋代，崇金尚银成了风气，不仅在宫廷中，民间的一些富豪人家，也常备一些金银茶具在家中，以摆阔显富。到了明、清两代，虽然陶器茶具成了主流，但铜、锡茶具仍在使用，如铜、锡水壶，铜茶托子，以及作为贮茶用的锡罐等。直到今天，仍在用金属（铝、不锈钢）壶和杯等茶具。尤其是金属具有很好的防潮、隔氧、避光、防异味的性能，用锡和马口铁制成的罐、听，仍是我们今天贮藏茶叶的理想器具。但值得一提的是，作为泡茶用具，用金属器皿在品茶行家中评价是不高的。明代张谦德所著《茶经》，就把瓷质茶壶列为上等，金、银壶次之，铜、锡壶则属下等，为斗茶行家所不屑采用。

四、玻璃茶具

玻璃，古人称之为流璃或琉璃。唐代，随着中外文化交流的增多，西方玻璃器皿不断传入，我国才开始烧制琉璃茶具。唐代元稹曾写诗赞誉琉璃："有色同寒冰，无物隔纤尘。像筵看不见，堪将对玉人。"宋时，我国独特的高铅玻璃器具相继问世。元、明时期，规模较大的琉璃作坊在山东、新疆等地出现。清代康熙时期，在北京还开设了宫廷琉璃厂。只是自宋至清，虽有琉璃器件生产，且身价名贵，但多以生产琉璃艺术品为主，只有少量茶具制品。近代，玻璃茶具才多起来。

玻璃茶具具有质地透明、光泽美观，造型变化多，有利于欣赏茶叶的冲泡过程，不破坏茶味，价格低廉等优点，故被现代人广泛采用。但主要缺点是易碎，比陶器烫手。

五、竹木茶具

历史上，在广大农村，很多使用竹或木碗来泡茶。这种茶具来源广，制作方便，对茶无污染，对人体也无害，但缺点是不经久耐用。随着农村经济改善，生活水平提高，这种茶具逐渐废弃。但用竹木材料制成的茶盘、杯盘、茶则、茶夹、茶针、茶叶罐等茶具在日常生活中还是较为常见。

另外，在清代，四川出现了一种竹编茶具，它是由内胎和外套组成，内胎多为陶瓷类茶具，外套用精选慈竹制成粗细如发的柔软竹丝，经烤色、染色，再按茶具内胎形状、大小编织嵌合，使之成为整体如一的茶具。这种茶具不但色调和谐，美观大方，而且能保护内胎，减少损坏，同时泡茶时也不易烫手，并富含艺术欣赏价值。

六、漆器茶具

我国漆器起源久远，在距今约7000年前的浙江余姚河姆渡文化中，就有可用来做饮器的木胎漆器。距今4000～5000年前的浙江余杭良渚文化中，也有可作饮器的嵌玉朱漆杯，至夏商以后的漆制饮器就更多了。但作为饮食用的漆器，在很长的历史发展时期中，一直未形成规模生产，特别自秦汉以后，有关漆器的文字记载不多，存世之物更少，这种局面直到清代才出现转机。

漆器茶具始于清代，由福建福州制作的脱胎漆器茶具开始。这种茶具的制作精细复杂，先要按照茶具的设计要求做成木胎或泥胎模型，其上用夏布或绸料以漆裱上，再连续上几道漆灰料，然后脱去模型，再经填灰、上漆、打磨、装饰等多道工序，才最后制成一种茶具。

脱胎漆茶具通常是一把茶壶连同四只茶杯，存放在圆形或长方形的茶盘内，壶、杯、盘常为一色，多为黑色，也有黄棕、棕红、深绿色等。其特点为质地轻巧且坚硬，色泽光亮美观，不怕水浸，耐温、耐蚀性好。脱胎漆茶具除具有实用价值外，还有很高的艺术欣赏价值，常为鉴赏家收藏。

七、其他茶具

历史上，还有用玉石、水晶、玛瑙、贝壳、果壳等材料做茶具的；现代则有用塑料、复合纸、石料等制作茶具，不过这些都未成主流。

第三节 紫砂壶基本知识

在我国多姿多彩的茶具中，紫砂壶是独具魅力的一种。它不仅有很好的实用价值，而且有很高的艺术观赏价值。作为茶人，对紫砂壶的知识应有所了解。

一、紫砂壶的原料

用于紫砂茶具制作的原料主要是江苏宜兴丁蜀镇及其毗邻地区蕴藏的特殊陶土——紫砂泥。这种陶土为石英、高岭土、赤铁矿、云母等多种矿物的聚合体，主要成分为氧化硅、氧化铝、氧化铁，以及少量的钙、锰、镁、钾、钠等多种矿质元素。其特点为：

（1）含铁量大，达 $2\% \sim 8\%$，使烧制出的茶具呈古金铁样的暗栗色，显得古朴典雅。

（2）有良好的可塑性，砂质较细，生坯强度高，干燥收缩率小，约 10%。泥坯烧制中不易变形，故紫砂壶可有很多造型，且壶口与壶盖能十分密合。

（3）能承受 $1100 \sim 1180℃$ 的高温，使烧出的茶具壁致密，坚硬，而且还保持一定的透气率。

（4）天然泥色较多，有朱砂、绿泥、紫泥等。经过"澄""洗"或进行不同调配，可制出各种肌理、呈色效果的紫砂茶具来。如可制成暗肝色、淡赭石色、朱砂色、冻梨色、古铜色、淡墨色等，使制出的茶具更加丰富多彩。

（5）紫砂泥的分子排列与一般陶泥料的成颗粒结构不同，它是呈鳞片状结构。制成的紫砂壶只要经常揩拭，表面就自然散发出光泽。

二、紫砂壶的优点

在紫砂茶具中，最著名、应用最广的是紫砂壶。紫砂壶素胎无釉，胎质细腻，作为茶具，有七大优点。

（1）不败茶味。用来泡茶，不失原味，并能保持"色香味皆蕴"，没有熟汤气，使"茶叶越发醇郁芳沁"。

（2）能聚茶香。紫砂陶是一种双重气孔结构的多孔性材质，气孔微细，密度高，气孔率约 2%，加之又没上釉，故其具有较强的吸附力。紫砂壶泡茶能吸附茶香，时间长了，壶内壁上积有"茶锈"，即使是空壶注入沸水，也有茶香散发出来。

（3）茶叶不易霉馊变质，即使在夏天也越宿不易馊。有试验表明，放于瓷壶中的茶叶比放于紫砂壶中的茶叶更易生霉，故紫砂壶更有益于人体健康。

（4）具有良好的热性能。紫砂壶对温度的适应性较好，即使在冬天注入沸水也不会炸裂，用文火炖烧，不易爆裂。

（5）传热缓慢。使用时不烫手，也易于保持泡茶水温。

（6）经久耐用。一方面，它质地坚硬，不易破碎；另一方面，经茶水浸泡，手掌摩挲后，不但光泽不损，反而会更加光润美观。

（7）壶的式样繁多，造型古朴别致，实用性与艺术观赏性俱佳。

三、紫砂壶的造型类型

紫砂壶之所以广受人们的喜爱，除了上述实用性的优点外，更与它具有千姿百态，有很高艺术观赏价值的各种造型有很大关系。古人在形容紫砂壶的外形时常说："方非一式，圆不一相"，可见其造型变化多端。据人统计，目前紫砂壶造型可达 3000 多种。我们在鉴赏和选购紫砂壶时，往往首先要看其造型。为了方便鉴赏与选购，就应对紫砂壶造型进行分类。但由于紫砂壶造型太多，要把它严格分类是非常困难的，只能大致归类。主要类型有以下几种。

（一）几何型类

几何造型是根据球形、筒形、方柱、锥体等几何形态变化而来。这是紫砂壶中最常见的样式，俗称"光货"。其造型讲究立面线条和平面形态的变化，又分无棱的圆器造型和有棱的方器造型两种。

圆器造型讲究"圆、稳、匀、正"，并要求"柔中寓刚"。珠圆玉润之圆中要有变化，壶体本身以及附件的大小、曲直要匀称，比例要恰当，整个造型要端正挺括。掇球壶、仿古壶和汉扁壶等，就是紫砂圆器茶壶的典型造型。

方器造型讲究"方中寓圆"，要求线面挺括平整，轮廓线条分明，给人以干净利落，明快挺秀的阳刚之美的感觉。六方壶、八角壶、高方钟壶等，就是紫砂方器茶壶的典型造型。

（二）自然型类

自然造型是根据自然界中动、植物形态，或生活中常见器物的形状，结合实用予以变形而成，俗称"花货"，也有的称"塑器造型"。它以仿真见长，富有质朴、亲切之感。例如供春的树瘿壶，陈鸣远的梅干壶、包袱壶、南瓜壶、束柴三友壶，竹形壶、柚子壶等，都属于自然造型紫砂壶。

（三）筋纹型类

筋纹造型是将自然界中的花朵或果实等物的形态规则化，把其生动流畅的棱角筋纹纳入壶体结构中，使其结构精确严格，制作精巧的一种壶式造型。这种造型的茶壶在俯视角度看时，平面上的变化呈现口盖筋纹上下对应，准缝严密，形成一个完美的整体，它体现一种精巧的秩序美。例如时朋的水仙花六瓣方壶，李茂林的菊花八瓣壶，吉祥如意提梁壶（彩插图4-1）等都属于这种造型茶壶。

（四）艺术型类

此类造型多变。主要是在基本壶体上附以雕塑、堆塑、镌刻诗文或国画、镂空刻、崁金镶银等装饰而成的造型。这种造型通体给人以文化、艺术的享受，如清堆塑桃形紫砂壶、邵大亨鱼化龙壶、清瞿应绍刻竹铭壶、时大彬雕漆紫砂壶等。

此外，还有许多混合型等。随着科技进步，制壶技艺的发展还会出现许多新类型。近些年，也有人在紫砂壶的体形大小上下工夫，制出一些特大型壶和特小型壶。大壶大到所盛水可供几百人泡茶，小壶小到只比拇指头大不了多少。

四、紫砂壶的制壶名家

紫砂壶从明代兴盛至今，500 多年来，一直经久不衰，为饮茶人所钟爱，除了它具有先天的优良特性外，更主要的是得益于制壶匠人们在制壶实践中不断探索和创新。正是这些制壶艺人们的不断努力，才使我国紫砂壶不断有精品推出。下面对从明代到清代的几位最著名的制壶名家做简要介绍。

（一）供春

相传紫砂壶是由宜兴金沙寺的一位和尚创制的。这个和尚经常与陶工往来，当时，陶工仅仅用陶土来制作缸、瓮之类的器具。制作时，陶土要经过筛选，筛选后的土大都废弃不用，浪费很大。该和尚觉得可惜，就将这些陶土收集起来，耐心地加以淘洗。久而久之，积累了一些质地细腻，韧柔性好的陶土。和尚就试着将这些陶土捏成圆形中空的物件，并安上底座、口、柄、盖，与陶工们制作的陶器一起放入窑中烧制。结果，所成陶壶色泽乌紫，铿铿作声，显得十分精致。消息传开后，人们纷纷仿制，紫砂壶便流行开来，金沙寺的和尚从此也开始制壶。

供春（龚春）在成为制壶大师之前，是进士吴颐山的家僮。吴颐山在中进士之前，在金沙寺读书，供春便陪伴侍候。在劳作之余，他常去看和尚们制壶。学会了制壶技艺后，就自己动手制壶，并不断改进，使制出的壶日臻完善，名声大起。供春之所以著名，是因为他是真正使紫砂壶走上艺术化道路，并发扬光大的第一人。他制作的茶壶，造型新颖精巧，色泽古朴，光洁可鉴，质地薄而坚实，是难得的艺术珍品。当时就享有"供春之壶，胜于金玉"的美誉。但是由于年代久远，供春壶现在传世的极少，只有中国历史博物馆现存有一把缺盖的供春树瘿壶，据说是供春模仿金沙寺内老银杏树上的树瘿而制成的。此壶造型就像树瘿那样坑坑洼洼，色泽呈暗栗色，古朴自然，别具雅趣。

供春壶于明代正德至嘉靖年间问世后，紫砂壶的制作得到长足发展。明朝万历年间，又出现了董翰、赵梁、元畅、时朋四大制壶高手，号称"四大明家"。他们或以工巧著称，或以古拙闻名，制出了许多壶式。随后，又有"壶家妙手称三大"的时大彬、李仲芳、徐友泉，使明朝的紫砂壶制作呈现一派欣欣向荣，后继有人的景象。

（二）时大彬

时大彬是时朋的儿子，生活在明代万历年间。子承父业，也制紫砂壶，并且制壶技艺青出于蓝而胜于蓝，获得后人"千载一时"的赞誉。

时大彬制壶初期，也是仿供春制大壶，虽技艺不错，但无甚名声。后来他与文人广泛接触，了解到文人们偏爱小巧玲珑的小壶，便开始制作小壶。而且还经常带着自己的作品"游公卿之门"，广泛听取他们的意见，并不断改进，终于成为名垂青史的制壶大师。

时大彬的制壶工艺极精细，壶盖和壶身周圆合缝，吻合紧密，不漏茶味。外观上，与后代的壶相比，大彬壶的泥质并不十分细腻，里面还杂有硇砂——未烧熔的天然存在的氯化铵晶体，壶面上闪显出浅色的细小颗粒。这种微粗的质地，反而成为紫砂壶上的一种自然天成的装饰，使壶表现出一种古朴稚拙的风格。后来的鉴赏家称之为"银沙闪点"，还赞美它"珠粒隐隐，更自夺目"，这一特点也成了后人鉴定大彬壶的依据之一。例如，1984 年在无锡县甘露乡一古墓中出土一件扁圆小壶，通高 11.3 厘米，盖面上贴塑对称的四瓣柿蒂纹；有三只小足；壶把下方腹面上，刻着横排的"大彬"两字；壶的褐色泥中，满布着浅色的微小颗粒；专家们据此鉴定为大彬壶。

（三）惠孟臣

惠孟臣是宜兴人，大约活动于明末清初，故有人把他归为明代名匠。他的作品朱紫者多，白泥者少。小壶多，中壶少，大壶则极为罕见。他是以制小壶著称于世的，小壶容量仅有 60~100 毫升，形制有圆、有扁，也有束腰平底者。后人把其作品称为"孟臣罐"，成为潮汕工夫茶不可缺少的"四宝"之一。他的名声主要在闽、粤、港、台一带广为传播。

（四）陈鸣远

陈鸣远也是江苏宜兴人，主要生活于清代康熙年间，出生在制壶世家。其父陈子畦因为仿制徐友泉的作品而名重一时，在壶艺史上也有较大影响。

陈鸣远聪慧好学，技艺精湛，雕镂兼长，善于创新，被称为紫砂壶史上技艺最为全面精熟的名师。各种类型的作品他都曾涉及，其中以自然型类的作品最为突出，如南瓜壶、莲形银配壶、束柴三友壶、梅干壶等。他的成就超过了明代的许多紫砂壶匠人，首先是砂泥淘制要精细得多，杂质减少了；其次是对泥色的调配和火候的掌握更加得心应手，使制出的自然型类作品形状惟妙惟肖，色泽几乎原汁原味，所以他的形象生动的作品很受欢迎；再次，在壶上刻铭文，更增强了其艺术性、文化味。自陈鸣远之后，自然型类的紫砂壶造型风靡一时，而单纯的几何型类紫砂壶逐渐走向没落。所以，可以说是陈鸣远开创了紫砂壶工艺发展的新局面。

（五）陈曼生、杨彭年

陈曼生生活在清代嘉庆、道光年间，浙江杭州人，是清代著名书法家、画家、篆刻家、诗人。又工竹刻，是当时著名的"西泠八家"之一。他酷爱紫砂，千方百计、不计成本地收藏。他曾在与宜兴县紧邻的溧阳县担任县令，其间，与制壶名手杨彭年、杨宝年、杨凤年兄妹交往甚密，见其所制紫砂壶精妙可爱，于是对紫砂壶的设计、制作产生了浓厚的兴趣。

杨彭年是嘉庆年间的制壶高手。据说他制壶时不用模子，随手捏造，制出的壶具有一种天然雅趣，可见其制壶技艺之高。陈杨生活的年代，紫砂壶正处在停滞和向通俗上发展的趋势。其设计烧造，不是仿古，便是上彩。仿古这一形式，已有几百年，不变的造型已越来越引人生厌。上彩加釉镶金，则是一味迎合市民和宫廷趣味的举动，壶艺的高雅味已荡然无存。这引起了人们，特别是文人们的强烈不满。陈曼生作为文人，以其超众的审美能力和艺术修养，在仿古基础上大胆创新，设计了众多壶式，由杨彭年兄妹们制造。后人把这种陈曼生设计，杨氏兄妹制作的壶称为"曼生壶"。

"曼生壶"号称十八式，即后世称"曼生十八式"（实际上不止，据查，曼生壶式样至少有 40 多种）。它最主要的特点是去除繁琐的装饰和陈旧的式样，务求简洁明快。另外在壶身上还留有大块空白，在上面镌刻诗文、警句，文字都是与茶事有关的。这样的壶式，在当时给人一种清新脱俗、妙趣横生的感觉，很快受到人们的欢迎。据文献记载，杨彭年平常的壶，通常只卖 240 文钱，但如有陈曼生的题镌，则要加价三倍。所以当代制壶大师顾景州很有感慨地说：他们是"字依壶传，壶随字贵"。

陈杨制作的"曼生壶"名垂青史，不仅在于其式样新颖，制工精致，更主要在于他们开了一个文人与艺人合作制壶的好头，使紫砂壶中融入更多的文化内涵，把紫砂壶的艺术境界推到了一个更高的层次。自此以后，文人、书画家们纷纷效仿，争先恐后地同陶壶艺人合作，或题诗、或作画，使原本单调的紫砂壶更添了许多诗情画意，使人们在品茗玩壶之中，受到更多的文学艺术的熏陶。

清代除上述几位外，还有邵大亨、黄玉麟、程寿珍、俞国良等制壶名家。到了现代，随着科技发展，紫砂壶工艺更是大为发展，制壶高手不断涌现。顾景州，被誉为当代"壶艺泰斗""一代宗师"，他创作的提壁壶和汉云壶成为出国礼品。除此之外，还有朱可心、蒋蓉、裴时民、王寅春、吴云根、周桂珍、汪云仙等。他们的作品都是收藏家们竞相求觅的对象，有的价格高得出奇。例如，由顾景舟制，吴湖帆书画"相明石瓢壶"，中国嘉德 2010 春季艺术品拍卖会上，以 1223 万元拍卖。

五、紫砂壶精品欣赏

（一）稀世瑰宝——供春树瘿壶

供春树瘿壶（彩插图 4-2）是供春作书童时，随主人在金沙寺读书，跟着寺僧学会了制壶手艺后，模仿金沙寺内老银杏树上的树瘿而制成的。距今已有近 500 年历史（明正德年间，1506—1521 年）。树瘿乃是树体受病虫等寄生，致使局部细胞增生而形成的瘤状赘生物，是树木苍老虬劲的象征。由于此壶酷似树瘿，平添了古拙苍劲之态。

此壶的发现还有一段不平常的经历：1928 年，宜兴储南强先生在苏州的一个推位上，发现一把造型既奇又古的紫砂壶，当作破烂放在一边。储氏一看，发现壶把下的款识为"供春"两字，随即以一块银元买下。为考证这把供春壶，储先生通过摊主，得知此壶为浙江绍兴傅叔和家之物。储随即到绍兴傅家，又知此壶前属西蠡（县名，属河北）费家。而费家又称，此壶原为古文字学家吴大澂收藏。吴氏则称此壶得之于收藏家沈钧和之手，再前就无法考证了。此壶原无盖，吴大澂请制陶高手黄玉麟配制一盖，为北瓜蒂杯盖。储氏还为此壶作文考证，证明除盖外，为供春原作。后著名画家黄宾虹认为壶身为银杏树瘿，壶盖系南瓜蒂，不相匹配，另请制陶行家裴石民重做一个树瘿盖告终。此壶消息传开，引起国内外收藏家的关注，愿以重金收买，但都被储氏婉言谢绝。这里，既凝聚了制陶名家的心血，又反映了收藏者的爱国之心，由此也可不难理解供春壶的身价了。

（二）时大彬僧帽壶

这件僧帽壶通高 9.3 厘米、横宽 9.4 厘米。壶身的上部，口沿长有五瓣莲花，壶盖呈正五边形，边缘隐现在花瓣之中。盖钮为佛球状，犹如僧帽之顶，由此而得名。此壶底为正五边形，再加上壶的嘴和柄的造型也非常奇特，整体给人以刚健挺拔，神韵自若之感。

（三）陈鸣远的南瓜壶

现收藏于南京博物馆。此壶通高 10.7 厘米、口径 3.3 厘米、横径 11.8 厘米。壶身为相当写实的南瓜形，壶盖连钮，却似一个瓜蒂；壶嘴用几片瓜叶卷成；壶柄用两节瓜藤形成半环状。整体造型和谐自然，生气益然。在壶身上面，刻有铭文："仿得东陵式，盛来雪乳香"十字，落款为"鸣远"。另外，还有"陈鸣远"阳文篆书小印一方。铭文中的"东陵式"，用的是秦时曾向萧何进谏的东陵侯召平种瓜的典故。据《史记萧相国世家》载："召平者，故秦东陵侯。秦破，为布衣。贫，种瓜于长安（今西安）城东，瓜美，故世俗谓之'东陵瓜'"。说的是秦始皇嬴政曾封召平为"东陵侯"，但召平为人清正，品格高尚，甘于安平乐道，于是秦灭亡后，他在长安城东垦地种瓜的故事。陈鸣远以此壶"仿得东陵式"，实指仿的是东陵侯种的东陵瓜式。在此，既表白了作者对东陵侯的仰慕，又看出了陈氏的文化功底非同一般。

（四）彭年制曼生铭半瓢壶

此壶通高 7.2 厘米、口径 5.8 厘米、腹径 10.0 厘米。整体平滑光亮，腹底大，呈半瓢状。盖及盖钮与腹呈相似弧形；嘴短而直，近嘴处稍曲向上；柄向外回转，呈倒耳状。此壶典雅古朴，造型朴拙，制作精工。另外，在壶身一侧，有陈曼生用刀刻的铭文："曼生督造茗壶弟四千六百十四，为犀泉清玩"字样。另外，壶底有"阿曼陀室"铭款，柄梢有"彭年"小印一方，这是曼生壶的重要识别标志。

（五）邵大亨鱼化龙壶

此壶通高 9.3 厘米、口径 7.5 厘米。以海水波涛作纹，制成圆球形壶身，在翻滚的海浪之中，隐现出一条龙首，张牙怒目，耸耳翘须，龙口还吐出一颗明珠，形象十分生动。壶盖同样是波涛纹，其上的钮却似一朵乌云，大有"山雨欲来风满楼"之势。在壶盖波涛与盖钮乌云之间，又伸出一个能屈能伸的立体形龙头，人们举壶斟茶时，龙头便会探首而出，平时则伏在盖中，使人叫绝。壶把形似一条弯曲的龙身，也颇有情趣。壶盖内钤阳文楷书"大亨"小印，表明此壶作者是邵大亨。

（六）巨型壶与微型壶

随着科技发展，壶艺水平的提高，当代许多制壶高手不仅在发展紫砂壶的艺术性方面不断探寻创新，而且还在壶的体形大小上向极端发展。制出了一些超大的巨型壶和特小的微型壶，显示出了其高超的制壶技术，同时也使紫砂壶世界更加丰富多彩。

1. 巨型提梁壶

浙江长兴紫砂厂制成的"巨型东坡提梁壶"，高 1.48 米，壶径 0.88 米，自重 100 多千克，可盛水 250 千克。壶身为青铜色，呈古韵之美，提梁为紫红色，流溢端庄高贵之态，整体古朴典雅，气度不凡。

2. 东坡掇只壶

1998 年，由上海制壶大师许四海花三个多月，在液化气窑炉中烧烘 72 小时而制成，是作为 1998 年上海国际茶文化节的礼品。壶高 70 厘米、重 60 千克，可盛水 100 千克，同时供 500 人饮用。

3. 微型壶

新加坡"壶痴"林美均女士的玲珑壶，可谓是紫砂壶中的微品。将其放在透明的照相胶卷盒套中，壶周圆较五分硬币略小。岂知，款款掀开比花生米粒还小的壶盖，居然从中倒出一个小纸团，小心翼翼地掰开纸团，另一把小得惊人的紫砂壶才登台亮相。据说，世上尚未有足够小的热水瓶，每次只好靠注射针筒滴上些许水。

4. 万寿东坡提梁壶

1992 年 11 月在江苏宜兴紫砂工艺厂问世。此壶高 105 厘米，直径 70 厘米，可容 100 千克水，同时供 500~600 人饮用。78 岁的以画猴出名的老画家赵宏本先生，在壶身正面画了一幅"灵猴献寿图"，另一面请高级工艺师谭泉海先生题词赋诗，还用篆书镌刻了"饮者长寿"四字。整个作品集壶艺、书画、陶刻艺术于一体，具有相当高的观赏价值，目前为上海"四海茶具博物馆"收藏。

六、紫砂壶的选购与使用保养

（一）紫砂壶的选购

紫砂壶是集实用与艺术美于一身的茶具，许多爱壶的茶人，都会以获得一把上好的紫砂壶为快事。然而，紫砂壶的价格差别很大，一只紫砂壶价格可以在十元至十数万元不等。历代紫砂名匠的名壶，现代工艺大师的精品，价格更是高得出格。因此，要购得一把理想的紫砂壶，首先要会选壶。当然，要想成为紫砂壶鉴赏方面的行家里手，需要具备很多知识和经验，如历史、美学、艺术、陶瓷制作等。一般选壶应从以下几方面入手。

1. 看造型

主要从两方面来看。

（1）从审美角度来看　要选购造型美观、高雅、大方的壶型。当然，对于美，没有统一标准，"萝卜白菜，各有所爱"。每个人自身的素养和性格不同，审美情趣自然也不同。不过，因紫砂壶属于整个茶文化的组成部分，它所追求的意境应与茶道、茶文化追求的意境相协调、相融洽。茶道追求"淡泊宁静，超凡脱俗"的意境，故所选紫砂壶的造型也应以"古拙素雅"为优选。

（2）从实用角度来看　首先，无论什么样形态的茶壶，都要注意嘴、把、体三部分的均衡。体现在三个方面：

①壶的嘴与口要在一条水平面上。这主要由把壶倒扣在台板上来检查，否则，水未满则壶嘴已出水，或者嘴中水未出，而口中水已溢出。

②壶流、壶把要成一线。嘴、钮、把三点成一线这点是诸多收藏家所特别注重的，它关系到壶体的中正、平衡。

③壶身正放、倒扣，按动四角都纹丝不动，说明壶外观完整平稳。也有把壶放在一个装了足够水的脸盆中，看看壶是否会平稳地漂浮在水面上。能平稳漂浮的为好壶，翻沉入水底的为差。此即所谓测"水平度"。

其次，壶把的形状、位置要合理，让人在握拿或提拿时感觉自然舒适，不费力。测定方法是注水入壶约 3/4，然后水平提起再慢慢倾壶倒水，若觉顺手则佳；反之，若需用力紧握，或持壶不稳则不佳。第三，壶的大小要合适，一般应根据用途及配套杯的多少和大小而定，通常工夫茶艺用壶为 100~400 毫升。

2. 看泥质

紫砂壶泥质的优劣受三个因素的影响。一是泥料的本来品质；二是烧制的温度，温度过高，壶过坚而易碎，过低，壶会过松而不结实；三是制作者的加工工艺水平。综合去评判壶的泥质可用看、听、摸三种方法。

（1）看泥质的色泽　优质壶选料精细，加工繁复，要经过多道工序，陈腐熟化的时间长，火工水平高。故烧成的壶色泽温润、光华凝重，给人以亲切悦目的视觉观感。反之，无光无彩，色泽呆滞，或明显经过打蜡、上皮鞋油等，均为劣质品。

（2）听壶的声音　用手平托起壶身，然后用壶盖轻轻敲击壶身或壶把，发声短促而且清脆者，说明烧成温度适中，泥质一般；发音带有金属声，清亮悦耳者为优质泥；发音沉闷者为劣质泥或烧成温度太低；发音以钢声为主，并余音悠扬者，为优质泥制成，并经过长期使用的老壶。从听声还可检查出壶是否有肉眼看不出来的隐裂。

（3）是触摸壶的质感　手摸紫砂壶是长期实践经验积累起来的感性认识。以手抚摸把玩紫砂壶，主要是去细心体会壶胎体的温润感。感觉爽滑、细腻、温润、令人舒服者为优，反之为劣。

3. 看工艺和性能

主要从几方面来看。

（1）看壶盖　优质壶的壶盖与壶身严丝合缝，间隙极小。但用手轻轻旋转壶盖时又感到滑润不滞，无磨擦噪声。另外，看壶盖的密封性能好坏，还可将壶装满水，用手指压住盖上的气孔，倾壶时流不出水（称为禁水）的为佳，反之则差。或在倾壶倒水时，再用手指轻压气孔，可立即断流者为佳。除此之外，倾壶时，壶盖不易翻出跌落者为佳。部分技术特佳的陶手还能达到将壶嘴塞住时，手捏壶钮可将全壶提起的境地。壶盖严缝，保温、保香效果才好。

（2）看壶嘴出水和断水　从茶壶中倾茶，茶汤应出水流畅均匀，呈圆柱形且水柱光滑不散乱，俗称"七寸注水不泛花"，也即倒茶时茶壶离杯七寸高而茶水仍然呈圆柱形，不会水珠四溅的为好壶。"断水"是指倒茶时，要倒即倒，要停即停，壶嘴不留余沥，俗称为"倒茶不流涎"。倒茶时收断自如的为好壶，反之为差壶。

（3）看做工与装饰　通常一件紫砂壶的做工好坏，我们可从外观上审视陶手是否用心将壶身线条、转折、棱线修饰得漂亮、规整。判断好坏时，主要看表面光洁与否，接缝工艺好不好，做工粗糙还是精细。最易忽略的是，要注意壶身内壁流嘴的接口与壶面的接缝处是否遗有泥屑，内壁、内底是否收拾匀当等。

装饰主要看浮雕、堆雕、泥绘、彩绘、镶嵌、陶刻、铭文内容、款识水准等。铭文内容的文字内涵隽永，书法、绘画艺术功力精湛，镌刻用刀韵味精到，均可使壶身价倍增。反之，粗制乱绘者将使好壶胎变成废品。

（4）嗅气味　壶内应无异味、火烧味或人工着色之怪味等。

（二）紫砂壶的使用保养

（1）新壶买回后要先"养"壶。因为新壶本身可能带有泥腥味或炭火味，而且由于紫砂壶本身有一定透气率，用新壶初泡的几壶茶，可能会夺茶香和茶味。因此，在使用前，新壶应先"养"一下。其方法是：在把茶壶表面打磨光洁（通常中档以下的紫砂壶多半会有一些小毛病，大多可以自行排除。例如，气孔若被泥屑堵塞住，可以用钢针或尖钻小心将其剔除；又如壶身内壁或流孔接续处若残存泥屑，易卡住较小茶叶，形成藏污纳垢的死角，此处可用小钢锉及砂纸，细加修整磨拭），并洗净后，把茶叶放在锅里和壶一起煮 1 个小时左右，之后晾凉后又煮 1 个小时。煮壶时应注意：壶盖、壶身要分置锅底，水漫过壶身；壶与水温同步加热，否则，若壶有暗伤，易出现"开口笑"；用文火慢煮至沸腾；煮好后将壶起锅，静置退温，勿冲冷水，最后用清水清洗干净，待用。还有一种简单，但较费时的方法，即用茶冲泡几次而不喝，过几天后再用。

（2）一把壶只固定泡一种茶叶，以免茶汤串味。

（3）每次饮完茶后，要用清水清洗茶壶，再用干软的毛巾擦干倒扣于桌上存放。注意清洗时不要用肥皂、洗涤剂之类的化学物品，以免留下异味，也很容易破坏"色浆"。以前那种喝完茶后，把茶渣留在壶中的老观念是错误的，不卫生的，而且茶在壶里发霉发馊后，会影响日后泡茶。

（4）泡茶一段时间后，需让茶壶休息一些时间。但紫砂壶切忌包裹密封，封闭久后易产生"斑点"。壶的保存中要注意勿让它沾油烟，因其污染后难清洗。

（5）壶在使用过程中，要经常用毛巾或手擦拭壶面。久而久之，不仅手感舒服，而且能焕发出紫砂陶本身的自然光泽，使其更具艺术魅力。

（6）用一根链绳将壶盖与壶把连接起来，以免摔坏壶盖。不过，在选择链绳时，一定不要破坏紫砂壶的整体美。

第四节　茶艺配具与布置

一、现代茶艺常用茶具简介

现代茶艺中所用茶具有多种，按其使用功能，可以归纳为以下八大类。

（一）煮水器具

茗炉：有电炉、固体燃料炉、酒精炉、木炭炉等。材料有金属、陶、瓦等。

煮水壶：有的称水注。材料有铝、不锈钢、玻璃、瓦质等。

随手泡：用电的煮水用具。

（二）承载用具

茶船：在其上进行泡茶操作的用具。其结构通常为上面带有可漏水的孔眼或缝的平面，下面为接水槽。也有称为茶盘或双层茶盘的，常见质地为竹木质或陶瓷。

茶车：带有茶船和贮物架的桌柜，下面安装有滚轮，是可移动的茶艺操作台。

（三）贮茶用具

常用贮茶罐有铁、锡、不锈钢、竹、瓷、陶、复合纸等质地的。

（四）取茶用具

茶则：形似药铲，有的有把，量取茶用。有木、竹、骨、塑料等质地的。

茶匙：形似小勺，取茶、赶茶用。材质同上。

茶漏：形似无底的小碗，可扩展壶口，装茶入壶方便。常为竹、木质地。

茶荷：装干茶以供人观外形用，小碟状或有缺口的碗状。常为竹、木、纸、陶、瓷等质地。

（五）泡饮茶用具

茶壶：常为陶、瓷等。

杯：有玻璃、陶、瓷、金属、塑料、复合纸等质地。有的有把，有的无把；有的有盖，有的无盖。形制、容量上也有很多变化，近些年，生活中常见一种称为"飘逸杯"的茶杯，其泡茶的内杯套置于较大的外杯上，当茶泡好后，可通过出水装置将茶汤放入外杯中，从而使茶汤与茶渣分离，方便饮用。类似的还有同心杯等。

盖碗：由碗盖、碗身和碗托三件组成。人们常以碗盖象征"天"，碗身象征"人"，碗托象征"地"，故又称盖碗为"三才杯"。多为陶瓷质地，也有玻璃的。

茶盅：又名茶海、公道杯，分茶时起均匀各杯茶汤浓度的作用。多为陶、瓷及玻璃质地。

冲泡器：现代新型茶具，可使冲泡后的茶汤与茶渣分离。

（六）奉茶用具

茶盘：奉茶时用。多为木、搪瓷、塑料、不锈钢等质地，形状常见方形和圆形。

茶碟（托）：小碟，承托茶杯奉客或盛放点心用。多为陶、瓷、竹、木等质地，有圆形、方形等。

（七）洁涤用具

镊子：夹住杯子洗涤用。常为竹、骨、塑料、不锈钢等质地。

茶针：一头为把，一头尖细如针，主要用于疏通壶嘴。常为木、骨质地。

茶巾：以吸水性强的棉麻制品为宜，一般为小方巾。

废水缸：又称水盂，用于盛放废水、茶渣。多为陶、瓷质地。

（八）其他辅助用具

如花瓶、香盒、香炉、滤茶网、计时钟、沙漏等。

在上述茶具中，泡饮茶用具应为茶艺的主要茶具，在茶具配置时应特别重视，因为这关系到所泡茶叶品质特性能否充分发挥。不同茶类的茶艺在茶具配置上的不同，主要体现在泡饮茶用具的不同上。相应地，其他几类茶具可以适用于各种茶叶，故称为通用茶具。

二、茶具的选配

茶具的选配，也即茶具组合，主要指从功能、质地、造型、体积、色彩等方面来选择茶艺中所需用的各种茶具。一套茶具组合得好与差，是从实用性和艺术性两方面来评价的。一套好的茶具组合，应是实用性与艺术性完美结合的产物。在这里实用性决定艺术性，艺术性又服务于实用性。所以，选配茶具首先是考虑如何充分发挥茶性。具体来说，是从下面几方面来考虑。

（一）茶叶与茶具的配合

六大茶类，品质特点各异，需要用不同的茶具冲泡才能使其品质特征充分发挥出来。茶具对茶叶冲泡的影响，主要在三个方面：一是茶具的质地（主要指茶具的密度）；二是茶具的花纹色彩；三是茶具的造型与体积。

茶具的质地主要影响茶汤香气和滋味。高密度的茶具（瓷器、玻璃、漆器等），因气孔率低，吸水率小，可用于冲泡清淡风格的茶叶，如绿茶、黄茶、白茶、花茶等。因为泡茶时茶香不易被吸收，茶汤会显得特别清香宜人。而密度较低的陶器（主要是紫砂器）茶具较适宜于那些香气较低沉浓重的茶叶，如红茶、普洱茶、乌龙茶等。这种茶具一般保温性较好，有利于把这些茶的香气成分充分激发出来，使泡出的茶汤香、味更显醇厚。需要特别一提的是，目前很多乌龙茶制作都向着轻发酵方向发展，其品质更向绿茶靠近（如闽南铁观音），故较宜选用高密度的瓷器冲泡。

茶具的花纹色彩主要影响茶汤色泽的观赏效果。一般说来，内壁为白色的茶具能够真实地反映茶汤色泽和明亮度，故茶叶审评杯碗都是白色的。但由于太真实，不能对汤色做一定的修饰作用，有时会起副作用。如冲泡陈年普洱茶选用白瓷茶杯，就会使茶汤在纯白的杯子里显得太暗，让人看了会很不舒服，可能不想再喝。但如果换成暗铁红陶杯，则可掩饰普洱茶浓暗的汤色，让人尽情品味其醇厚的味道。所以不同的茶叶，品质特点不同，品饮重点也不同，就应选用不同色泽的泡饮茶具。

茶具的造型（有无盖，是壶形或杯形）和体积，主要关系到泡茶时的水温变化，进而影响茶汤的色、香、味。一般壶形茶具和大体积有盖茶具都有一定保温效果，对滋味厚重的红、黑、青茶较为适宜。而冲泡香气滋味清淡的绿、黄茶，则宜用体积较小的杯形茶具，尤其是名优绿茶，用200毫升左右的透明玻璃杯冲泡，才能使其品质特征充分展现出来。试想一下，如果选用紫砂壶冲泡西湖龙井，那么龙井茶"色绿、香郁、味醇、形美"这四绝至少有两绝享受不到，相反，因为紫砂壶保温性能好，稍一不留神，水温过高，就会造成熟汤失味，龙井茶那淡淡的豆花香和鲜醇的滋味也享受不到。因此，即使选用的紫砂壶出于工艺美术大师之手，无比名贵，这样的选择仍是失败的。

综合上述几方面，在结合茶叶种类来选配主泡茶具时，常有如下选择。

1. 绿茶类茶具

（1）名优茶茶具　透明无盖玻璃杯；白瓷、青瓷、青花瓷无盖杯。

（2）大宗茶茶具　单人用时，夏秋季可用无盖透明或冷色调玻璃杯；春冬季可用青瓷、青花瓷等各种冷色调的瓷盖杯。多人用时，可用青瓷、青花瓷、白瓷等各种冷色调的壶带杯具。

2. 红茶类茶具

紫砂、白瓷、白底红花瓷、各种暖色瓷的壶带杯具；盖杯和盖碗；十五头咖啡具。要特别注意的是，盛装红茶汤的杯子，内壁最好是白色的，这样才能更好地欣赏红茶艳丽鲜红的汤色和独特的金边。

3. 黄茶类茶具

奶白、奶黄釉颜色瓷和以黄、橙为主色的五彩杯具；盖碗和盖杯。

4. 白茶类茶具

白瓷或黄瓷茶具；或用反差极大且内壁有色的黑瓷茶具，以衬托出白毫。

5. 乌龙茶类茶具

（1）轻发酵类茶茶具　白瓷及白底花瓷壶带杯具或盖碗、盖杯。

（2）重发酵、重焙火类茶茶具　各种紫砂壶带杯具。

6. 普洱茶茶具

紫砂壶带杯具。

7. 花茶茶具

青瓷、青花瓷、斗彩、五彩等品种的盖碗、盖杯、壶带杯具。

（二） 茶具与环境、季节的适应

品茶，不仅是物质的，更是一种高雅的精神生活，因此与环境的影响有着密切的关系，故茶艺中的茶具组合必须与环境相适应。组合茶具时一定要注意该茶具是在何地何处使用，是山间还是亭榭，是喧哗的城区还是宁静的郊区，是房内还是室外等，把握这些，可使茶具的组合或简或繁、或轻或重、或陶或瓷、或多或少，使茶具组合与环境更为和谐，尽可能利用组合茶具烘托出茶文化气息和茶艺的风格。

另外，在组合茶具时，也不要忽略与季节的适应性。季节的不一，主要表现在各季节的温湿度的差异上。从实用的角度看，夏季气温高，泡茶用具的组合应考虑能使茶汤较快地降温，保持茶汤的色泽，以便饮用，一般采用薄胎器具为宜；而冬季正好相反，要求茶汤保温，则宜采用厚胎器具。春季和秋季，气温宜人，对于温度影响茶具的因素可以少考虑，应着重于考虑与其他方面的配合。

（三） 茶具相互间的功能性协调

选配的一组茶具中的各茶具都有其功能，而且相互间有着一定联系，要相互配合。因此在选配茶具时要注意各茶具相互间的功能协调。如乌龙茶用紫砂壶泡，应注意壶的容量与品茗杯容量或公道杯之间的功能协调；茶盘大小与茶杯、杯托的功能协调；贮茶罐口子的大小、形式与茶则、茶匙形状、取茶方式的功能协调等。再如小壶泡茶时，水壶就不一定要大，否则很久都不能把水烧开。

（四） 茶具组合的审美效果

茶具组合的审美效果主要由茶具的外形、体积、色彩、图案等方面综合形成。因此，在选配茶具时，应从这几方面来综合考虑，并结合周围器具（如操作台、背景，甚至表演者服装等）的色彩、式样等一起考虑。还要充分运用茶艺美学法则，如对比与协调、比例、简素、自然、照应等，精心构思，大胆实践，才能创作出有艺术感染力的茶具组合。

初学茶艺的人，最常见的毛病是喜欢选用质地、花色完全相同的一整套茶具，这样布置的茶席势必显得单调、枯燥。若灵活运用对比与协调的美学法则，往往会收到很好的艺术效果。如把三只玻璃杯放在泡茶台上显得生硬而单调，而玻璃杯用细竹漆杯托作承，再放在茶盘上，泡茶台上再铺上色彩协调的柔软台布，视觉上会使层次丰富起来，从材质和色彩上都有变化，整个画面就会生动起来，收到很好的视觉效果。

三、茶具的布置

茶具的布置包括操作台的布置和布具。

（一） 操作台的布置

茶艺操作台一般由茶桌、椅、桌上铺垫三部分构成。

1. 茶桌

一般为竹、木材料，长方形，高为 68~70 厘米，长为 88 厘米。席地式茶艺的茶桌较矮，高为 48 厘米。

2. 茶椅

可有靠背或无靠背，但不需要有扶手。一般椅高为 40~42 厘米。

3. 铺垫

桌上铺垫在整个茶具布置中的作用：一是使茶具不直接触及桌面（地）面，起隔离作用；二是起烘托作用，以增强茶具的视觉艺术效果。因此在茶具布置中，铺垫的确定也非常重要。

可以用作铺垫的材料很多。可以有织品类（棉布、麻布、绸缎、毛织料、化纤、手工编织等）和非织品类（如竹编、草秆编、植物叶铺、石铺等）。可根据茶具、季节、场所和取材的方便性等综合考虑选择，最常见的是织品类。

由于铺垫在茶席中主要是起烘托作用，因此在色彩选择上的基本原则是单色为上，碎花为次，繁花为下。

铺垫方法是取得理想铺垫效果的关键所在，常用的方法有：

（1）平铺 将桌布按其长宽边与桌子的长宽边同向地铺于桌面的方法。是最简单、最常用的方法，可作基本铺，也可作其他铺垫形式的基础。

（2）对角铺 指将两块正方形的织品一角相连，两块织品的另一角顺桌沿垂下的铺垫方法（图4-1），以造成桌面呈现四块等边三角形的效果。

图4-1 对角铺示意

对角铺是一种比较生动的铺垫方法，常用于因茶具的造型、大小、数量等存在较强对比效果的茶具布置中。

对角铺可使用平铺作为基础，也可不平铺，而直接铺在桌、台、几上。

对角铺一般只适用于正方形、长方形的桌铺，也适合一定条件下的地铺。但不适合圆、椭圆形的桌、台、几的桌铺。

（3）三角铺 指在正方形或长方形的桌面将一块比桌面稍小一点的正方形织品以两对角垂下桌边沿，造成两边两个对等三角形，而桌面又成一个棱角形铺面的一种铺垫方法（图4-2）。

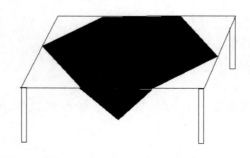

图4-2 三角铺示意

由于三角铺的正面三角形效果，使整个茶席结构显得相对比较集中，故三角铺适合茶具不多的茶席铺垫。又由于垂角的作用，使茶席无意中产生了某种中线感，这就为茶具的摆置提供了分别主次的条件，使设计者能够较为准确地把握中心位置，同时也为观赏者创造了审美的情趣。

（4）叠铺　是指在不铺或平铺的基础上，叠铺成两层或多层的铺垫，也可由多种形状的小铺垫叠铺在一起，组成某种图案。叠铺属于铺垫方法中最富层次感和画面感的一种方法。但切忌因追求叠铺效果而抢夺茶具摆置的效果，以致喧宾夺主。

（二）布具

布具指将所用的各种茶具在操作台上按一定形式展布开来。布具的形式可以多种多样，视所选配茶具、操作台大小及形状、冲泡方法等方面不同而不同。布具的基本原则是方便操作和艺术美观。

从方便操作方面，一是考虑拿取茶具的左右手问题，一般左手拿取的茶具尽可能放在左边，反之亦然，以避免操作中两手交叉动作过多；二是考虑茶艺操作程序的先后次序，一般先用的茶具放外面，后用的放里面（靠近操作者）；三是考虑茶具的大小、高矮，一般高、大的放在外面或边上，矮、小的放在靠近操作者一侧，以免操作者在拿取矮小茶具时被高大茶具阻挡。当然，这也不是绝对的，还要结合美观和其他因素综合决定。

在艺术美观方面，要充分、灵活运用茶艺美学法则中的节奏、对称、对比与协调、比例、照应、重复等法则，充分发挥想象力和创造力，才能创造出色、形俱佳的布具形式来。

茶艺品茶之境

第一节　茶境的构成

　　品茶是一种生活艺术的享受，也是交友联谊、沟通感情、陶冶情操、修身养性的最好方式之一。因此，品茶不仅要茶好、水好、器美，更要境佳。所以"境"是茶艺构成的重要要素。明末冯可宾在《岕茶笺》中谈到"茶宜"，提出了品茶的13个条件：①无事，无琐事缠身，悠闲自得；②佳客，应该有情操高尚，志同道合的茶客；③幽坐，品茶时要心地安逸，环境幽雅；④吟诗，以诗助茶兴，以茶发文思；⑤挥翰，濡毫染翰，泼墨挥洒，以茶相助；⑥徜徉，小园香径，闲庭信步；⑦睡起，酣睡初起，以茶提神；⑧宿醒，宿醉难消，以茶解之；⑨清供，茶果佐之，饱腹止渴；⑩精舍，巧布茶室，精巧雅志；⑪会心，心有悟性，品茗玩味；⑫鉴赏，品评茶汁，把玩茶器；⑬文僮，茶僮侍坐，悠闲自得。

　　可见，品茶之境古今茶人都非常重视，且内容丰富。概括起来，茶艺之境主要包括三个方面，即品茶时的物境、人境和心境。

一、物境

　　物境即品茶之所周围的实物环境。这是茶境非常重要的一个组成部分，因为它是进入茶艺氛围的必不可少的条件，它对品茶人的心境乃至品茶效果也会产生很大影响。试想一下，如果有了好茶、美具、佳水和良伴，但环境脏乱、嘈杂不安，能够尽情地品好茶吗？而且好的物境，也可为人们品茶时品赏的一个审美对象，可为人们品茶增添更多情趣。另外物境也易为人所操控，人们可以根据自己的需要对它进行选择或设造，所以，古今茶人对品茶之物境都给予相当的重视。

　　茶境之物境因品茶的场所不同而有所差异，有室外与室内之别。室外物境主要指自然环境，包括山、水、林、木，以及相关动、植物等；室内物境则为人工设造的环境，包括茶室及其内的所有陈设。但不论品茶场所在哪里，其环境的选择与设造都应注意与茶性、茶道精神相吻合、协调。茶性清纯、雅淡、质朴，茶道追求和、静，故品茶环境应以"纯朴简约、清雅幽静"为基本格调。因为只有在这样的环境中，才能营造出静的氛围，才能使人的心情放松，才能尽情品味茶的"真味"，感悟茶道真谛，使人、茶、境高度协调，获得最佳的品茶效果。

室外幽雅清静的自然环境是最理想的品茶之所，深得古代茶人们的喜爱。明代朱权在《茶谱》中描述宜于品茶的环境是："或会于泉石之间，或处于松竹之下，或对皓月清风，或坐明窗静牖。"在他提出的这四种品茶环境中有三种都是自然环境，足见古代茶人品茶择境之好。在现存的有关茶文化史料中，可找到许多描述茶境的诗歌和各种文字，其中绝大多数都是描述自然环境的，在此摘要列于下：

唐代诗僧灵一的《与元居士青山潭饮茶》诗：野泉烟火白云间，坐饮香茶爱此山。岩下维舟不忍去，青溪流水暮潺潺。

钱起的《与赵莒茶宴》诗：竹下忘言对紫茶，全胜羽客醉流霞。尘心洗尽兴难尽，一树蝉声片影斜。

徐渭在《徐文长秘集》中提出了饮茶十二宜："宜精舍，宜云林，宜永昼清谈，宜寒宵兀坐，宜松月下，宜花鸟间，宜清流白云，宜绿藓苍苔，宜素手汲泉，宜红妆扫雪，宜船头炊火，宜竹里飘烟。"

明代许次纾在《茶疏》中也提到品茶环境："小桥画舫，茂林修竹，荷亭避暑，小院焚香，清幽寺观，明窗净几，轻阴微雨，名泉怪石。"

这些古代诗、文，为我们描绘了多种清寂幽雅的自然品茶环境，这也成了中国茶艺择境的基调。中国茶艺讲究林泉逸趣，是因为在这种环境中品茶最能体现出茶道的追求。在这种环境中品茶，茶人与自然最易展开精神上的沟通，茶人的内心世界最易与外部环境交融，使尘心洗净，达到精神上的升华。在总结前人对品茶之境论述的基础上，有人将中国茶艺所追求的自然环境美，大致归为四种类型：其一为"鸟声低唱禅林雨，茶烟轻扬落花风"，"曲径通幽处，禅房花木深"，幽寂的寺院美；其二为"涧花入井水味香，山月当人松影直"，云缥缈，石峥嵘，晚风清，断霞明，幽玄的道观美；其三为"远眺城池山色里，俯聆弦管水声中。幽篁映沼新抽翠，芳槿低檐欲吐红"，幽静的园林美；其四为"蝴蝶双双入菜花，日长无客到田家"，"黄土筑墙茅盖屋，门前一树紫荆花"，幽清的田园美。其实，品茶佳境远不止这四类，只要有爱美之心和审美的素养，大自然的松阴里、竹林中、小溪旁、翠岩下处处都是品茶好去处。

不过对现代人来讲，纯粹在野外品茶的时候相对少得多，更多的是在室内品茶，如在茶楼里，茶艺馆中。尽管如此，对品茗场所的周围环境还是讲究自然幽静，高雅美观，通常需要精心选择。它们或占山，或傍湖，或临江，或掩没在绿树竹林之中，即便在闹市中心、交通要道之边，也要营造一个幽静舒适的环境。而且建筑别致，室内装饰典雅。如杭州最大的茶楼"湖畔居"，在西湖之畔临水而建，座楼三层，三面临湖，室内凭窗可见湖上的游船，远处的青山，室外视野更为开阔，湖光山色尽收眼底，占尽了"天下景"风光。在此品茶，独揽西湖秀色。同时，室内的品茶环境，需要茶人们根据茶艺对品茶物境要求的基本格调来精心设造。一般要求窗明几净，装修简素，格调高雅，气氛温馨，使人有亲切感和舒适感。

二、人境

所谓人境，指品茗时人数的多少和品茗者的人格所构成的一种人文环境，也就是找茶伴的问题。

关于品茗时以多少人为宜，古今茶人在认识上存在分歧。明代的张源在《茶录》中写道："饮茶以客少为贵，客众则喧，喧则雅趣全乏矣。独啜曰幽，二客曰胜，三四曰趣，五六曰泛，七八曰施。"他主张一起饮茶的茶伴不宜过多，人多了就喧闹，就没有雅趣了，甚至像在吃施茶一样。其后人中有不少人把这个观点当成金科玉律。其实这种观点是片面的，不完全正确。实际上品茶不是忌人多，而是忌人杂。品茶，人少有人少的韵味，人多也有人多的乐趣。一个人品茶，环境沉寂，心更容易平静，精力更容易集中，情感更容易随飘然四溢的茶香而升华，思想更容易达到物我两忘的境界。独自品茶，实际上是茶人的心在与茶对话，最容易体会到身心合一、自然无我的舒适。品茶不仅可以是人与自然的沟通，而且可以是茶人之间心与心的相互交流。邀一知心好友相对品茗，无论是红颜知己还是肝胆兄弟，或推心置腹倾诉衷肠，或心有灵犀，或松下品茶对弈，或幽窗啜茗谈诗，都是人生一大乐事。而众人品茗，人多、话题多，信息量也较大。在清静幽雅的环境中，茶客们更能放松心情，打开话题，相互交流思想，启迪心智，从中受益匪浅。在茶事活动中，只要善于引导，无论人多人少，都可以营造出一个良好的人境。品茶最重要的在于品茶人的心境和态度，品茶人的话语和行为会影响品茶的心得。正所谓"独品得神，对啜得趣，众饮得慧"。

所以，茶艺人境的关键是看与什么样的人一起品茶，即择好茶伴。相聚品茗的人若在文化水平、志趣爱好、品格修养、道德水准等方面差别很大，当然无法品出雅趣来。俗话说："话不投机半句多"，更不用说是一起品茶了。一起品茶的人，不仅要志趣相投，修养相近，而且还应是懂茶之人，高雅之人，切不可与俗人一起饮茶。古代茶人对庸俗之人更是深恶痛绝的，明人屠隆在《考槃余事·人品》中写道："茶之为饮，最宜精行修德之人。兼以白石清泉，烹煮如法，不时废而或兴，能熟习而深味，神融心醉，觉与醍醐甘露抗衡，斯善赏鉴者哎。使佳茗而饮非其人，犹汲泉以灌蒿莱，罪莫大焉。有其人未识其趣，一吸而尽，不暇辨味，俗莫甚焉。"屠隆讲的很有道理，只有同是精行修德、志趣相投、知茶爱茶的人在一起品茶，才能达到"神融心醉"的境界，而饮非其类，境界必低。给不懂茶的俗人好茶喝，好比用甘泉之水去浇灌野草，这简直是一种浪费，是一种罪过。

古代茶人在茶伴选择上有时显得十分苛刻。《云林遗事》记有一个元代画家倪元镇择茶伴的故事："倪元镇素好饮茶。在惠山中，用核桃、松子内和真粉成小块如石状，置茶中，名曰'清泉白石茶'。有赵行恕者，宋宗室也，慕元镇清致，访之。坐定，童子供茶，行恕连啖如常，元镇艴然曰：'吾以为王孙，故出此品，乃略不知风味，真俗物也。'自是交绝。"这个故事说的是倪元镇家中来了客人赵行恕，因为其是宋代王孙，倪元镇特地用自己喜爱的茶招待之。茶贵在细品，倘若一饮而尽，不待辨味，那就是最俗气不过的了。由于来客不辨茶味，倪元镇断定其是一个俗人，从此与其绝交，由此可见古代茶人择茶伴的态度。

三、心境

心境即指品茶时人的心情和心理状态。在茶境中，心境是最重要的。一个人在心情好的时候，看周围的事、物、人都会有个比较好的印象，心情不好的时候，同样的事物却会产生相反的印象。品茶是一种享受，当然在品茶时应有良好的心境，这样才会倍增情趣，从品茗中倍获裨益。

古人对品茗时的环境特别讲究，同时对品茗时的心境也十分重视。明人许次纾认为"心手闲适、披咏疲倦、歌罢曲终、杜门避事、鼓琴看画、夜深共话"时的心境宜于饮茶。另外，冯可宾在《岕茶笺》中总结的"品茶十三宜"中，就有十一宜是与心境相关的，即

"无事、佳客、幽坐、吟咏、挥翰、徜徉、睡起、宿醒、清供、会心、赏鉴"时宜品茶，可见他在追求品茶效果时特别重视品茶时的心境。古人对品茶心境的讲究，有时还达到了极端的程度。李日华在《紫桃轩杂缀》中说："精茶岂止当为俗客吝，倘是泪泪尘雾，无好意绪，即煮就，宁俟冷以灌兰，断不令俗肠污吾茗君。"他认为好茶不仅不能给俗人饮，就是自己在心情不佳时，也不能饮茶，否则"茗君"会被"俗肠"玷污。这个时候，即使茶煮好了，宁愿放冷后浇兰草，也不能喝。

品茶时的心境固然因人、因时、因事而有所不同，但对于心境的基本要求应是一致的，即闲适、恬淡、平和、从容、舒畅。只有在这样的心境下，才能用心去品茶，品出茶的真味，并从中悟出茶道真谛。好的心境也会相互感染，这在心理学里称为心理暗示或心灵感应。为了使客人有好的心境，主人首先要有好的心境。让我们用茶人"日日是好日"的态度来对待生活，永远保持良好的心境，并用良好的心境去感染别人。

第二节　茶室基本布置

室内环境主要由家具、室内装饰，以及营造气氛的措施等要素构成。这几部分的有机组成，协调配合，才能形成良好的品茗环境。

一、家具

茶室家具应本着实用、舒适、美观的原则来设置，不要太多、太复杂，一般有茶几或茶桌、椅、凳或沙发，也可设少量茶具橱、博物架、花架、盆景等。家具的材料以天然材料，如竹、木、石等为好，以增加天然雅趣，也更加契合茶道、茶艺亲近自然的追求。当然随着现代化程度的加深，材料种类的增多，采用一些现代材料也未尝不可。家具的式样以简洁大方，精致典雅为宜。具体采用什么式样，应由茶室的整体风格定位来确定。若是传统风格的茶室，可采用仿古式样；若是现代风格的茶室，则应采用线条简洁明快、装饰少的式样；若是民族风格的茶室，就应选用民族风味浓厚的式样。家具色彩以单调、素雅为佳，要与整个室内布置相协调。若是竹、木材质的家具，若采用涂清漆或古色古香的颜色，会使人感到更加古朴典雅。另外，家具在室内的摆放位置也值得注意，一般茶几（桌）的摆放位置以靠窗向阳处最好。

二、室内装饰

这里的室内装饰主要指用于体现室内环境格调的装饰性器物。在茶室中常用的有以下几种。

（一）植物

植物不仅能给茶室带来更多大自然的气息，增添勃勃生气，而且还有调节室内空气的作用，是幽雅茶室必不可少的饰物。一般茶室里常选用的植物有如下一些。

1. 竹

古代茶人们在选择茶境时对竹情有独钟。如许次纾在《茶疏》中描述的适宜茶境就有

"茂林修竹、竹里飘烟"。这主要与竹的文化意蕴有密切关系，自古以来，文人雅士们都把竹子看成是"根基稳固、坚忍不拔、刚硬挺直、虚心有节"等优良品格的象征。而这些优良品格又是文人们孜孜以求的，故竹深得文人的喜爱。茶也是文人们的喜爱之物，因而文人雅士常把二物联系在一起。在历代茶诗中，对竹的描述很多，如"茶香绕竹丛（唐·王维）""竹下忘言对紫茶（唐·钱起）""尝茶近竹幽（唐·贾岛）""手挈风炉竹下来（宋·陆游）""蓬山点茶竹阴底（宋·张来）""竹间风吹煮茗香（明·高启）"。另外，竹有清香、清韵，与茶香、茶韵相得益彰，所以用翠竹来装饰品茗环境是最合适不过的了。

2. 松

松树常生长在悬崖峭壁，顽石瘠壤上，它古貌苍颜，铜枝铁干，四季常青，傲霜斗雪。它的这些特性，也蕴寓有许多文化涵意。因此，松也常被文人们作为"比德"的对象，当然也深得古代茶人的喜爱。他们常在松下品茗，意味无穷，这在茶诗中也有反映，如"煮茶傍寒松（唐·王建）""两株松下煮春茶（元·倪云林）""细吟满啜长松下（明·沈周）"。

3. 兰草

兰草是制造雅致氛围常用的植物之一。兰草的外形素雅秀丽，叶色深绿，花形多变，或像龙头，或似蝴蝶，花香清淡幽雅。这些特征很合茶性，更合茶人的心性，故用兰草布置茶室，能收到很好的效果。

4. 鲜花

花不仅美，而且香，是常用来美化环境的植物。但茶室用花应注意几点：一是花以淡雅为主，切忌过于艳丽，否则会破坏茶室静雅的气氛，常用的如水仙、米兰、茉莉等；二是种类不要过多，同一茶室只用一、二种点缀即可，切忌繁花似锦；三是所用之花应与时令、环境布置相协调。只有这样，才能使环境生色，使品茗更有雅趣。

在茶室使用的植物不止上述几种，另外还有很多植物也可用来美化茶室环境，如一些藤蔓植物、苏铁、杉树等。总之，只要有利于茶室营造雅致氛围的植物，如一些常绿植物，都可应用。

在运用植物装饰茶室时，也需要注意以下几点：一是所选用植物一般以耐阴的常绿植物为好，一方面这样的植物更适宜室内生长，另一方面也可避免因植物落叶带来的负面影响；二是应避免选用带挥发性气味的植物，因为这样的植物即便无毒，也会干扰人们品赏茶的真味；三是要注意植物摆放的位置，最好将植物摆放在窗边或有较多光线的墙边，这样才有利于植物的生长；四是要经常保持植物叶面的清洁，以有利于植物的光合与呼吸作用进行。

（二）字画

字画主要是指一些书法作品、绘画作品和一些著名诗句、精妙对联、格言等。在茶室中一些显要位置的壁上挂几幅这样的字画，必将使茶室蓬荜生辉，环境更具高雅气氛，使人在品茗的同时，受到更多的文化熏陶。

（三）纱幔与屏风

在茶室的适当位置，如窗户、门旁、室与室之间的连接处，挂上一些色调清淡，质地轻柔的轻纱幔布，对美化茶室环境可起到很好的作用，也可遮挡部分光线，起到调节光照、营造舒适环境的作用，另外还可分割空间。

屏风,是古时建筑物内部挡风用的一种家具,所谓"屏其风也",也是中国传统的分隔空间的常用物。它作为传统家具的重要组成部分,历史由来已久。屏风一般陈设于室内的显著位置,不仅可分隔空间,通常还有很好的装饰作用,能收到一种隔中有露,实中有虚的审美效果。屏风与古典家具相配合,可收到相互辉映,相得益彰,浑然一体的装饰效果,使茶室呈现出一种和谐之美、宁静之美,故在古典风格的茶室中常用。

(四)陈列物品

在茶室陈列物品也是茶室常用装饰措施。物品陈列的方式可用封闭式的柜橱,也可用开放式的博物架、阶梯、台面等。陈列的内容可以"八仙过海,各显神通",如某些古玩、瓷器、民间常用器物、文房四宝、书籍或精美茶具等。但不论何种陈列,都要求具有观赏价值、审美情趣,既能衬托气氛又不能显得繁杂零乱,要与周围环境协调,满足人们品茶时赏景的需求。这些陈列物品都应具有中国传统文化气息、民俗文化气息,能为茶室增光添彩。

三、营造气氛的措施

(一)音乐

音乐对美化环境也有不可忽视的作用。例如,在茶室的一隅,摆上一架古琴或古筝,由一位身着古装的女子弹奏一曲古典名曲,人们坐在旁边,手捧一杯香茶,边品茶,边欣赏音乐,其情其景岂不美妙之极。当然,在现实生活中,由人演奏的情况相对较少(除一些高档茶楼),通常是由现代音响设备播放背景音乐,这样也可以起到烘托雅致气氛的作用。只是在选择音乐时,应注意根据时令、时间、嘉宾身份、环境格调等因素精心选择。最好选用中国民族乐器演奏的古典名曲,如《云山如梦》《二泉映月》《春江花月夜》《高山流水》等,切忌一些节奏强烈的流行音乐。

(二)焚香

在品茗环境里,点上几柱高档香,使阵阵清香扑鼻而来,渺渺烟雾,隐隐现现,能营造出一种幽雅的环境气氛。

(三)其他

用人造灯布置室内采光,用空调控温等都是营造品茗环境的常用手段。在茶室中运用带有一定色彩的漫射光,可把色彩均匀地铺洒四周,使一切都笼罩在薄暮之中,深邃神秘,朦朦胧胧,具有较强的休闲氛围。人处在此环境中,会有浑然一体的感觉,会产生一种与整个氛围融洽、和谐的情感倾向。运用空调等设备,可使茶室的温度、湿度处于宜人状态,营造冬天暖和、夏天凉爽的环境,但使用空调时要注意与通风换气措施的配合运用。

另外,室外的布置也很重要。在茶室外,植树栽花,建池造山,养鱼喂鸟等,对美化环境也大有益处。

第三节 茶艺置境常用措施

为营造品茶环境的艺术文化氛围,让人感到更加优雅、舒适,常采用以下一些措施。

一、插花

插花是指人们以自然界的鲜花、叶草为材料，通过艺术构思和适当的技术加工处理，在不同的线条和造型变化中，融入一定的思想和情感而完成的花卉的再造形象。插花不是单纯各种花材的组合，也不是简单的造型，而是要求以形传神，形神兼备，以情动人，融生动、知识、艺术为一体的一种艺术创作活动；是把看来零乱无序、各式各样的花材，按照主题和立意来构思表现和造型，形成富于变化、有鲜明对比又协调统一、充满韵律感的优美的插花作品的过程。因此，国内外插花界都认为，插花是用心来创作花型，用花型来表达心态的一门造型艺术。

插花用于茶席中有悠久的历史。宋代，人们已将"点茶、挂画、插花、焚香"作为"四艺"同时出现在品茶环境中。插花可以美化、香化品茶环境，表达主人心情；亦可暗示季节，突出茶事活动的主题，增进茶趣。

（一）插花原则

茶室中的插花非同于一般的宫廷插花、宗教插花、文人插花和民间插花，而是为体现茶的精神，追求崇尚自然、朴实秀雅的风格。基本原则是：简洁、淡雅、小巧、精致。鲜花不求繁多，有时只插一两枝便能起到画龙点睛的效果；同时也要注重线条、构图的美和变化，以达到朴素大方，清雅绝俗的艺术效果。

（二）花器要求

茶席插花一般用自由型插花，花器可选择碗、盘、罐、筒、篮、瓶等，其质地"贵铜瓦，贱金银"，以陶、瓷、铜、竹、木、瓦等材制造的造型简约、纹饰朴实者为佳。选择花器时还要考虑要与花材以及其他茶具在质地、造型、色彩、大小上的协调配合，这样才能形成整体美感。

（三）花材选择

选择花材应从其枝形、花形及色泽等方面来考虑，一般花材形色以精简雅洁为主。所选花材的线条应屈曲而自然，向背传情，俯仰有致。木本宜疏瘦古怪，草本则神清气朗，花叶不重叠局促，枝叶明朗，阴阳互生，彰显世外之趣者。习惯上枝叶以"单数"为好，令人有"余味"之感。花材上的花取半开而富精神者为主，以给人生机勃勃的美感。在花色选择上，一般喜白色，因为白色象征完美、光明、高洁、淡泊及真诚的高贵德志，故为茶人们所乐用。若花色亮丽娇艳，则力求其花形小且含苞未开者为妙。

花材选择还应随季节时令而变化。各季常用的花材大体如下：

春：梅、山茶、水仙、兰、海棠、迎春、杜鹃、蔷薇、瑞香、桃、李、杏、杨、梨、橘花等。

夏：石榴、莲、茉莉、萱花、素馨、慈姑、燕子花、紫罗兰、菱花、柳、七姐妹等。

秋：木樨、菊、戎葵、丹桂、秋海棠、石竹、枫、芦苇、挺翠、金钱草、牵牛、枸杞子等。

冬：腊梅、水仙、茗花、寒菊、天竹、松、金豆、金橘等。

配置花材时应讲究花木品格，且不损及自然之趣与形色的调和，并要注意学习古人的配材方法。例如，梅与竹或梅与水仙合为"双清"；梅与菊称"岁寒二友"；梅与松、竹合称"岁寒三友"；梅与竹、水仙惯名"三清"；梅与兰、瑞香合称"寒香三友"；梅与山茶、水仙为"花国岁寒三友"；梅与竹、石称"三益友"；梅与水仙、山矾称"三君"；梅与兰、竹、菊为"四君子"；梅与寒菊、腊梅、水仙为"寒冬四花"；梅与腊梅（或迎春花）、水仙、山茶合称"雪中四友"；梅与桂、菊、水仙称"四清"；梅与松、竹、兰、石合为"五清"。

作为茶室配花还应注意三点：一是不宜选用香气过浓的花，如丁香花，为的是防止花香冲淡焚香的香气以及防止花香干扰对茶特有香气的品赏；二是不宜选用色泽过艳过红的花，以防破坏整个茶室静雅的艺术气氛；三是不宜选用已经完全盛开的花，以免让人感到即将花败，影响品茶人的心情。茶室配花一般以部分开放、部分含苞待放的花为宜，使人观赏花的变化，领悟人生哲理。

（四）插花手法

茶室插花为东方风格的插花造型，一般是以三大主枝为骨架的自然线条式插法。三主枝代表"天、地、人"三才，以第一主枝的倾斜度不同而分成多种造型方式，一般以直立式、倾斜式、悬挂式为常见。

1. 直立式

插花的主枝杆基本呈直立状，即第一主枝的倾斜度在15°左右，其他插入的花卉，也都呈自然向上的势头。

直立式的第一花枝必须插成直立状，第二枝比第一枝稍短，约为第一枝的3/4、2/3或1/2，插在第一枝的一侧，并呈现一定的倾斜度。花朵的位置在枝杆中间，可在主枝上，也可以在侧枝上。花叶不必太多，以一花二叶为宜。

直立式的枝干，应有一个分权和弯曲度，但不可枝头太多，2~3个分枝即可。

2. 倾斜式

指以第一主枝倾斜于花器一侧为标志的插花形式，第一主枝倾斜度约为45°。倾斜式插花具有一定的自然状态，如同风雨过后那些被吹压弯曲的花枝，重又伸腰向上生长，蕴含着不屈不挠的顽强精神。

倾斜式的第一主枝位置变化范围较大，可以在左右两个90°以内。但不宜将花朵位置确定的枝头垂于花器水平线以下，这样会给人落花而去的感觉。第二、第三枝应围绕主枝进行变化，既可成直立状，也可成下垂状，但要与第一主枝保持响应。

3. 悬挂式

指第一主枝在花器上悬挂而下为造型特征的插花形式。这种形式，形如高山流水、瀑布倾泻，又似悬崖上的枝藤垂挂，柔枝蔓条，自由飘洒。其线条简洁夸张，给人以格调高逸、潇洒不羁的感觉。

悬挂式多用于有一定高位的花器。可临空悬挂，也可依于墙壁，嵌于柱梁。花器以篮、竹筒多见。

二、焚香

焚香是营造幽雅茶室气氛常用的一种措施，随着细细烟雾轻盈回旋、飘渺，会或多或少带走几许俗尘凡气，故为茶室中常用。

（一）香品种类

按香品原料来分有植物香、动物香和合成香。在茶艺活动中，人们常选择动、植物香，这是因为自然香品更符合现代人回归自然的精神追求。在植物香中，常见的有檀香、龙脑香、紫藤香、甘松香、丁香、茉莉香等，动物香常见的有龙涎香、麝香等。

按香品式样来分有柱香、线香、盘香、条香、香片、香末等。柱香是有竹骨的香品，可插在香炉中用。其香气浓烈，沁人心脾，给人印象深刻，但其缺少含蓄、文雅气质，一般只适合在空间较大的场合使用。线香指的是无骨香品，较细，也可插在香炉中用。盘香是由无骨香料制成的圆形环绕香品，一般搁置在盘座上，或用铁丝将盘香吊起，悬在空中焚熏，盘香下设有灰承，但茶席中一般不采用吊焚的方式。条香指无骨香料制成的粗条状香品，目前少用。香片、香末常作熏香之用。

（二）香品的选择

在品茶焚香时所用的香品是有选择的。一要配合茶叶，浓香的茶（红茶、普洱茶）可焚较重的香品；清香型茶（绿茶、花茶）应焚较淡的香品（如茉莉香）。二要配合季节，春季、冬季焚较重的香品；夏季、秋季焚较淡的香品。三要配合室内空间大小，空间大的焚较重的香品或多焚些香；空间小的焚较淡的香品或少焚些香。

（三）香具的选择

品茶焚香的香具以香炉为宜。香炉在造型式样、大小高矮、图案色彩上变化很大，应根据茶艺的不同主题和风格来选择。如表现宗教题材及古代宫廷题材，一般可选铜质香炉。铜质香炉古风犹存，基本保留了古代香炉的造型特征。又如表现古代文人雅士茶会的题材，茶席中的茶具组合多以白色瓷质为主，此时以选白色瓷质直筒高腰山水图案的焚香炉为佳。直筒高腰香炉，形似笔筒，与文房四宝为伍，协调统一，符合文人雅士的审美习惯。再如表现一般生活题材的茶席，可选用瓷与紫砂类，因其贴近生活，清新雅致，富有生活气息。如泡乌龙茶系列，可选紫砂类香炉或熏香炉；如泡龙井、碧螺春、黄山毛峰等绿茶，可选瓷质青花低腹阔口的焚香炉。

（四）香具的摆置

香具的摆放位置应做到以不抢风、不挡眼为原则。

茶室中总有气流流动，若香具处于上风口，则会使其香与茶香产生香气冲突，影响人们对茶香的品赏。因此，香炉一般不宜放置在茶席的中位和前位，可放在茶席的侧位。若不作焚香礼表演，可将香炉放置在茶席的下位，或像日本茶道一样，放置在背景屏风的边上使焚香的香味与茶的香味分而呈之，使人不致只闻焚香而不闻茶香。

在茶艺表演中，香炉摆放的位置还应考虑不要影响操作者的操作和遮挡观众的视线，故一般放在操作台上而不放在其他茶具的左前位为好。

三、挂画

挂画又称挂轴，指茶室背景中所挂的书与画作品的统称。书以汉字书法为主，画以中国画为主。茶室挂画源于唐代，陆羽在《茶经·十之图》就提出过在茶室里挂画，在宋代已较为普遍。挂画可使茶室增添更多文化氛围和文雅之气，同时也可供品茶者鉴赏，以增添更多情趣。

茶室中挂画作品常见形式有以下几种。

对联：由上联和下联组成，讲究对仗、工整、贴切。一般粘贴、悬挂或镌刻在厅堂内中堂的两边，或厅内立柱上，或门柱上。其书体多见于隶书、楷书、篆书，也有行书和草书，是茶室中常见的挂画形式。

中堂：指一种竖式长方形画书形式，因多悬挂在厅堂正中而得名。内容以整篇诗文为常见，从书体上看，真、行、草、隶、篆五体书都有。通常在其两边另有对联挂轴，顶挂横批。

条幅：指一种开幅比中堂窄的长方形书法形式，如对联的一半。多挂于厅旁，五体书都有。

屏条：成组的条幅，常由两条至多条组成。

横批：相当于条幅的横向放置，一般字数比较少，常与对联相配；也用于斋室、楼阁、亭榭等的名号。书体有篆书、隶书、楷书，也有行书、草书。

扇面：指折扇或团扇的面儿，用纸、绢等做成。扇面上书以字或绘以画，或字、画同用。

茶室挂画应注意三点：

（1）挂画内容可以是字，也可以是画，一般以书法作品为多，也可书、画结合。书法一般是用行书和草书，这两种字体有助于感情自然流露，在线条上富有流动美，能较好地与茶文化所提倡的"师法自然""情景合一"相协调；而楷、隶书两种字体因其严肃拘谨而少用；篆书则因特征华丽，故一般也不用。在绘画方面，一般是用写意的表现手法，浅妆淡抹，色彩浅淡典雅，寥寥几笔，韵味顿生；一般不挂花画，因为已有了插花，未免重复；通常也不挂人物肖像画。

（2）挂画应是经过裱装过的。一般以轴装为上，显得俭素、古朴，又不失之简陋；屏装次之；框装再次之。

（3）在不大的茶室中，挂画以一幅为宜，悬挂位置以茶室正位墙面为佳。

四、音乐

音乐对美化环境、营造茶室宁静气氛时是必不可少的，因为音乐对人的心境可产生很大的影响。根据音乐心理学理论，轻松、明快的音乐可使人的大脑及神经功能得到改善，并使精神焕发，疲劳消除；旋律优美的音乐能安定情绪，使人心情愉悦。另外，在茶艺表演中，正确有效地运用音乐，不仅能烘托主题，帮助观众尽快进入到茶艺主题规定的情感状态中，尽情欣赏茶艺美带来的享受，同时还能有效地为表演者提供动作节奏的导引，帮助表演者控制操作时间，保证茶艺表演顺利完成。

在现代茶事活动中，运用音乐通常是采用播放背景音乐的形式。在选择背景音乐时，应把握好乐曲选择和音量掌控两个问题。应根据时令、时间、嘉宾身份、环境格调等因素精心选择乐曲，最好选用中国民族乐器演奏的古典名曲，切忌一些节奏强烈的流行音乐。我国古典名曲幽婉深邃，韵味悠长，有一种令人回肠荡气，销魂摄魄之美。但不同乐曲所反映的意境各不相同，选择时应根据季节、天气、时辰、品茶人身份以及茶事活动的主题，有针对性地选择播放。例如，反映月下美景的有《春江花月夜》《月儿高》《霓裳曲》《彩云追月》《平湖秋月》等；反映山水之音的有《流水》《汇流》《潇湘水云》《幽谷清风》等；反映思念之情的有《塞上曲》《阳关三叠》《怀乡行》《远方的思念》等；传花木之精神的有《梅花三弄》《佩兰》《雨中莲》《听松》等；拟禽鸟之生态的有《海青拿天鹅》《平沙落雁》《空山鸟语》《鹧鸪飞》等。若作茶艺表演的伴乐，还应考虑操作程序的长短、动作节奏、主题反映的意境等因素。在音量控制上，应尽可能地轻，不要喧宾夺主，让音乐变成扰人的噪声。一般而言，背景音乐的声压级高出现场噪声47分贝是比较适宜的。

第六章

CHAPTER

6

茶艺员基本知识

第一节　茶艺员应知礼仪

　　礼仪，是人们在共同生活和长期交往中约定俗成的社会行为规范，它指导和协调个人或团体在社会交往过程中采取有利于处理相互关系的言行举止。从审美角度来看，礼仪可以是一种形式美，它是人的心灵美的必然外化。从传播角度来看，礼仪可以说是一种在人际交往中进行相互沟通的技巧。从交往角度来看，礼仪可以说是人际交往中适用的一种艺术，是一种交际方式或交际艺术。茶艺员作为公众服务人员，应特别注意学习掌握茶艺礼仪规范，增强自身的礼仪素养，以促进服务工作质量的提高。

　　礼仪是一个宽泛的概念，从形式到内容都非常丰富，涉及到人际交往的方方面面。不同的工作，不同的行业要求的礼仪规范有所差别。茶艺是一种生活艺术形式，它能使人们在品茶的同时获得很多艺术享受。因此，从事茶艺工作的茶艺员就不仅仅是简单的公众服务人员，他（她）还应是生活艺术美的创造者。从茶艺美的要求来看，茶艺礼仪应体现出茶艺员在仪表、姿态、语言三个方面的美感来。

一、仪表美

　　仪表指人的外表，它包括形体、服饰、发型、化妆四个方面。茶艺审美从一开始，人们就特别注意演示者的仪表美，因为它是最先进入观者视线的。茶艺员端庄、美好、整洁的仪表在接待过程中能够使客人产生好感，从而有利于提高工作效率与质量。仪表美是形体美、服饰美、发型美和化妆美的有机综合美。

（一）形体美

　　对于茶艺工作来说，形体美主要指容貌、身材美，这是一个人外表美的基础。对于一般从事茶艺工作的人，起码应是五官端正，身材匀称，具有健康的精神状态，无任何残疾，不能让人一见就产生不舒服的感受。因为爱美之心人皆有之，一个容貌姣好、身材匀称的茶艺员，让人一见就感到赏心悦目，这样能立即引起客人的好感，因而有利于接待工作的顺利完成。所以，选择茶艺员时，这是一个基本条件。由于这是一个人的天生条件，后天不能过多改变，故此不多讲。

另外，茶艺美对手也有较高的要求。因为在茶艺操作过程中，主要是手上动作，故手是十分引人注目的。所以在招收茶艺从业人员时，对其手形、手相、皮肤、指甲等都特别注意。一般男性的手以浑厚有力、干净光洁为美；女性的手以纤巧秀丽、柔嫩清爽为佳。一个人的手形、手相主要由天生决定，同时后天的护理也很重要，不可忽视。要经常保持手的清洁卫生，且指甲要修剪整齐。对茶艺工作人员来讲，不应留长指甲，否则不卫生，还影响操作。最好也不涂有色彩的指甲油，否则给人一种夸张的感觉。特别要指出的是，在每次泡茶待客之前，都要用清水净手，不要用香气较重的香皂洗手。而且不能涂有香气和油性大的护手霜，也不要用手摸涂有化妆品的脸，以免使茶汤串味。在茶艺比赛中，常听到评审老师提到有的杯子有化妆品或肥皂的味道，原因就在这里。

（二）服饰美

俗话说："三分长相，七分打扮"，说明了服饰美的重要。服饰的意义，说大了，是一种文化，它反映着一个民族的文化素养、精神面貌和物质文明发展程度；说小点，服饰又是一种"语言"，它反映出一个人的职业、性格、文化修养和审美趣味；也能表现出一个人对人、对己，以至于对生活的态度。在茶艺活动中，服饰也是茶艺礼仪的一个重要内容，并会影响到茶艺服务和茶艺表演的效果。

茶艺中着装的原则是得体、素雅、大方、和谐。茶艺员的着装应与品茗环境、茶具风格、时令季节，以及茶艺表演的内容协调一致。若环境风格古朴典雅，茶具是具有中国传统文化特征的紫砂茶具，则茶艺员着装以古典风格的中式服装为宜；若选用具有现代风格的形状各异的茶具，则可配以色彩协调的中式或中西式结合的服装；春季可选择淡色着装，冬季可选择暖色着装。从茶艺表演的内容来说，宫廷茶艺则应着古代宫廷服装，民族茶艺则应着相应民族服装，"禅茶"则应着禅衣等。

由于中华茶艺有着很深厚的民族传统文化色彩，故就一般的茶艺而言，茶艺员宜穿着具有民族特色的中式服装，而不宜"西化"。一般女士的着装，常见的有色彩典雅的绸布旗袍、蓝印花布服饰、宽袖斜对襟衫，腰身自然收缩，裙子以长裙近地较为大方。男士衣以青色、灰色、玄色居多，有穿长衫的，有穿对襟布褡扣短衫长裤的。下身衣料色调一般应较深，显得稳重得体，服饰宜宽松自然。鞋袜也是服装的组成部分，皮鞋应保持光亮，布鞋也要保持鞋面洁净。男士袜子的颜色应与鞋面的颜色和谐，女士应穿与肤色相近的丝袜，穿裙子时应穿连裤袜。

在选择茶艺员服饰时应注意：①服装色彩不宜太鲜艳，应与环境、茶具相匹配。品茶需要一个安静的环境，平和的心态。如果泡茶者服装颜色太鲜艳，就会破坏和谐幽雅的气氛，使人有躁动不安的感觉。②服装要端庄、得体，切忌袒胸露背等"暴露式"服装。这也会破坏宁静的环境气氛，分散品茶人的注意力。③袖口不宜过宽，否则容易勾倒茶具，也会沾到茶具和茶水，给人不卫生的感觉。当然表演需要除外（如禅茶表演）。④服装要经常清洗，保持整洁，切忌穿着的服装有皱折或破损，在穿着前应熨烫平整。⑤在茶艺员演示茶艺时，以不佩戴任何饰物（如手表、戒指、手镯、手链等）为宜，目的是避免影响操作及分散顾客的注意力，影响其感受茶的艺术魅力。而且体积太大的戒指、手链也容易敲击到茶具，发出不协调的声音，甚至会打破茶具，造成令人尴尬的局面。当然，有些民族服装配有本民族饰品也是可以的，但要以不影响泡茶为准。

（三）发型美

发型美是构成仪表美的要素之一。要实现仪表美，发型美也应给予足够重视。

由于茶艺具有浓厚的传统文化色彩，故茶艺员的发型大多应具有传统、民俗与自然的特点。中国人绝大多数是黑发、少卷、女长发、男短发，茶艺员的发型也应符合这些特点。一般茶艺员的头发在清洁整齐的前提下，应保持自然色泽，不宜把头发染成鲜艳夸张的颜色，也不宜烫成各种卷发。通常男性头发不要过长（不过耳），以传统发型为宜，忌各种新奇、时髦的发型。女性头发可长可短，但不论长短，应额发不过眉。长发最好盘起来，或束于脑后；短发应梳理在耳后，这样才显得清爽自然，且方便操作。一般不能是披肩散发式样，不然会造成如下弊端：一是随着低头时，会散落到前面遮住视线，影响操作；二是会使人经常不自觉地去梳拢头发，会破坏泡茶动作的完整性；三是容易造成头发掉落，让人感觉不卫生。对于表演型茶艺，在式样上发型不可以与所表演的内容相冲突。发型设计必须结合茶艺的内容、服装的款式，表演者的年龄、身材、脸型、头型、发质等因素，尽可能取得整体和谐美的效果。

（四）化妆美

在一般生活茶艺中，化妆对男性不是硬性要求，但要求把面部修饰干净，不留胡须，以整洁的面貌面对客人。而对女性茶艺员则要求化妆上岗。化妆一来可美化自己，二来也是对客人的尊重。茶艺员的化妆以淡妆为主，要求妆容清新自然，以恬静素雅为基调，切忌浓妆艳抹，有失分寸。由于茶叶有很强的吸附能力，所以化妆时应选用无香的化妆品，以免破坏茶的香气，影响品茶时的感觉。

二、姿态美

姿态是指人的行为举止中身体呈现的样子，即行茶过程中的各种姿势、动作，也包括眼神和表情。姿态美也是茶人之美的一个很重要的组成部分，它是茶艺员的礼仪素养、精神面貌和待人态度的集中反映。与仪表美相比较而言，可以说仪表美呈现的是一种静态美，而姿态美则表现的是动态美。静态美是固定不变的，而动态美是运动的、可变的，因而比静态美更能打动人。而且姿态美可通过后天训练而形成，所以在茶艺美创造中，人的姿态美更显重要，决定着茶事活动的质量高低。

茶艺中的姿态美主要是从茶事活动中茶艺操作者的基本姿势、各种行为动作，以及眼神、表情等方面来体现。所以，作为学习茶艺的人，应加强这些方面的训练，规范自己的行为举止，让随时保持良好的姿态成为自己的行为习惯。

（一）基本姿势

站、坐、行、蹲是茶艺员在茶事工作中常呈现出的基本姿势。俗话说："站要有站相，坐要有坐相"。对习武之人，一般要求"站如松，坐如钟，行如风，睡如弓"。而对作为公众服务员的茶艺员，其基本姿势也有严格规范。

1. 站姿

站姿是指人在停止行动之后，直着自己的身体，双脚着地，或者踏在其他物体之上的姿势。它是人们平时所采用的一种静态的身体造型，同时又是其他动态的身体造型的基础和起点。站立是人们日常生活、交往、工作中最基本的姿势。优美而典雅的站姿，是体现茶艺员自身素养的一个方面，可以给人以精力充沛、气质高雅、庄重大方、礼貌亲切的印象。一个亭亭玉立的站姿，不管在品茗服务区或是在表演台上，都能体现茶艺员的整体美感，都能带给茶客一道亮丽的风景线。

站姿的基本要求：对女性，两腿并拢身体挺直，从正面看，两脚脚跟相靠，两脚尖呈45°~60°分开。挺胸收腹，头上顶，下颌微收，双眼平视，双肩平正，自然放松。右手在上双手虎口交握，置于胸腹间，两手臂自然下垂（彩插图6-1）。在进行茶艺表演时，根据所站的位置或手上的动作（如端着托盘），还可站成"丁"字步。对男性，双脚微呈外八字分开，宽度约窄于双肩，挺直站立，左手在上双手虎口交握置于小腹部；也可两手自然下垂在身体两侧或两手交叉放在背后。

在日常的茶艺服务中，还常见体后单背式和体前单屈臂式两种站姿。前者的要领是：站成左（或右）丁字步，即左（或右）脚跟靠于右（或左）脚内侧中间位置，使两脚尖展开成90度，身体重心放在两脚上，左（或右）手后背半握拳，右（或左）手自然下垂。而后者的要领是：站成左（或右）丁字步，即左（或右）脚跟靠于右（或左）脚内侧中间位置，使两脚尖展开成90度，身体重心放在两脚上，左（或右）臂肘关节屈，左（或右）前臂抬至中腹部，左（或右）手心向里，手指自然弯曲，右（或左）手自然下垂。这两种站姿，男士多用，显得大方、自然、洒脱。

不论男女，站立时要保持精神饱满、心情放松，身体一定挺直端正，不要东倒西歪、耸肩歪脑。双手不要叉腰，不要抱在胸前，不要插入衣袋，不要随意放在身后。身体重心主要支撑于脚掌、脚弓上。站累了双脚可暂作"稍息"状，但上体仍需保持正直。

2. 坐姿

坐姿是指人在就座以后身体所保持的一种姿势。由于茶艺员在工作中经常是坐着为客人沏泡茶的，因此茶艺员良好的坐姿也显得尤为重要。坐姿是一种静态造型，坐姿不正确，会显得懒散无礼，有失高雅。端庄优美的坐姿，会给人以高雅、稳重、大方、自然、亲切的美感。

因应用于不同场合，坐姿又分成正式坐姿、侧点坐姿、跪式坐姿和盘腿坐姿四种。

（1）正式坐姿　走到座位前轻稳地坐下，最好坐在椅子的一半或2/3处，不要坐满椅面，不要仰靠椅背。对于女性，穿长裙子的坐下时要用手把裙摆向前拢一下，坐下后，双腿并拢，小腿与地面基本垂直，右手在上双手虎口交握，置放胸前或面前桌沿（彩插图6-2）。对于男性，两膝间可松开一拳的宽度，双手分开如肩宽，半握拳轻搭于前方桌沿或放在双腿上。不论男女，都要求坐时上身挺直，双肩放松，头正下颌微收；眼可平视或略垂视，面部表情自然，最好面带微笑，全身放松，调匀呼吸，集中思想。

在茶艺操作过程中，坐姿要保持挺直、端正，肩部不能因为操作动作的改变而左右倾斜。女性要特别注意双腿并拢，否则非常不雅观，尤其是在舞台上进行茶艺表演时更应注意。

（2）侧点坐姿　侧点坐姿分左侧点式和右侧点式，采取这种坐姿，也是很好的动作造型。根据茶椅、茶桌的造型不同，坐姿也发生变化，比如茶桌的立面有面板或茶桌有悬挂的装饰物障碍，无法采取正式坐姿，可选用左侧点式或右侧点式坐姿。左侧点式坐姿要双膝并拢，两小腿向左斜伸出，左脚跟靠于右脚内侧中间部位，左脚脚掌内侧着地，右脚跟提起，脚掌着地。右侧点式坐姿则相反。

如果是腿部丰满或穿长裤的茶艺员，要使小腿部分看起来略显修长，坐时要将两脚膝盖间的距离尽量拉远，线条看起来会优美些。

（3）跪式坐姿　日本、韩国的茶人习惯跪坐，故国际间茶文化交流，或席地而坐举行的无我茶会多用到这一姿势。这种姿势对于中国北方从小有盘腿坐大火炕的人不是太困难，而对于南方人而言，不进行针对性的强化训练，较容易因动作失误而造成尴尬。

跪坐，即日本的"正坐"。两腿并拢，双膝跪在坐垫上，双足背着地，臀部坐在双足上。挺腰放松双肩，头正下颌略敛，舌尖抵上颚。双手搭放于大腿上，或双手交叉于腹部。

（4）盘腿坐　只限于男性，适合于穿长衫的男性或表演宗教茶道的茶艺员。坐时用双手将衣服前摆撩起徐徐坐下，衣服后摆下端铺平，坐下后双腿向内屈伸相盘，双手分搭于两膝，衣服前摆应盖住双脚，不可露膝。坐下后上身要求挺直端正，头正下颌微收，两眼平视前方。

3. 蹲姿

蹲姿又分取物式蹲姿和奉茶式蹲姿。

（1）取物式蹲姿　取低处物品或拾起落在地上的东西时，不要弯下身体翘起臀部，这是不雅观又不礼貌的，要利用下蹲和屈膝动作。具体的做法是两脚稍分开，站在要拿或拾的东西旁边，屈膝蹲下，而不要低头，也不要弯背，要慢慢低下腰部拿取，以显文雅。

（2）奉茶式蹲姿　在茶桌较矮的情况下向客人奉茶时，采用蹲姿更显动作优雅美观。奉茶式蹲姿常用的有高低式和交叉式两种。

①高低式蹲姿：下蹲时左脚在前，右脚稍后（不重叠），两腿靠紧向下蹲。左脚全脚着地，小腿基本垂直于地面；右脚脚跟提起，脚掌着地。右膝低于左膝，右膝内侧靠于左小腿内侧，形成左膝高右膝低的姿态，臀部向下，基本上以右腿支撑身体。蹲下时上身挺直，放松双肩。随着双手将茶奉与客人时，目光亲切地注视着客人。这种蹲姿较适用于相对较低的茶桌奉茶。

②交叉式蹲姿：如果桌面较高，可采用交叉式蹲姿。下蹲时左脚在前，右脚在后，左小腿垂直于地面，全脚着地。右腿在后与左腿交叉重叠，右膝由后面伸向左侧，右脚跟抬起脚掌着地。两腿前后靠紧，合力支撑身体。臀部向下，上身稍前倾（彩插图6-3）。

一般男性茶艺员可选用第一种蹲姿，两腿之间可有适当距离，而女性茶艺员无论采用哪种蹲姿，都要注意将两腿靠紧，臀部向下，上身挺直。

4. 行姿

行姿又称为走姿，指的是一个人在行走之时所采取的姿势。它以人的站姿为基础，实际上属于站姿的延续动作。与其他姿势所不同的是，它自始至终都处于动态之中，它体现的是人类的运动之美和精神风貌。稳健优美的行姿可以使一个人气度不凡，产生一种动态美。

行姿的基本要求是：上身正直，不可弯腰驼背；眼睛平视前方，面带微笑；肩部放松，两手自然下垂，手指自然弯曲，双臂自然前后摆动，并迈步。若在狭小的空间场地中，或舞台上表演的女性行走，也可采取双手交叉相握于胸腹前的行走姿势（彩插图6-4）。行走时，身体重心略向前倾，两脚尖向前，不可呈内八字或外八字，两只脚在地上踩出的应是一条直线而不是两条平行线。

行走中需注意的事项如下。

（1）步速与步幅要适当　步速不要过急，否则会给人带来不安静、急躁的感觉。步幅也不要过大，一般控制在 25～30 厘米为宜。因为步幅过大人体前倾的角度必然加大，茶艺员经常手捧茶具来往较易发生意外。另外，步幅过大再加上较快的速度，容易让人产生"风风火火"的感觉，会减弱品茗环境的宁静和茶艺员的优雅之感。

（2）行走应轻盈平稳　步子轻盈平稳，能给人以温柔端庄、大方得体的美感。因此行走中脚的提起与放下都要轻，不要脚跟不离地面地拖着走，这样会给人一种身体沉重和拖泥带水的感觉。要使行走中做到平稳，一是迈步时应脚要提起来，放下时脚跟先着地；二是调整好步幅与步速，不能过大；三是切忌摇头晃肩，身体扭动摇摆。行走时两臂应自然地前后摆动，摆动幅度不要太大，约为 35 厘米，而且双臂外开不要超过 30 度，否则就会给人造成左右摇摆不稳的感觉。

（3）舞台茶艺表演时，行走的步速和步幅应根据其情节和音乐的节奏来确定　行姿也应随着主题内容而变化，或矫健轻盈，或精神饱满，或端庄典雅，或缓慢从容，可谓千姿百态，没有固定的模式。不管哪一种行姿都要让观众感到优美高雅、体态轻盈，所表现的肢体语言同茶艺表演的主题、情节、音乐、服饰等是吻合的。尤其是穿着的服装不同，相应的行姿也有所不同。如男士穿长衫时，要注意挺拔，保持后背平整，尽量突出直线；女士穿旗袍时，也要求身体挺直，胸微挺，下颌微收，不要塌腰撅臀，步幅不宜大，两手臂摆动幅度也不宜太大，尽量体现柔和、含蓄、妩媚、典雅的风格；穿长裙时，行走要平稳，步幅可稍大些。

（4）当奉茶后离开客人时，或茶艺表演结束离开表演台时，不要扭头就走，这是很不礼貌的　应该是先向后退几步，点头示意或行礼后再转身离去。一般情况下后退两三步为宜（舞台表演时可后退一至两步），退步时脚不要抬得过高，后退的步幅要小。转身时，向左转就先迈左脚，向右转就先迈右脚。

（5）行走中需要转向时也不要太随意　当走到需转向的位置，向右转弯时以左脚为轴心，迈右脚转向右方；向左转弯时以右脚为轴心，迈左脚转向左方。前行和后退的转向都一样迈步。

（6）当在前面引领茶客时应采用侧行步，并尽量走在茶客的左侧　侧行时髋部朝着前行的方向，上身稍向右转体，左肩稍前，侧身向着茶客，保持两三步的距离。或边走边向茶客介绍环境，需做手势时尽量用左手。侧身转向茶客不仅可以显示对茶客的尊重，同时还可留心观察茶客的意愿，及时为茶客提供满意的服务。

（二）茶艺常用礼节姿态

礼节是指人们在交际过程和日常生活中，相互表示尊重、友好、祝愿、慰问以及给予必要的协助与照料的惯用形式，它实际上是礼貌的具体表现方式。没有礼节，就无所谓礼貌；有了礼貌，就必然伴有具体的礼节。礼节主要包括待人的方式、招呼和致意的形式、公共场合的举止和风度等。

在茶事活动中，特别强调礼敬宾客。注重礼节，互致礼貌，表示友好与尊重，能体现良好的道德修养，也能感受茶艺活动带来的愉悦心情。行茶过程中的几种常用礼节形式如下。

1. 鞠躬礼

鞠躬礼是中国的传统礼节，即弯腰行礼，是向尊贵者表示敬重之意，代表行礼者的谦恭态度，在茶艺中一般用在茶艺表演者迎宾、送客、表演开始和结束时。从行礼姿势上可分三种：站式、坐式、跪式；而不同姿势的鞠躬礼又可细分为真、行、草礼三种类型。茶艺员可根据茶艺活动的性质、内容、规模及环境因素适当选择。

（1）站式鞠躬礼　以站姿为预备，两手平贴大腿徐徐下滑，上半身平直弯腰，弯腰到位后略作停顿，再慢慢直起上身，同时手沿腿上提，恢复原来的站姿。弯腰时吐气，直身时吸气。要求头与上身成一线，俯下和起身速度要一致，动作轻松，自然柔软。行礼不要太快，以免显得草率应付，对人有失尊重。行鞠躬礼时，应距离宾客在两三步之外，以免行礼时碰到宾客。一般弯腰的角度越大，表示越恭敬。根据弯腰时头、身与腿的角度大小，又分为三种。

①真礼：弯腰约90度，两手平贴大腿徐徐下滑至膝盖下。常用于尊贵的客人或茶艺表演之前，有的称为全礼（彩插图6-5）。

②行礼：弯腰约120度，两手平贴大腿徐徐下滑至膝盖上的大腿处。在日本茶道中常用于客人之间，有的称为半礼（彩插图6-6）。

③草礼：弯腰约150度，两手合靠于大腿根部，即只需将身体向前稍作倾斜。在日本茶道中常用于主客或客人之间说话前后（彩插图6-7）。

（2）坐式鞠躬礼　在坐姿的基础上，两手平放在大腿上，头身平直前倾，双臂自然弯曲，两手掌心向下，顺着大腿伸向双膝。身体弯到位后，缓缓直起，恢复坐姿，并面带笑容。俯、起时的速度、动作要求同站式鞠躬礼。根据弯腰时头、身与腿的角度大小，也分有三种。

①真礼：头身前倾约45度，双手平扶膝盖。

②行礼：头身前倾约60度，双手呈"八"字放于1/2大腿处。

③草礼：头身略向前倾，双手呈"八"字放于双腿后部位置。

（3）跪式鞠躬礼　在跪坐姿势的基础上，头身前倾，双臂自然下垂，双手呈"八"字形，掌心向下，指尖相对，顺大腿渐渐滑向双膝。身体弯到位后，缓缓直起，恢复跪坐姿势并面带笑容。俯、起时的速度、动作要求同站式鞠躬礼。在参加无我茶会时常会用到跪式鞠躬礼，也分有三种。

①真礼：头身前倾至胸部与大腿间只留一拳空档，同时双手顺大腿滑到双膝前，全手掌着地，两手指尖斜相对，切忌低头不弯腰或弯腰不低头。

②行礼：头身前倾以双手半掌着地为准，双手掌心向下，四指触地于双膝前的位置。

③草礼：头身略向前倾，双手掌心向着膝盖，指尖触地于双膝前的位置。

2. 伸掌礼

这是习茶过程中使用频率最高的礼节动作。当主人向客人敬奉各种物品时常此礼，表示"请"或"谢谢"，主客双方均可采用。伸掌礼基本姿势为：四指自然并拢，虎口稍分开，手掌略向内凹。将手侧向斜伸在所敬奉的物品旁边轻轻示意一下，手腕要含蓄用力，动作不能太轻浮，但也不要用外力过度，不能像行军礼那样用力。行伸掌礼同时应稍欠身点头微笑，伸掌礼用左、右手均可。两人面对面时，以主人为准，两人用同侧的手（主右客右，主左客左）；两人并排坐时，右侧一方伸右掌行礼，左侧一方伸左掌行礼。

3. 叩指礼

即以食指和中指并拢弯曲成约90度，轻轻叩击桌面两三下来行礼。据说此礼来自于乾隆微服私访的传说，与古时的叩头行礼有关。头即首，这里以"手"代"首"，二者同音，这样，"叩首"为"叩手"所代，两个指头弯曲表示"跪"，指头轻叩几下，表示"叩首"。

叩指礼通常用来答谢别人的服务。

目前，在一些地区的习俗中，长辈或上级给晚辈或下级斟茶时，下级和晚辈必须用双指行叩指礼；而晚辈或下级为长辈或上级斟茶时，长辈或上级只需单指行叩指礼。也有的地方在平辈之间敬茶时，单指叩击表示"我谢谢你"；双指叩击表示"我和我配偶一起谢谢你"；三指叩击表示"我们全家人都谢谢你"。

4. 注目礼和点头礼

注目礼即眼睛庄重而专注地看着对方，点头礼即点头致意。这两个礼节一般在向客人敬茶或奉上物品时联合应用。

5. 奉茶礼

奉茶礼源于呈献物品给位尊者的一种古代礼节，在茶艺中是指沏茶者把沏泡好的茶水用双手恭敬地端上茶桌，或用双手恭敬地端给品饮者。宾客接茶时，人要有稍前倾的姿势，用双手接过时，应点头示意或道谢，一般情况下不用单手奉茶与接茶（这是一般的奉茶礼，有的民族是要将茶杯举过头顶）。

奉茶时还应注意一些细节：

（1）距离　茶盘离客人不要太近，以免有压迫感；也不要太远，否则给人不易端取之感。

（2）高度　茶盘端得太高，客人拿取不易；端得太低，自己的身体会弯曲得太厉害。让客人能以45度俯角看到茶杯的汤面是适当的高度。

（3）稳度　奉茶时要将奉茶盘端稳，给人很安全的感觉。客人端妥，把茶杯端离盘面后才可移动盘子。常发现的缺失是：客人才端到杯子就急着要离开，这时若遇到客人尚未拿稳，或想再调整一下手势，容易打翻杯子。

（4）奉茶的位置　如果从客人的正前方奉茶，不会有什么问题发生，如果从客人的侧面奉茶，就要考虑客人拿杯子的方便性。一般人惯用右手，所以从客人左侧奉茶，客人比较容易用右手拿取杯子。如果你知道他是惯用左手的，当然就从他的右侧奉茶。在为客人斟二道茶时，若从客人左侧倒茶，要用左手持茶盅才不会妨碍到客人。

6. 寓意礼

在长期的茶事活动中，人们对一些常用动作赋予了美好的寓意，久而久之就固定形成各种寓意礼。在行茶过程中，不必使用语言，宾主双方就可进行沟通。常见的寓意礼有以下几种。

（1）凤凰三点头冲泡手法　指手提开水壶上下反复三次注水泡茶的手法，寓意为向来宾三鞠躬行礼以示欢迎。

（2）回旋注水手法　指在进行烫壶、温杯、温润泡茶等操作时，采取向内转圈的方式注水的手法。若用右手操作时按逆时针方向旋转，若用左手操作时则按顺时针方向旋转。此法动作类似招呼手势，寓意"来、来、来"，表示欢迎；反向动作则变成暗示挥手"去、去、去"，表示赶人走的意思。

（3）壶嘴朝向　放置茶壶或水壶时壶嘴不能正对他人。否则，表示请人赶快离开，对人不礼貌。

（4）茶具摆放方向　只一面有花纹的茶具摆放时，应将花纹朝向宾客，即将美好的一面展示给宾客，是对宾客的尊敬。

（5）斟茶量　为客人斟茶时只斟七分满，寓意"七分茶三分情"。俗话说："茶满伤人，酒满敬人"，实为茶满客人不便于握杯啜饮。

7. 行走中礼节

在走廊或过道上遇到迎面而来的宾客，茶艺员要礼让在先，主动站立一旁，为宾客让道。与宾客往同一方向行走时，不能抢行；在引领宾客时，茶艺员要位于宾客左前方二三步处，随客步同时行进。

（三）茶艺员的表情、动作要求

要让茶艺能给人带来美感和舒适感，茶艺操作者还要注意下面几点。

（1）始终面带微笑，目光亲切、诚挚　眼睛是心灵的窗户，通过眼神可以起到一定的沟通主客情感，使主客进行心灵交流的作用。所以茶艺员在茶事过程中要注意眼神的运用，不要在整个过程中目中无人，自顾自地操作；也不要瞪着双眼长时间直视客人，特别是在客人全身上下打量更是不对，这是很不礼貌的作法。在看客人时目光要亲切、温和、诚挚，使主客之间营造出一种友好、和谐的社交气氛。有的资料提到，在向客人奉茶时，茶艺员的目光应放在客人脸上双眼与嘴之间的三角部位为宜。

（2）茶艺操作中的动作尽可能圆润、柔和　因为这样可以表现出一种柔和、和谐之美，也体现出茶道茶艺的"和"字精神。如取拿器物时的"双手环抱"；或单手"上下、平行划弧"等。但要掌握好圆弧的度，要自然流畅，不要僵硬做作。

（3）茶艺操作中要充分展示出宁静雅致之美　茶人追求淡泊宁静的境界，茶艺也以静雅为美，"静"字精神也是茶道精神的一个重要内容。所以在茶艺操作中应尽可能体现出静雅之美，操作者的动作要适当轻柔舒缓，控制好动作的节奏，举手投足要显得沉着、镇定、从容不迫、温文尔雅。操作时不要急躁慌张，不要有幅度太大的动作，不要太夸张，也不要矫揉造作，要让人参与茶艺活动后能获得一种宁静美的享受。

（4）尽量避免左右手交叉的动作　这样的动作让人有一种杂乱无序之感，要做到此点，在布具上要注意合理确定各种茶具的摆放位置，左手拿的用具应放在左手边，右手拿的用具就放在右手边；同时茶艺动作设计时也应注意安排好左右手的动作。

三、语言美

（一）茶艺服务语言美的基本要求

俗话说："好话一句三春暖，恶语一句三伏寒。"这句话形象而生动地概括了语言美在社交中的作用。作为公众服务者的茶艺员，更是需要注意自己的语言美。在服务中对其语言美的总要求是："语言简练，语意准确，语调轻柔，语气亲切，态度诚恳，讲究语言艺术。"具体来讲，在茶艺服务中，与客人进行语言交流时应注意以下几个方面。

1. 注意说话时的态度

在与宾客对话时，要面带微笑，亲切随和，注意力集中；要不时通过关注的目光与宾客进行感情交流，或通过点头和简短的提问、插话表示出对宾客谈话的关注和兴趣，这不仅可使谈话进行下去，也是对宾客的尊重。对客人的谈话不理不睬，或客人谈话时东张西望、漫不经心、心不在焉、所答非所问，或对客人的讲话随意打断等作法都是应该绝对禁止的。

2. 注意与宾客交流的语言艺术

美学家朱光潜曾说道："话说得好就会如实的达意，使听者感到舒适，发生美的感受，这样的话就成了艺术。"说话的语言艺术，很多时候反映在用词的准确和恰当上。用词是否准确、恰当会给宾客不同的感受，产生不同的效果。如"请这边走"使宾客听起来觉得有礼貌，若把"请"字省去，变成了"这边走"，在语气上就显得生硬，变成命令式了，这样会使宾客听起来不舒服，难以接受。另外，恰当、客气的用语也能使人听起来感到更文雅，会对茶艺员产生好感，更有利于相互交流，如用"您贵姓"代替"您叫什么"等。

3. 注意语言简练、突出中心

在茶艺服务过程中，茶艺员要用简练的语言与宾客交谈，如果说话啰嗦、拐弯抹角，费了许多时间还讲不清，那么宾客会厌烦、急躁，甚至产生误会。

4. 注意说话的语音、语调、语速

说话不仅是在交流信息，同时也是在交流感情。所以，许多复杂的情感往往通过不同的语调和语速表达出来。明快、爽朗的语调会使人感受到茶艺员大方的气质和直率的性格，而声音尖锐刺耳或说话速度过快，会使人感到有急躁、不耐烦的情绪。另外，有气无力、拖着长长的调子，也会给人一种精神不振、矫揉造作之感。因此，茶艺员在与宾客谈话时要掌握好音调与节奏，以婉转柔和的语调，给宾客带来一份和谐的交流氛围和良好的语言环境。

（二）茶艺服务中的常用语

一个人的语言美，是与其文化、道德修养密切相关的。因此茶艺员应加强自己的文化学习和提高道德修养。要做到语言美，首先要做到语言规范，掌握好待客"五声"，即客来问候声、落座有招呼声、致谢声、致歉声和客走道别声。要多用礼貌语言，忌用不文明语言。茶室中常用礼貌语言及忌用语如下。

称呼语："先生""女士""太太""夫人""小姐"等。

见面语："早上好""下午好""晚上好""您好""欢迎光临""很高兴认识您""请多指教""请多关照"等。

感谢语："谢谢""劳驾了""让您费心了""感谢您的提醒""拜托了""麻烦您""谢谢您的帮助"等。

致歉语：打扰对方或服务有不足之处向对方致歉时应说："对不起""请原谅""很抱歉""让您久等了""请多包涵""给您添麻烦了"等；接受对方致谢致歉时应说："别客气""不用谢""没关系""请不要放在心上"等。

应答语：听取宾客要求时要微微点头，使用应答语，如"好的""明白了""请稍候""马上就来""马上就办"等。

告别语："再见""慢走""走好""欢迎再来""祝您一路平安""请再来""多多保重"等。

忌用语：与客人谈话时要杜绝使用"四语"，即蔑视语、烦躁语、否定语和顶撞语。如"喂""你笨死了""狗屁不通""猪脑袋""笨蛋""不知道""不行""没有了""你不懂"等。

四、日常茶事活动中待客礼仪注意事项

中国是礼仪之邦，在宋朝时客来敬茶的茶礼就已十分普及。日常生活待客时更是少不了茶。在以茶待客时，礼仪方面还有许多需要注意的，现简介如下。

（1）在多位客人入席时，以辈分大小，社会地位高低等来安排席次。至于席次的高低，在不同环境、场合下有一些差别。在室内，通常背墙面门为正位。有明显中心位置的地方，以中央为上。对于左右位置，在我国政务中常常按中国传统文化来定，以左为上，右为下；而在商务和交际中则按国际惯例来定，以右为上，左为下。就远近而论，一般以远为上。

（2）讲究清洁卫生。一是要搞好环境的清洁卫生，使客人在良好的环境中品好茶；二是在待客前茶具一定要洗干净，若用不太干净的茶具泡茶待客，客人会感到很不舒服，也是对客人的极不尊重；三是要注意泡茶操作中的卫生，尤其注意撮茶切忌用手抓，最好使用专用的取茶工具取茶入杯。

（3）为客人上茶时，不可以注满杯，以七分为宜。这是以茶待客的基本礼节之一，茶艺员应牢记在心。有茶谚云：茶满伤人，酒满敬人；茶七酒八；茶浅酒满。

（4）无论是以壶沏茶或以杯泡茶，都不应在客人面前操作（茶艺表演例外）。最好是在茶炉间，或另设的桌案上将茶冲泡好，放在茶盘上，再端上茶桌。因为操作中有时难免失误，会引起尴尬或得罪客人。

（5）一般情况下，按入席人数上茶，不可缺少一二杯，以示主人平等待客；在敬茶时，要说一声"请用茶"，并行伸掌礼，以示主人敬茶有礼。作为客人也应还礼，或说声"谢谢"，以示个人修养。

（6）上茶中各类茶具落桌时，要小心轻放，不可砰然出声。尤其是玻璃茶具不小心容易打破，要把茶杯等放在合适的位置，不要放在桌边角上，以防客人不小心打破，造成难堪的场面。

（7）一般人都习惯使用右手持茶杯饮茶，奉茶时，应从客人的左侧用左手奉茶。如果是带柄的茶杯，放在桌上时，杯柄应对客人的右方，以方便客人拿取。为客人斟茶时也应从客人的左侧用左手，以体现主人对客人的细心、周到。

（8）若以玻璃杯泡茶，要事先用温水预热，以免注开水时发生炸裂。尤其是在气温低的冬季更要注意，以免造成烫伤等令人不快的后果。

（9）若以壶沏茶时，在第一轮分茶后，再注入开水后的茶壶，最好是放在另一桌上；若将茶壶放在同一茶桌上时，壶嘴不要对着客人，应对着两人之间的空隙，否则是对客人的不礼貌。

（10）若用壶分茶，客人较多时，茶过三巡，茶味已淡，最好用两把茶壶，当第一壶茶冲过两次之后，就要把第二把茶壶投茶注水，以免临时冲泡，时间仓促，茶味和香气得不到充分浸出。

（11）用杯泡茶待客时，第二次续水，应在第一次茶汤还剩三分之一时进行，以保持茶汤浓度的均衡，使客人前后喝到的茶汤味道不至于差别太大。

（12）在招待老年人或海外华人时要注意，不要再三地劝其饮茶，因为我国旧时有以再三请茶作为提醒客人应当告辞了的习俗。

五、涉外茶艺服务礼仪

近年来，茶在我国的国际交往中扮演着越来越重要的角色，茶文化和茶艺成为了世界了解中国的一个良好途径。因此，作为站在茶文化宣传一线的茶艺人员必须掌握对外活动的接待准备、迎送、交流、礼宾次序与禁忌等方面的国际礼仪礼节基本常识。

（一）涉外茶事礼仪的基本要求

在涉外茶艺服务中，要顺利完成好接待服务工作，茶艺员应遵循以下原则。

1. 国家之间一律平等的原则

国家不分大小、强弱、贫富，都要平等相待，一视同仁。对外宾热情友好、彼此尊重、不卑不亢，反对大国主义，处处维护国家利益。

2. 尊重国格、尊重人格的原则

在接待国外宾客时，茶艺员要以"民间外交官"的姿态出现，特别要注意维护国格和人格。待人接物要坦诚谦逊，热情周到，而不能盛气凌人，也不能低声下气、卑躬屈膝，失去自我。

3. 注重礼仪与礼节的原则

根据茶艺的特点为外宾提供上乘服务，满足不同国籍宾客的要求，熟悉各国各民族的风俗习惯。陪同外宾时应注意自己的身份和所站的位置，言行举止要合乎礼仪要求。坐立姿态端庄大方，对外宾不评头论足，使来宾有"宾至如归"之感。

4. 尊重女性的原则

尊重女性在西方国家显得特别突出。因此在接待外宾的活动中，要遵循"女士优先"的原则。

5. 尊重各国风俗习惯的原则

不同的国家、民族，由于不同的历史、文化、宗教等因素，各有其特殊的风俗习惯和礼节，在涉外茶事活动中也应予以重视。如对外宾保持其传统的习俗和正常的宗教活动不干涉；对外宾的风俗习惯及宗教信仰不非议；对外宾的生活习惯及宗教信仰不随便模仿，以防弄巧成拙。

（二）世界各国相关习俗和禁忌

世界之大，各国、各地区往往都有各自独特的礼仪和禁忌。茶艺员要做到喜迎宾客礼貌服务，就需了解各国、各地区、各民族的礼仪、习俗及禁忌，以提高自身的素质和服务质量。

1. 日本人

日本人忌讳绿色，认为绿色不祥，忌荷花图案。当日本宾客到茶艺馆品茶时，茶艺服务人员应注意不要使用绿色茶具或有荷花图案的茶具为他们泡茶。

2. 新加坡人

新加坡人视紫色、黑色为不吉利颜色，黑白黄色为禁忌色。在与他们谈话时忌谈宗教与政治方面的问题，不能向他们讲"恭喜发财"的话，因为他们认为这句话有教唆别人发横财之嫌，是挑逗、煽动他人做对社会和他人有害的事。

3. 马来西亚人

马来西亚人忌用黄色，单独使用黑色认为是消极的。因此，在茶艺服务中要注意茶具色彩的选择。

4. 英国人和加拿大人

英国人和加拿大人忌讳百合花，所以茶艺服务人员在品茗环境的布置上要注意这一点。

5. 法国人和意大利人

法国人忌讳黄色的花，而意大利人忌讳菊花。

6. 德国人

德国人忌吃核桃，忌讳玫瑰花，所以不要向德国宾客推荐玫瑰、针螺类的花茶，准备茶点时不要摆核桃。

（三）接待外宾注意事项

（1）在茶艺服务接待过程中，以我国的礼貌语言、礼貌行为、礼宾规程为行为准则，使外宾感到中国不愧是礼仪之邦。在此前提下，当茶艺接待方式不适应宾客时，可适当地运用他们的礼节、礼仪，以表示对外宾的尊重和友好。

（2）茶艺员在接待国外宾客时，要特别注意维护国格和人格，绝对不能玷污我们伟大祖国的光辉形象。

（3）茶艺员在接待外宾时，应满腔热情地对待他们，绝不能有任何看客施礼的意识，更不能有以衣帽取人的错误态度。应本着"来者都是客"的真诚态度，以优质服务取得宾客的信任，使他们乘兴而来，满意而归。

（4）在茶艺接待工作中，宾客有时会提出一些失礼甚至无理的要求，茶艺员应耐心地加以解释，决不要穷追不放，把宾客逼至窘境，否则会使对方产生逆反心理，不仅不会承认自己的错误，反而会导致对抗，引起更大的纠纷。茶艺员要学会宽容别人，给宾客体面地下台阶的机会，以保全宾客的面子。当然，宽容绝不是纵容，不是无原则的姑息迁就，应根据客观事实加以正确对待。

第二节　茶艺员岗位职责与职业道德

一、茶艺员岗位职责

茶艺员的岗位职责在不同的茶馆、茶楼及茶店规定是不完全相同的，但基本内容如下。

（1）每天负责准备好充足的货品及用具，负责台面的摆设；

（2）熟悉服务流程，严格按服务程序和标准为顾客服务，根据顾客的要求准备不同的茶叶及沏泡用具；

（3）保持服务区域的整齐与清洁，做好服务后台面的清理和茶具的清洗；

（4）按照不同的茶叶种类采用不同的方法为顾客沏泡茶叶；

（5）耐心细致地为顾客讲解，尽量为客人解惑答疑；

（6）对客人作适当推销；

（7）处理客人提出的问题，必要时请示领班；

（8）填写服务单据；

（9）协调好与其他服务员的关系，必要时，协助其他茶艺员的工作；

（10）完成领导交办的其他工作任务。

二、茶艺员职业道德

职业道德是一种与特定职业相适应的职业行为规范。任何个人在职业活动中都要遵守一定的行为规范，这是道德准则在职业生活中的具体表现。茶艺员的职业道德是一种与茶艺这种特定职业相适应的职业行为规范，茶艺员的职业道德可归纳为以下几个方面的内容。

（一）爱岗敬业，忠于职守

爱岗敬业，即"干一行爱一行"进而"干好一行"。这绝非是一句口号，而是有着实实在在内容的行为规范。特别是对茶艺员来说，它体现在茶艺活动整体服务过程中的方方面面，它是以服务活动本身来满足顾客的需求，是一种无形商品。忠于职守，是要求把自己职责范围内的事情做好，合乎质量标准和规范要求，能够完成应承担的任务。茶艺员职业道德的养成，要从爱岗敬业，忠于职守开始，把自己的职业当成自己生命的一部分并尽职尽责地做好，在这个基础上才能够精通业务，服务顾客。

（二）遵纪守法，文明经营

为了规范竞争行为，加强依法经营的力度和维护消费者利益，国家出台了一系列的法律、法规。目前已颁布的与茶艺服务业有关的法律、法规主要有《中华人民共和国产品质量法》《中华人民共和国计量法》《中华人民共和国食品安全法》《中华人民共和国消费者权益保护法》《中华人民共和国劳动法》等。遵纪守法，是对每一位公民的要求。能否遵纪守法，是衡量职业道德好坏的重要标志。上述与茶艺业有关的法律和规定，茶艺员都要在岗位工作中身体力行。如《中华人民共和国计量法》规定保证计量准确，茶品应有量化标准。《中华人民共和国食品安全法》规定保证食品清洁卫生，顾客安全饮用。因此，应提倡文明经营，要杜绝霉变茶、劣质茶及假茶的经营，防止病从口入，危害人体健康。

（三）礼貌待客，热情服务

这是茶艺员必备的职业道德之一。热情服务是指茶艺员出于对自己所从事的职业有肯定的认识，对客人的心理有深刻的理解，因而发自内心地、满腔热情地向客人提供良好的服务，服务中多表现为精神饱满、热情好客、动作迅速、满面春风等。茶艺员礼貌待客，除仪容仪表、行为举止要求之外，还体现在相互尊重、相互理解、不卑不亢、落落大方等礼貌修养方面。如何培养良好的礼貌修养呢？这是一个自我认识、自我养成、自我提高的过程。茶艺员只有把礼貌修养看作是自身素质不可缺少的一部分，是事业发展的基础，是完美人格的组成，才会有真正的自觉意识和主动性。

（四）诚信无欺，真实公道

社会主义商业道德要求树立质量第一、信誉第一、顾客第一的观念，以管理水平、服务质量的竞争为基础，反对不顾质量、不讲信誉、巧立名目、以次充好、随意涨价、乱收费用，坚决反对不顾国家利益、尔虞我诈等各种不正确的做法。茶艺员只有坚持讲信誉、重质量，以服务质量和管理水平为基础开展市场竞争，才能取得良好的效果。

（五）钻研业务，精益求精

做一名称职的茶艺员，除具备上述职业道德要求外，还要掌握过硬的业务本领。如沏一杯茶选用何种茶具，采取什么样的投茶方法，投茶量多少，水温多少为宜，浸泡时间多少为宜，如何斟茶，如何奉茶，如何品茗，以及茶的产地、得名、品质特点、保健作用、保管与鉴别质量等都要清楚地了解。最需强调的是要根据客人的需求提供不同的服务，因此，没有精通业务的过硬本领，服务好顾客的愿望是不能实现的，只能是一句空话。

第三节　茶艺服务相关法律法规知识

一、劳动法常识

作为茶艺师，应该掌握《中华人民共和国劳动法》（以下简称《劳动法》）中有关劳动者本人权益、用人单位利益以及劳资关系协调与仲裁的内容。

（一）对劳动者素质的要求

劳动者的素质是指作为一名劳动者应具备的条件，它直接关系到劳动者本人和用人单位的利益。《劳动法》在总则中规定了一些对劳动者素质的要求。

（1）劳动者应当完成劳动任务　这是对劳动者最基本的素质要求。只有通过完成劳动任务，劳动者和用人单位的利益才能够得到实现。

（2）提高职业技能　这是对劳动者职业素质方面的要求。劳动者素质的提高将有助于劳动者和用人单位更好地实现自身利益。

（3）执行劳动安全卫生规程　这是对劳动者安全卫生方面的素质要求。只有严格执行劳动安全卫生规程，才能防止劳动过程中的事故，减少职业危害。

（4）遵守劳动纪律和职业道德　这是对劳动者纪律和道德观念方面的素质要求，是衡量一个劳动者素质是否全面的重要标准。

（二）对劳动者合法权益的保护

保护劳动者的合法权益，是《劳动法》的根本宗旨。《劳动法》主要是通过规定劳动者享有一系列权利来达到保护劳动者合法权益的目的。具体规定如下。

（1）劳动者享有平等就业和选择职业的权利　劳动者就业，不因民族、种族、性别、宗教信仰不同而受歧视。妇女享有与男子平等的就业权利。禁止用人单位招用未满16周岁的未成年人。

（2）取得劳动报酬的权利　工资分配应当遵循按劳分配原则，实行同工同酬。国家实行最低工资保障制度。用人单位支付劳动者的工资不得低于当地最低工资标准。有下列情形之一的，用人单位应当按照下列标准支付高于劳动者正常工作时间工资的工资报酬：①安排劳动者延长工作时间的，支付不低于工资的百分之一百五十的工资报酬；②休息日安排劳动者工作又不能安排补休的，支付不低于工资的百分之二百的工资报酬；③法定休假日安排劳动者工作的，支付不低于工资的百分之三百的工资报酬。工资应当以货币形式按月支付给劳动者本人。不得克扣或者无故拖欠劳动者的工资。劳动者在法定休假日和婚丧假期间以及依法参加社会活动期间，用人单位应当依法支付工资。

（3）休息休假的权利　用人单位应当保证劳动者每周至少休息一日。应当在元旦、春节、国际劳动节、国庆节以及法律、法规规定的其他休假节日期间安排劳动者休假。用人单位由于生产经营需要，经与工会和劳动者协商后可以延长工作时间，一般每日不得超过一小时；因特殊原因需要延长工作时间的，在保障劳动者身体健康的条件下延长工作时间每日不得超过三小时，但是每月不得超过三十六小时。劳动者连续工作一年以上的，享受带薪年休假。

（4）获得劳动安全卫生保护的权利　用人单位必须建立、健全劳动安全卫生制度，严格执行国家劳动安全卫生规程和标准，对劳动者进行劳动安全卫生教育。同时，还必须为劳动者提供符合国家规定的劳动安全卫生条件和必要的劳动防护用品，对从事有职业危害作业的劳动者应当定期进行健康检查。劳动者对用人单位管理人员违章指挥、强令冒险作业，有权拒绝执行；对危害生命安全和身体健康的行为，有权提出批评、检举和控告。

（5）接受职业技能培训的权利　用人单位应当建立职业培训制度，按照国家规定提取和使用职业培训经费，根据本单位实际，有计划地对劳动者进行职业培训。

（6）享受社会保险和福利的权利　用人单位和劳动者必须依法参加社会保险，缴纳社会保险费。劳动者在退休、患病、负伤、因工伤残或者患职业病、失业、生育情况下，依法享受社会保险待遇。

（三）劳动合同

（1）劳动合同的订立　劳动合同应当以书面形式订立，并具备以下条款：①劳动合同期限；②工作内容；③劳动保护和劳动条件；④劳动报酬；⑤劳动纪律；⑥劳动合同终止的条件；⑦违反劳动合同的责任。劳动合同除前款规定的必备条款外，当事人可以协商约定其他内容。

（2）劳动合同可以约定试用期　试用期最长不得超过六个月。

（3）劳动者有下列情形之一的，用人单位不得解除劳动合同　①患职业病或者因工负伤并被确认丧失或者部分丧失劳动能力的；②患病或者负伤，在规定的医疗期内的；③女职工在孕期、产期、哺乳期内的；④法律、行政法规规定的其他情形。

（四）劳动争议的协调与仲裁

劳动争议发生后，当事人可以向本单位劳动争议调解委员会申请调解；调解不成，当事人一方要求仲裁的，可以向劳动争议仲裁委员会申请仲裁。当事人一方也可以直接向劳动争议仲裁委员会申请仲裁。对仲裁裁决不服的，可以向人民法院提起诉讼。

二、食品安全法常识

茶艺馆、茶楼、茶室是比较特殊的服务场所，它不仅仅是欣赏茶艺表演的舞台，还是人们品茶、用食的地方。这就要求茶艺师对我国《中华人民共和国食品安全法》（以下简称《食品安全法》）常识有所了解。

（一）茶馆茶楼经营服务的卫生安全要求

茶馆茶楼经营服务过程中应当执行食品安全标准，并符合下列要求：

（1）保持经营场所环境整洁，并与有毒、有害场所以及其他污染源保持规定的距离；

（2）有相应的消毒、更衣、盥洗、采光、照明、通风、防腐、防尘、防蝇、防鼠、防虫、洗涤以及处理废水、存放垃圾和废弃物的设备或者设施；

（3）有食品安全管理人员和保证食品安全的规章制度；

（4）具有合理的设备布局和工艺流程，防止待加工食品与直接入口食品、原料与成品交叉污染，避免食品接触有毒物、不洁物；

（5）餐具、饮具和盛放直接入口食品的容器，使用前应当洗净、消毒，炊具、用具用后应当洗净，保持清洁；

（6）贮存、运输和装卸食品的容器、工具和设备应当安全、无害，保持清洁，防止食品污染，并符合保证食品安全所需的温度、湿度等特殊要求，不得将食品与有毒、有害物品一同贮存、运输；

（7）直接入口的食品应当使用无毒、清洁的包装材料、餐具、饮具和容器；

（8）茶叶经营人员应当保持个人卫生，工作时，应当将手洗净，穿戴清洁的工作衣、帽等；销售无包装的直接入口食品时，应当使用无毒、清洁的容器、售货工具和设备；

（9）用水应当符合国家规定的生活饮用水卫生标准；

（10）使用的洗涤剂、消毒剂应当对人体安全、无害；

（11）法律、法规规定的其他要求。

（二）茶馆茶楼生产经营食品的卫生安全要求

茶馆茶楼不仅为消费者提供茶叶，通常还要提供各种佐茶的食品，有的甚至还供应餐食，因此，经营中必须符合《食品安全法》规定。茶馆茶楼禁止生产经营下列食品：

（1）用非食品原料生产的食品或者添加食品添加剂以外的化学物质和其他可能危害人体健康物质的食品，或者用回收食品作为原料生产的食品；

（2）致病性微生物，农药残留、兽药残留、生物毒素、重金属等污染物质以及其他危害人体健康的物质含量超过食品安全标准限量的食品；

（3）用超过保质期的食品原料、食品添加剂生产的食品；

（4）超范围、超限量使用食品添加剂的食品；

（5）腐败变质、油脂酸败、霉变生虫、污秽不洁、混有异物、掺假掺杂或者感官性状异常的食品；

（6）病死、毒死或者死因不明的禽、畜、兽、水产动物肉类及其制品；

（7）未按规定进行检疫或者检疫不合格的肉类，或者未经检验或者检验不合格的肉类制品；

（8）被包装材料、容器、运输工具等污染的食品；

（9）标注虚假生产日期、保质期或者超过保质期的食品；

（10）无标签的预包装食品；

（11）国家为防病等特殊需要明令禁止生产经营的食品；

（12）其他不符合法律、法规或者食品安全标准的食品。

（三）茶馆茶楼采购的卫生安全要求

茶馆茶楼经营者采购茶叶及其他原料，应当查验供货者的许可证和产品合格证明；对无法提供合格证明的茶叶及食品原料，应当按照食品安全标准进行检验；不得采购或者使用不符合食品安全标准的茶叶及食品原料。

（四）茶馆茶楼从业人员的卫生要求

茶馆茶楼经营者应当建立并执行从业人员健康管理制度。患有国务院卫生行政部门规定的有碍食品安全疾病的人员，不得从事接触直接入口食品的工作。从事接触直接入口食品工作的从业人员应当每年进行健康检查，取得健康证明后方可上岗工作。

（五）茶馆经营企业的卫生安全要求

国家对食品生产经营实行许可制度。从事茶馆茶楼经营企业，应当依法取得许可。县级以上地方人民政府食品安全监督管理部门应当依照《中华人民共和国行政许可法》的规定，审核申请人提交的相关资料，对符合规定条件的，准予许可；对不符合规定条件的，不予许可并书面说明理由。

茶馆茶楼经营企业应当建立健全食品安全管理制度，对职工进行食品安全知识培训，加强食品检验工作，依法从事生产经营活动。企业的主要负责人应当落实企业食品安全管理制度，对本企业的食品安全工作全面负责。

三、消费者权益保护法常识

茶艺师在日常的服务工作当中，必须把握自身工作的特点，对于来到茶馆、茶楼、茶庄消费的顾客，既要礼貌待客，同时又要对消费者的合法权益有所了解，这样才可能达到一个合格的茶艺师标准。

（一）对消费者合法权益保护的基本要求

消费者权益是指消费者在购买、使用商品或接受服务时依法享有的权利和该权利受到保护时给消费者带来的利益。《中华人民共和国消费者权益保护法》（以下简称《消费者权益保护法》）对消费者权益保护的基本要求主要体现在规定消费者享有下列权利。

（1）安全保障权　消费者在购买、使用商品和接受服务时享有人身、财产安全不受损害的权利。

（2）知情权　消费者享有知悉其购买、使用的商品或者接受的服务的真实情况的权利。

（3）自主选择权　消费者享有自主选择商品或者服务的权利。

（4）公平交易权　消费者享有公平交易的权利。

（5）获取赔偿权　消费者购买、使用商品或者接受服务受到人身、财产损害的，享有依法获得赔偿的权利。

（6）结社权　消费者享有依法成立维护自身合法权益的社会组织的权利。

（7）获得相关知识权　消费者享有获得有关消费和消费者权益保护方面的知识的权利。

（8）受尊重权　消费者在购买、使用商品和接受服务时，享有其人格尊严、民族风俗习惯得到尊重的权利，享有个人信息依法得到保护的权利。

（9）监督权　消费者享有对商品和服务以及保护消费者权益工作进行监督的权利。

（二）根据保护消费者合法权益的要求经营

消费者与经营者是消费活动中相对应的主体，消费者权利的实现有赖于经营者义务的履行。因此，《消费者权益保护法》通过严格规定经营者的义务来实现对消费者权益的保障。

（1）依法定或约定履行义务　经营者向消费者提供商品和服务，应依照法律、法规的规定履行义务。双方有约定的，应按照约定履行义务，但约定不得违法。

（2）接受消费者监督　经营者应当听取消费者对其提供的商品或服务的意见，接受消费者的监督。

（3）保证安全　经营者应当保证其提供的商品或服务符合保障人身、财产安全的要求。

（4）有预警与召回措施　经营者发现其提供的商品或者服务存在缺陷，有危及人身、财产安全危险的，应当立即向有关行政部门报告和告知消费者，并采取停止销售、警示、召回、无害化处理、销毁、停止生产或者服务等措施。采取召回措施的，经营者应当承担消费者因商品被召回支出的必要费用。

（5）提供真实信息　经营者向消费者提供有关商品或者服务的质量、性能、用途、有效期限等信息，应当真实、全面，不得作虚假或者引人误解的宣传。经营者对消费者就其提供的商品或者服务的质量和使用方法等问题提出的询问，应当作出真实、明确的答复。经营者提供商品或者服务应当明码标价。

（6）标明真实名称和标记　经营者应当标明其真实名称和标记。租赁他人柜台或者场地的经营者，应当标明其真实名称和标记。

（7）出具购货凭证或服务单据　经营者提供商品或服务，应当按照国家有关规定或者商业惯例向消费者出具购货凭证或者服务单据；消费者索要购货凭证或者服务单据的，经营者必须出具。

（8）保证质量　经营者应当保证在正常使用商品或者接受服务的情况下，其提供的商品或者服务应当具有的质量、性能、用途和有效的期限；但消费者在购买该商品或者接受该服务前已经知道其存在瑕疵，且存在该瑕疵不违反法律强制性规定的除外。

（9）承担售后服务等责任　经营者提供的商品或者服务不符合质量要求的，消费者可以依照国家规定、当事人约定退货，或者要求经营者履行更换、修理等义务。没有国家规定和当事人约定的，消费者可以自收到商品之日起七日内退货；七日后符合法定解除合同条件的，消费者可以及时退货，不符合法定解除合同条件的，可以要求经营者履行更换、修理等义务。依照前款规定进行退货、更换、修理的，经营者应当承担运输等必要费用。

（10）保证公平交易　经营者不得以格式条款、通知、声明、店堂告示等方式，做出排除或者限制消费者权利、减轻或者免除经营者责任、加重消费者责任等对消费者不公平、不合理的规定，不得利用格式条款并借助技术手段强制交易。

（11）维护消费者的人格权　经营者不得对消费者进行侮辱、诽谤，不得搜查消费者的身体及其携带的物品，不得侵犯消费者的人身自由。

（12）保护消费者的个人信息　经营者收集、使用消费者个人信息，应当遵循合法、正当、必要的原则，明示收集、使用信息的目的、方式和范围，并经消费者同意。经营者及其工作人员对收集的消费者个人信息必须严格保密，不得泄露、出售或者非法向他人提供。

（三）发生权益纠纷的解决途径

消费者与经营者发生权益纠纷，可与经营者协商和解；可请求消费者协会调解；可向有关行政部门申诉；可根据与经营者达成的仲裁协议提请仲裁机构仲裁；或向人民法院提起诉讼。

四、公共场所卫生管理常识

茶艺师工作的场所人来人往，公共场所卫生管理的法律常识自然也是茶艺师需要了解和关心的。

（一）《公共场所卫生管理条例》的主要内容

《公共场所卫生管理条例》是为创造良好的公共卫生条件，预防疾病，保障人体健康而制定的。它的内容主要包括本条例适用的公共场所的范围；公共场所应符合国家卫生标准和要求的项目；公共场所的"卫生许可证"制度；公共场所的主管部门的卫生管理制度；公共场所经营单位的卫生责任制度；卫生防疫机构对本辖区范围内的公共场所的卫生监督职责；对公共场所经营者和公共场所卫生监督机构及卫生监督员违反本条例的罚则。

（二）与茶艺馆业有关的管理条文

茶艺馆作为本条例适用的公共场所之一，必须要遵守本条例的一些相关规定。具体如下。

（1）公共场所的下列项目应符合国家卫生标准和要求：

①空气、微小气候（湿度、温度、风速）；

②水质；

③采光、照明；

④噪声；

⑤顾客用具和卫生设施。

（2）国家对公共场所实行"卫生许可证"制度，"卫生许可证"由县以上卫生行政部门签发。

（3）经营单位应当负责经营的公共场所的卫生管理，建立卫生责任制度，对本单位的从业人员进行卫生知识的培训和考核工作。

（4）公共场所直接为顾客服务的人员，持有"健康合格证"方能从事本职工作。患有痢疾、伤寒、病毒性肝炎、活动期肺结核、化脓性或者渗出性皮肤病，以及其他有碍公共卫生的疾病，治愈前不得从事直接为顾客服务的工作。

（5）经营单位须取得"卫生许可证"后，方可向工商行政管理部门申请登记，办理营业执照。"卫生许可证"两年复核一次。

（6）公共场所因不符合卫生标准和要求造成危害健康事故的，经营单位应妥善处理，并及时报告卫生防疫机构。

（7）凡有下列行为之一的单位或者个人，卫生防疫机构可以根据情节轻重，给予警告、罚款、停业整顿、吊销"卫生许可证"的行政处罚。

①卫生质量不符合国家卫生标准和要求，而继续营业的；

②未获得"健康合格证"，而从事直接为顾客服务的；

③拒绝卫生监督的；

④未取得"卫生许可证"，擅自营业的。

（8）违反本条例的规定造成严重危害公民健康的事故或中毒事故的单位或者个人，应当对受害人赔偿损失。违反本条例致人残疾或者死亡，构成犯罪的，由司法机关依法追究直接责任人员的刑事责任。

（9）对罚款、停业整顿及吊销"卫生许可证"的行政处罚不服的，在接到处罚通知之日起十五日内，可以向当地人民法院起诉，但对公共场所卫生质量控制的决定应立即执行。对处罚的决定不履行又逾期不起诉的，由卫生防疫机构向人民法院申请强制执行。

五、劳动安全法规常识

虽说相对于一些高危产业，茶艺师这行职业的劳动危险性不大，但是任何一门职业的从业人员都必须清楚我国的劳动安全法规常识，茶艺员也不例外。

（一）生产安全法规

安全生产关系到国家和人民群众生命财产安全，关系到社会稳定和经济的健康发展。为加强安全生产，我们必须贯彻"安全第一、预防为主"的方针，按照"企业负责、行业管理、国家监察、群众监督和劳动者遵章守纪"的总要求，以及管生产必须管安全、谁管谁负责的原则，建立健全安全生产领导责任制并实行严格的目标管理。

各企业要制定详尽周密的安全生产计划，健全各项规章制度和安全操作规程，落实全员安全生产责任制。要加强安全生产管理机构建设，按国家规定保证对安全生产的资金投入。要不断改善劳动条件，定期进行安全检查，对存在的事故隐患应按规定及时排除。要加强对职工的安全生产教育和培训，教育他们严格遵守有关法律、法规以及规章制度和操作规程，增强安全生产意识，帮助他们学习并掌握必要的安全生产知识，熟练掌握岗位安全操作技能，提高自我保护和处理突发事件的能力。

（二）公共娱乐场所治安规定

娱乐场所，是指向公众开放的，消费者自娱自乐的营业性歌舞、游艺等场所。

娱乐场所经营单位应当建立、健全各项安全制度，按照国家有关规定配备保安人员。保安人员必须经县级以上地方人民政府公安机关培训；经培训并取得资格证书的，方可上岗。

娱乐场所的从业人员应当持有居民身份证；其中，外地务工人员还应当持有暂住证和务工证明。外国人及其他境外人员在娱乐场所就业的，应当按照国家有关规定，取得外国人就业许可证。

娱乐场所经营单位及其他人员不得组织、强迫、引诱、容留、介绍他人卖淫；不得开设赌场、赌局，引诱、教唆、欺骗、强迫他人吸食、注射毒品；不得进行封建迷信活动，贩卖、传播淫秽书刊、影片、录像带、录音带、图片及其他淫秽物品；不得提供以营利为目的的陪侍，或者为进入娱乐场所的人员从事上述活动提供方便和条件。进入娱乐场所的人员也不得在娱乐场所卖淫、嫖娟、赌博、吸毒；不得贩卖、传播淫秽书刊、影片、录像带、录音带、图片及其他淫秽物品；不得从事淫秽、色情或者违背社会公德的活动和封建迷信活动，或者从事以营利为目的的陪侍。

任何人不得在娱乐场所内打架斗殴、酗酒、滋事，不得调戏妇女，不得进行扰乱娱乐场所正常经营秩序的活动，不得非法携带枪支、弹药、管制刀具和爆炸性、易燃性、放射性、毒害性、腐蚀性物品进入娱乐场所。

娱乐场所经营单位还应当加强措施，保证消防设施的正常使用。

（三）安全事故处理法规

安全事故发生后，负伤者或者事故现场有关人员应当立即直接或者逐级报告企业负责人。企业负责人接到重伤、死亡、重大死亡事故报告后，应当立即报告企业主管部门和企业所在地劳动部门、公安部门、人民检察院、工会。企业主管部门和劳动部门接到死亡、重大死亡事故报告后，应当立即按系统逐级上报；死亡事故报至省、自治区、直辖市企业主管部门和劳动部门；重大死亡事故报至国务院有关主管部门、劳动部门。发生死亡、重大死亡事故的企业应当保护事故现场，并迅速采取必要措施抢救人员和财产，防止事故扩大。

轻伤、重伤事故，由企业负责人或者其指定人员组织生产、技术、安全等有关人员以及工会成员参加的事故调查组，进行调查。死亡事故，由企业主管部门会同企业所在地设区的市劳动部门、公安部门、工会组成事故调查组进行调查。重大死亡事故，按照企业的隶属关系由省、自治区、直辖市企业主管部门或者国务院有关主管部门会同同级劳动部门、公安部门、监察部门、工会组成事故调查组，进行调查。事故调查组提出的事故处理意见和防范措施建议，由发生事故的企业及其主管部门负责处理。

第七章　CHAPTER

茶艺基本技法

7

茶艺技法，实际上就是泡茶、饮茶的方法技艺，它与日常生活中泡茶、饮茶方法有相同的地方，但又不能等同。茶艺最终是要获得一杯理想的茶汤，使茶的色香味充分发挥，为此，除了选好茶、择好具、用好水外，茶冲泡方法非常重要。因此，茶艺过程讲究方法、技巧、科学、美观，这是茶艺的根本。下面围绕泡茶要素、习茶手法、冲泡流程进行介绍。

第一节　泡茶要素

要泡好一杯茶，需掌控好四大要素：茶水比例、泡茶水温、泡茶时间和冲泡次数。

一、茶水比例

茶水比例是指茶叶用量与加入水量的比例，简称茶水比。它是泡茶时投茶量的反映，直接关系到茶汤滋味的浓淡，香气的高低和色泽的深浅，过大过小都不好。一般情况下，茶水比依茶叶种类、茶叶的加工方式、个人对茶汤浓度的喜好等因素而定。

茶叶种类不同，其所用原料、加工方法不同，冲泡方式也各异，因而冲泡时的茶水比也不一样。一般比较细嫩的红茶、绿茶、黄茶、白茶、花茶，茶叶内含物丰富，氨基酸含量比较高，多酚等苦涩味物质含量相对较少，因此茶水比例可掌握在 1：50～1：60（克/毫升）。对于普通红茶、绿茶、黄茶和花茶，由于原料不仅内含物丰富，茶多酚等苦涩味物质含量也比较多，为使茶汤口感更醇和，往往采用茶水比 1：60～1：70（克/毫升）。乌龙茶不仅本身原料成熟度较高，而且品饮时注重香味的韵味和耐泡度，用茶量就更应大些，茶水比掌握在1：20（克/毫升）左右为宜。对于外形紧实的颗粒性或球形乌龙茶，茶叶体积约占壶容量的1/3，对于条形差，其外形较松泡，加茶量可以达到容器的 1/2～2/3。白茶因加工程度较轻，细胞破坏少，茶汤滋味不易泡出，因此，可以适当提高用茶量，掌握茶水比 1：20～1：30（克/毫升）。普洱茶分生普和熟普，生普因原料是用云南大叶种晒青直接压制而成，没有经过后续发酵，因此，茶多酚等苦涩味物质含量较高，在冲泡时可以参照绿茶的茶水比。熟普则是经过后发酵的茶，多酚类物质因氧化聚合减少较多，滋味较醇和，可以适当增加用茶量，如采用茶水比1：50（克/毫升）左右。普洱陈化时间越长，可适当降低茶水比，即提高用茶量。而对于紧压茶（黑茶），因经过后发酵，茶多酚氧化降解多，再加上许多黑茶原料较成熟，茶汤滋味一般较醇和，因此，如果采用冲泡的形式，则宜适当降低茶水比，即加大用茶量，可采用1：20～1：30（克/毫升）比例。如果采用煮渍法，则宜减少用茶量，在煮的过程中，茶的内含成分能充分地浸提出来，使茶汤味浓，故用茶量不宜太多，茶水比可用1：80（克/毫升）左右比例。

就同一种茶类，因加工方式不同，茶叶的冲泡属性也会发生变化，茶水比也应适当调整。比如加工时揉捻程度、做形程度使茶叶细胞破坏率不尽相同。揉捻程度和做形程度较重的茶，细胞破坏程度深，茶内含成分容易冲泡出来。在冲泡时，可掌握茶水比较大，减少投茶量；相反，茶叶揉捻及做形较轻的，可适当加大投茶量。如同是绿茶的炒青较烘青做形程度深，卷曲形的芽叶茶较针形或扁形茶做形程度深等。

泡茶的用茶量还应考虑消费者的嗜好、习惯。如中、老年茶人，往往饮茶年限长，喜喝较浓的茶，故用茶量较多。年轻人中初学饮茶的人，普遍喜爱较淡的茶，故用茶量宜少点。儿童及孕妇宜饮淡茶，针对这类人群的泡茶也宜减少用茶量。

此外，饮茶时间不同，对茶汤浓度要求也有区别。饭后可适当浓茶，以去腻助消化，用茶量可大些。饭前空腹宜泡淡茶，减少用茶量，以免伤胃。睡觉前宜泡淡茶，以免影响睡眠。

二、泡茶水温

（一）泡茶水温对茶汤品质的影响

泡茶水温的高低，是影响茶叶色香味的重要因素。水温不同，茶叶内含成分溶出量和溶出速率都不同，使茶汤的颜色、滋味和香气发生较大变化。水温低，茶叶滋味成分不能充分溶出，香气成分也不能充分挥发出来，造成茶汤色泽浅淡、香低、味淡；甚至茶叶不能很好地润发开而浮于水面，不便品饮。而如果温度较高，水浸出物溶入充分，茶汤色泽深、滋味浓烈。据王月根等人的研究显示，与100℃冲泡1级龙井茶汤相比，同样条件下，用80℃开水冲泡出来的水浸出物只有89.3%，游离氨基酸为89.6%，茶多酚为74.0%；而60℃条件冲泡出的水浸出物则只有64.9%，游离氨基酸为70.0%，茶多酚为49.5%。水浸出物与茶汤浓度相关，氨基酸含量高低与茶汤的鲜爽度相关，茶多酚则与茶汤强度相关。因此，泡茶水温直接影响茶汤的口感。

构成茶汤汤色的重要物质主要是黄酮类及儿茶素氧化产物茶黄素、茶红素和茶褐素等。黄酮类物质主要是绿茶汤色的重要成分，茶黄素、茶红素及茶褐素则是各类半发酵、发酵茶汤色的重要成分，它们的适量适比构成了六大茶类从绿到黄、橙、红、暗红等一系列颜色变化，这些物质一般更容易溶解于温度高的水中。此外，茶叶中色素类物质的温敏性也不同，一般黄酮类物质受温度影响较大，在高温条件下容易被氧化，形成颜色更深的色素类物质，如茶多酚中的儿茶素在高温条件下易氧化聚合形成茶黄素、茶红素甚至茶褐素。因此，不同温度水泡茶，茶汤颜色则呈现不同色泽变化。

泡茶水温影响茶汤香气。茶汤香气是茶叶中香气物质溶于茶汤中挥发而被感知形成的嗅觉反应。茶叶中的香气物质包括醇类、醛类、酮类、酯类、酸类、含氮、含硫化合物及其他杂氧化合物类物质。茶叶经高温杀青或烘焙，大部分低沸点的香气物质都挥发散失，高沸点的香气物质保留较多，且大多呈现比较愉悦的香气特征，如花果香、烘炒香等。因此，泡茶用水温度提高才有利于激发这些香气物质的溶出和散发。反之，泡茶水温越低，茶汤香气越低淡。

（二）泡茶水温的确定

泡茶水温的确定，与茶类、茶的档次、季节与环境温度以及泡茶器容量等因素有关。在泡茶时，要根据茶叶性质、泡茶器具和环境因素等灵活调整泡茶水温，包括通过调整泡茶程序或方式来达到目的。

一般高级绿茶，特别是各种芽叶细嫩的名优绿茶，冲泡时水温不能太高。因为这类茶叶叶质细嫩、细胞壁薄、叶片蜡质少，水容易穿透细胞，同时含有较多维生素 C 和咖啡碱。泡茶水温太高，芽叶易被烫黄，从而导致汤色也变黄，失去观赏价值；另外维生素 C 会大量被破坏，降低了茶汤的营养价值；高温下，咖啡碱物质溶出多，使茶汤滋味变苦，不适口；高温也会使茶汤香气很快挥发掉，造成茶香的损失。所以，泡这种茶，一般不用 100℃ 的沸水，而采用 80~85℃ 为宜。对于普通绿茶，原料成熟度相对较高，细胞壁较厚，可适当提高温度，采用 90℃ 左右的水冲泡。冲泡细嫩的花茶、黄芽、红茶芽茶和白毫银针，因原料比较细嫩，可比名优绿茶的水温稍高一点，但不要高于 90℃。就一些原料较成熟的中低档茶、乌龙茶、黑茶等，水温高些才易把茶泡开，泡茶水温则要用 90℃ 以上，甚至刚沸腾的水。否则，茶中有效成分浸出较少，茶味较淡薄。在冲泡乌龙茶、普洱茶或其他黑茶时，往往还要采用淋壶烫盏、温润茶叶等方式提高茶叶冲泡温度。对一些粗老的黑茶、白茶，甚至要采用煮的方式。

泡茶水温容易受泡茶时的环境温度的影响，如季节、室内温度等。例如，气候寒冷的冬季，如果室内没有暖气开放，环境温度会比较低，茶具、干茶温度都低，冲水过程中水温降低很快。因此，在冲泡时应掌握水温比正常情况略高一些。如果此时仍机械地照搬教条，用 85℃ 左右的水泡细嫩绿茶，很可能效果不好。相反，夏天气温高，茶水不易降温，则泡茶时水温应掌握适当低点。

另外，泡茶水温与泡茶器的容量大小也有一定关系。当泡茶器容量较大时，相应水量也多，蓄积的热量也较多，水的温度就不易降低，此时，就可考虑冲入的水温掌握适当低些，如用大壶泡茶即如此。而用小杯泡茶，保温较差，散热快，水温可稍高些。

还有，调制冰茶时，水温不要太高，最好用 50~60℃ 的温开水冲泡。应尽量减少茶叶中蛋白质和多糖等高分子成分溶入茶汤，防止加冰时出现沉淀物，影响茶汤外观。另一方面，较低水温泡茶还可提高冰块的制冷效果。

三、冲泡时间

这里的冲泡时间是指用水浸泡茶叶所用的时间。当茶水比和泡茶水温一定时，溶入茶汤的内含成分随浸泡时间的延长而增加。据分析，在同样条件下冲泡的绿茶，3 分钟冲泡绿茶的水浸出物仅为 10 分钟的 74.6%，氨基酸为 77.7%，多酚类为 70.1%；5 分钟冲泡率则分别达到 85.4%，88.3% 和 83.5%。因此，冲泡时间与茶汤汤色和滋味浓淡、爽涩关系密切。冲泡时间短，溶出物少，茶汤滋味淡薄。浸泡时间适宜，一些水溶性较强的物质包括氨基酸、简单儿茶素、咖啡碱、可溶性低聚糖等溶出较多，茶汤滋味较甜醇鲜爽，随着浸提时间延长，儿茶素中酯性儿茶素及其他一些大分子物质浸出增加，茶汤苦涩味增强，茶汤亮度降低。在茶叶冲泡过程中，一方面，茶叶中各种成分不断地溶入水中，时间越长，溶出物越多。另一方面，在水、热的作用下，茶汤中的许多成分又在发生化学反应，使得茶汤的色、香、味都将发生变化，如绿茶泡的时间长了后就会使汤色由绿变黄。所以，掌握适宜的冲泡时间，才能充分表达茶叶的色香味品质。

冲泡时间的掌握要根据茶叶种类，泡茶水温，用茶量，冲泡次数等因素而灵活掌握，不可一概而论。

一般说来，凡用茶量大（如乌龙茶），水温偏高，茶叶揉捻或做形较深致使茶叶细胞破坏程度高的冲泡时间可相对缩短；相反，用茶量小，水温偏低，茶叶较粗老，细胞破坏程度较低、条索较松散的茶叶或条索颗粒非常紧实的茶叶，冲泡时间可相对延长。如乌龙茶类，不仅原料较成熟，而且泡茶时投茶量较多，可以考虑沸水短时冲泡，且随着冲泡次数增加，可以适当延长冲泡时间。白牡丹、贡眉等白茶因加工时未经揉捻，故茶汁不易浸出，用沸水冲泡后，时间可适当延长，以增强茶汤的滋味。特别细嫩的优质绿茶，因有效成分比粗老茶叶容易浸出，而且芽叶娇嫩易被烫熟，如果水温较高就要短时，温度较低时则要适当延长冲泡时间。大宗红、绿茶可适当延长冲泡时间。

四、冲泡次数

中国大多数民族泡饮茶都习惯一杯茶进行多次冲泡饮用，以使茶叶中的有效成分能被充分利用，不致造成浪费。而在西方大多数国家，人们则习惯将茶叶一次性冲泡。那究竟茶叶是否适宜多次冲泡，或冲饮多少次适宜？据有关分析测定，茶叶一次冲泡是不能将其中的有效成分充分浸出的。一般茶叶泡第一次时，其可溶性物质只能浸出 50%～55%；第二次冲泡，能浸出 30% 左右；第三次冲泡，能浸出 10% 左右；泡第四次，则有效成分所剩无几了，而且还可能泡出一些对人体有害的物质。所以，通常茶叶以冲泡 2～3 次为宜。但具体冲泡次数受茶叶种类、茶水比、单次冲泡时间、水的温度等因素决定。如乌龙茶冲泡时，茶量较多，每次冲泡时间短，故可冲泡 5～6 次，甚至更多次，有的优质乌龙茶"七泡有余香"。红碎茶或绿碎茶因揉切作用，细胞破坏程度大，茶汁浸出快，可考虑冲泡 1～2 次。

第二节　习茶基本手法

茶艺的基本内容是泡茶饮茶，但它又不同于生活中的泡茶饮茶。茶艺不仅要让人品饮到色香味俱佳的茶汤，还要让人从中获得更多的精神享受。因此，对茶艺人员的操作动作就提出了规范性的要求。茶艺人员在操作中一招一式规范严谨，张弛有度，气定神闲，会给品饮者带来更多美好的感受。习茶基本手法是茶艺的基本功，也是反映一个茶艺员功底深浅的重要方面。当然，习茶者的手法也不是一成不变，在掌握基本原则的基础上可以灵活应用，切不可生搬硬套。

一、茶巾折叠和使用手法

（一）茶巾折叠手法

1. 长方形（八层式）折叠法

这是常用的一种形式。以横折为例，将正方形茶巾平铺桌面，将茶巾上、下对应横折至中心线处，接着再从左、右两端竖折至中心线，最后将茶巾竖着对折即可（图7-1）。将折好的茶巾放在茶盘内，折口朝向操作者，不要对着客人，否则不雅。

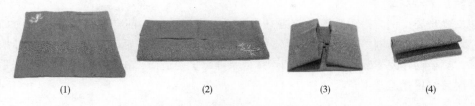

图7-1 茶巾长方形折叠法

2. 正方形（九层式）折叠法

用于较小的茶巾，或壶泡法时作壶垫。以横折为例，将正方形的茶巾平铺桌面，将下端向上平折至茶巾的2/3处，接着从上向下将茶巾对折；然后将茶巾右端向左竖折至2/3处，最后从左向右对折即成正方形（图7-2）。将折好的茶巾放茶盘中，也要注意折口朝内。

图7-2 茶巾正方形折叠法

（二）茶巾拿取与使用手法

1. 拿取法

双手掌心向下，张开虎口，双手呈"八"字形，四指并拢与拇指夹拿茶巾，向外侧转腕至手心向上，将茶巾交至左手托拿。使用完毕，先伸右手（掌心向上）与左手呈"八"字形同时夹拿住茶巾后，向内侧转腕成手心向下后，即可将茶巾放回原处。

2. 托壶底手法

四指在下，拇指在上夹拿住折叠好的茶巾托于壶底一侧。

3. 拭去壶、杯底水渍

左手如上手法托拿茶巾，右手将壶或杯底放于茶巾上拭干底部水渍。

二、简易茶荷折叠手法

（1）取约15厘米×15厘米正方形白纸一张，将其两对角对叠在一起而折成一个三角形。

（2）再将三角形对折成1/4三角形。

（3）将1/4三角形表层活动的一角向外打开呈小正方形（原纸的1/4大小），将折纸整体翻转一面，呈直角梯形。

（4）将梯形的锐角打开沿梯形底边对折至原直角处，同时原直角端的活动层向外打开并对折成锐角，整个折纸外形变成一个直立的梯形，分开梯形的底边，茶荷即成。

三、取拿器物手法

（一）捧取法

以女性坐姿为例。搭于胸前或前方桌沿的双手慢慢抬起向前合抱欲取的物件（如茶样罐），双手掌心相对捧住器物基部移至需安放的位置，轻轻放下后双手收回；再去捧取第二件物品，直至动作完毕复位。此法多用于捧取茶样罐、茶道筒、花瓶等立式物件，双手伸出和收回时路线尽量避开主茶具（图7-3）。

图7-3　捧取法

操作时应注意，捧取物品时，拇指与另四指相对扶住物品。四指并拢自然伸直；或者食、中、无名指并拢，小指微分开；或者食指与其他三指微分开。在双手伸出和收回时要注意移动路线呈圆弧状，给人以柔和之美。

（二）端取法

双手伸出及收回动作同上法，端物件时双手手心相对，拇指向四指合拢，使两手掌呈相对弓形，两手同时接触物件后，由拇指与另四指相对端起物件，并将其平稳移动至规定位置。此法多用于端取赏茶盘、茶巾盘、扁形茶荷、杯托等扁形物件（图7-4）。

图7-4　端取法

四、拿壶手法

茶艺中所用的壶式很多，不同的壶在拿壶手法上也有所不同。一般大壶双手操作，小壶单手操作。双手操作时，一手提壶，另一手用茶巾托住壶底侧沿，或者用食指和中指轻轻按住壶盖盖钮，以防壶盖脱落。具体手法可根据壶的形态、壶把位置而定（图7-5）。

图 7-5 大型壶提拿法

（一）侧把壶拿法

1. 大型侧把壶拿法

右手四指勾住壶把，大拇指自然搭在壶把上；左手食指、中指并拢轻按住壶盖盖钮，或用左手托拿着茶巾托住壶底，双手同时用力提壶。

2. 中型侧把壶拿法

右手食、中指勾住壶把，其余两指自然搭接在壶把下，大拇指按住壶盖钮或壶盖一侧提壶。

3. 小型侧把壶拿法

右手拇指与中指夹住壶把，无名指与小拇指并列抵在壶把下，食指前伸呈弓形压住壶盖钮或盖的基部，提壶。

（二）提梁壶拿法

1. 提梁壶握提法

右手四指弯曲提握壶梁，拇指自然搭接在壶梁上把壶提起，为操作时更为省力，四指提握壶梁应稍偏右侧。另为防止倒水时壶盖翻落，可用左手食指和中指轻按住壶盖钮；若提梁不高，可除中指外四指提握住偏右侧的提梁，中指伸直抵住壶盖钮提壶。

2. 提梁壶托提法

掌心向上，四指托提壶，拇指在梁上搭接。此法一般用于较小，且盖口接合紧密的提梁壶。

3. 提梁壶勾提法

这种手法主要用于小型提梁壶。指用食指和中指弯曲勾提住提梁右侧，无名指和小指也弯曲地抵在提梁之上方，拇指同时也在提梁上方按住，这样把壶提起的提壶手法。

（三）握把壶拿法

右手大拇指按住盖钮或盖一侧，其余四指握住壶把提壶。

（四） 飞天壶拿法

四指并拢握提壶把，拇指向下按住壶盖钮，以防壶盖翻落。

（五） 无把壶拿法

右手虎口分开，大拇指与中指握住茶壶口外延伸部分两侧，食指抵住壶盖钮，其余两指伸直或呈兰花指状（限女士）跟在中指一侧，提壶。

五、持杯、碗手法

（一） 无把杯

泡茶用的较大杯时一般用双手持杯，右手或左手虎口分开，拇指和食指握持茶杯中偏上部，另一只手的食、中指尖轻托杯底一侧。一般品茗用杯因较小，通常单手持杯，即虎口分开，拇指和另四指握持住杯的两侧。对于工夫茶所用的小品茗杯，通常采用"三龙护鼎法"，也即三指端杯法（图7-6）。方法：右手大拇指、食指握杯两侧，中指托杯底，无名指及小指则自然弯曲或呈兰花指。不论大小杯，持杯时，切忌手指触碰杯口，因为这样会给人以不卫生的感觉。

（二） 有把杯

右手或左手食、中指勾住杯柄，大拇指与食指相搭，女士可用另一只手指尖轻托杯底。

（三） 闻香杯

右手虎口分开，四手指并拢成空心拳状，将闻香杯直握于拳心，嗅香时将杯口对着鼻腔；也可将闻香杯夹于双手掌心之间，将双手来回搓动着嗅香（图7-6）。

（四） 盖碗

双手持碗托边缘将盖碗端起，然后左手食指和中指分开于底两侧，拇指按在托边沿上，右手大拇指和中指捏在碗盖钮两侧，食指屈伸按在盖钮下凹处，无名指与小指自然屈伸或外翘呈兰花指状。品茶时，左手端碗托及碗，右手先用拇、食、中指捏住盖钮掀开盖闻盖上所蓄茶香，然后用盖向外撇茶3次，将茶渣、泡沫赶向一边后，盖上盖，在碗口留出一道缝，送到嘴边啜饮茶汤。对于男士，可单手持盖碗，即单手虎口分开，大拇指与中指扶在碗沿两侧，食指屈伸按在盖钮凹处，无名指和小指自然搭拢。

|　(1)　|　(2)　|　(3)　|

图7-6　手持品茗杯、闻香杯法

六、翻杯手法

平时茶具收藏时茶杯通常是扣着放的，在冲泡茶叶前应将茶杯翻转过来，而不同形制的茶杯翻的手法有所不同（图7-7）。

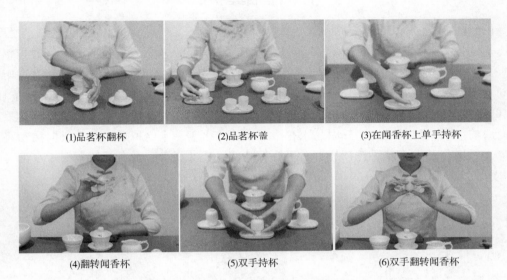

|(1)品茗杯翻杯|(2)品茗杯盖|(3)在闻香杯上单手持杯|
|(4)翻转闻香杯|(5)双手持杯|(6)双手翻转闻香杯|

图7-7　品茗杯、闻香杯翻杯和转杯手法

（一）无把杯翻法

对于泡茶用的大杯，右手虎口向下，手背向左（即反手）握茶杯的左侧基部，左手位于右手手腕下方，用大拇指和虎口部位轻托在茶杯的右侧基部，这时右手掌心向上；双手同时翻杯成手心相对捧住茶杯，再轻轻放下。

对品茗杯和闻香杯，用单手翻杯，即虎口向下，用拇指与食指、中指三指扣住茶杯外壁，向内转动手腕使杯口向上，轻轻将翻好的茶杯置于相应位置。翻无把小杯可以左右手同时进行。

（二）有把杯翻法

常见两种翻法：一种是针对杯把向着左手边的情况，翻杯时右手虎口向下，手背向左（即反手）食指插入杯把环中，用大拇指与食指、中指三指捏住杯把，左手在右手之下，手心朝上用食指与中指轻扶茶杯右侧基部，双手同时向内转动手腕，茶杯翻好轻置杯托或茶盘上。另一种是针对杯把向着右侧的情况，右手手心向上，手背朝外，用食指和拇指握持杯柄，左手轻扶在杯身左侧，转动两手同时向外翻即可。

（三）闻香杯翻汤入品茗杯手法

在用闻香杯和品茗杯品饮工夫茶时，需将闻香杯中的茶汤翻倒入品茗杯中，此时的翻杯手法常有三种。其一，将品茗杯倒扣于闻香杯上后，双手掌心向上将食指、中指夹住闻香杯底部，拇指按住品茗杯杯底，手腕向内翻，再用左手接住翻转过来的品茗杯，轻放在杯托上。其二，将品茗杯倒扣于闻香杯上后，右手掌心向上将食指、中指夹住闻香杯底部，拇指按住品茗杯杯底，手腕向内翻，再用左手接住翻转过来的品茗杯，轻放在杯托上。其三，将品茗杯倒扣于闻香杯上后，右手掌心向下地将拇指、中指捏住闻香杯，食指抵在品茗杯底，手腕向外翻，再用左手接住翻转过来的品茗杯，轻放在杯托上。不论哪种翻法，在翻转手腕时，动作一定要快，以防茶水从两杯的缝隙中流出。

七、温洁具手法

（一）温洁大茶杯

手提开水壶，向内转动手腕，令水流沿茶杯内壁冲入，倒入总容量的 1/4~1/3 后提腕断水，逐杯注水完毕后开水壶复位。右手握杯身或持杯柄，左手托杯底。右手手腕逆时针转动一周，双手协调令茶杯各部分与开水充分接触，然后将开水倒入水盂，放回茶杯。无杯柄的圆柱形茶杯倒水时也可采用这样的方式：双手相对捧住杯子，右手顺着左手掌方向向前搓动使杯子滚动，杯中的水在滚动中倒入水盂，水倒掉后，双手反向搓动将杯身竖直后回位。也可左手托杯身，右手持杯基部，转动杯身，水在旋转中倒入水盂（图7-8）。

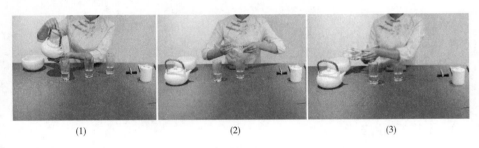

（1）   （2）   （3）

图 7-8   温洁玻璃杯

（二）温洁闻香杯

将闻香杯相连排成一字，单手提水壶向各杯内注入开水至满，水壶复位；右手拇指、食指与中指拿起一只茶杯侧放到对应的一只品茗杯中，用手指向内转动茶杯，令其旋转，或者顺反各转动半周后沥水复位。取另一茶杯重复同样动作，直到最后一只茶杯。也可采用手拿杯或茶夹夹杯洗杯法，即采用单手或双手用拇指、食指和中指拿起杯子，向内旋转 2~3 圈后将杯中水倒进茶盂或茶盘，或者采用茶夹夹住杯的内侧杯壁，逆时针向内旋转 2~3 圈后，手腕外翻倒掉杯中水后复位。

（三）温洁品茗杯

翻杯时即将茶杯相连排成一字或圆圈，单手提水壶向各杯内注入开水至满，水壶复位；右手拇指、食指与中指端起一只茶杯侧放到邻近一只杯中，用中指抵杯底向内拨动茶杯，令其旋转，如狮子滚绣球使茶杯内外均用开水烫到，复位后取另一茶杯重复同样动作，直到最后一只茶杯，并将最后一杯中温水轻荡后倒去。也可采用与温洁闻香杯相同的手拿杯或茶夹夹杯洗杯法（图7-9）。

(1)　　　　　　　　　　　　　　(2)

图7-9　温洁品茗杯

（四）温洁盖碗

温洁盖碗有多种方法，下面列举常见的三种方法（图7-10）。

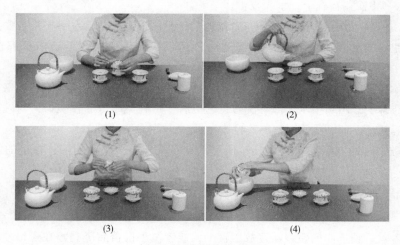

(1)　　　　　　　　　　　　　　(2)

(3)　　　　　　　　　　　　　　(4)

图7-10　温洁盖碗法

1. 方法一

（1）注水　盖碗的碗盖反放在碗上，近操作者一侧略低且与碗内壁留有一个小缝隙。提水壶逆时针向盖内注入开水，待开水顺小隙流入碗内约1/3容量后即断水，水壶复位。

（2）翻盖　右手如握笔状取茶针插入隙内；左手手背向外护在盖碗外侧；右手用茶针向下向外拨动碗盖，同时左手拇指、食指与中指将翻起的盖正盖在碗上。

（3）烫碗　右手虎口分开，拇指与中指扶在碗翻沿下方部位，食指屈伸抵住碗盖盖钮下凹处；左手托住碗底，端起盖碗的右手手腕呈逆时针运动，双手协调令盖碗内各部位充分接触热水。

（4）弃水　右手食指离开盖钮，左手提盖钮将碗盖侧斜盖，即在盖碗左侧留一小隙；将盖碗平移于水盂上方，将水从盖碗左侧小隙中流进水盂，将碗盖移正，碗回到正位后放回到碗托上。

（5）揭盖　随即左手揭盖向内弧线旋转而下斜靠在碗托上，或者翻盖放在碗的左侧平行位置上。

2. 方法二

（1）注水　碗盖正放在碗上，左手揭盖向内旋转而下斜靠在左侧碗托上。右手提水壶逆时针向盖碗内注入 1/3 左右开水，水壶复位。

（2）烫碗　右手虎口分开，拇指与食指扶在碗翻沿下方部位，左手托住碗底，端起盖碗的右手手腕呈逆时针运动，双手协调令盖碗内各部位充分接触热水。

（3）弃水　左手拇指食指和中指提起盖钮将碗盖竖立，盖内略向上倾斜与碗平移至水盂上方，用碗中水来回淋洗碗盖内侧后，将碗盖顺势靠在碗口，与碗同时回到正位后放回到碗托上。

（4）揭盖　随即左手揭盖向内弧线旋转而下斜靠在碗托上，或者翻盖放在碗的左侧平行位置上。

3. 方法三

（1）注水　碗盖正放在碗上，左手揭盖竖直在碗左上方，右手提水壶逆时针向盖内注入 1/3 左右开水，将盖盖在碗上，水壶复位。

（2）烫碗　右手虎口分开，拇指与食指扶在碗翻沿下方部位，左手拇指、食指和中指轻扶住碗盖盖钮，端起盖碗的右手手腕呈逆时针运动，双手协调令盖碗内各部位充分接触热水。

（3）弃水　双手将碗平移至水盂上方，左手拇指食指和中指提起盖钮将碗盖竖立，盖内略向上倾斜与碗平，用碗中水来回淋洗碗盖内侧后，将碗盖顺势靠在碗口，与碗同时回到正位后放回到碗托上。

（4）揭盖　随即左手揭盖向内旋转而下斜靠在碗托上，或者翻盖放在碗的左侧平行位置上。

（五）温洁茶壶

1. 注水

左手揭盖盖口朝下向内弧线轨迹放盖置上，或者左手揭盖后竖立停在壶口左上方，右手提水壶向壶内逆时针旋转注入 1/3 左右的开水，左手盖上盖，水壶复位。

2. 烫壶

双手取茶巾置左手，右手持壶放在左手茶巾上（也可不用茶巾），双手协调按逆时针转动壶体使热水充分浸润茶壶内壁。

3. 弃水

持壶将水弃入水盂或茶盘。

4. 回位

将涤荡后的茶壶放回原位。

（六）温洁盅及滤网

同温洁茶壶，左手揭开盅盖（无盖则省略），将滤网置于盅口上，注入开水或前面温壶的水逆时针倒进茶盅中，取下滤网放回滤网架或反置于茶盘上，涤荡茶盅和弃水同温壶手法。

八、开闭茶叶罐盖手法

对套盖式茶罐，双手捧住茶罐，两手食指用力向上推盖，使罐盖松动。若罐盖过紧，可边推边转动茶样罐，使各部位受力均匀，这样比较容易打开。当其松动后，左手持罐体，右手虎口分开，用大拇指与食指、中指持住盖外壁，取下茶盖，转动手腕按向内抛物线轨迹移放到胸前茶巾右侧，同时翻盖，使盖口朝上；取茶完毕后竖直茶罐，将盖翻转，并以向外抛物线轨迹扣回茶样罐，用两手食指向下用力压紧盖好后放下。

对压盖式茶罐，双手捧住茶罐交左手持罐，右手拇指、食指和中指持盖钮或盖用力外拔，并反置于茶巾上或茶巾右侧桌上。回盖时同套盖式手法。

九、取茶置茶手法

（一）茶匙、茶荷法

左手持已开盖的茶罐，右手取茶匙与左手茶罐移至茶荷上方。左手倾斜茶罐，开口向右，用茶匙将罐中茶叶轻轻拨进茶荷至所需量。双手回到中位后将茶匙放回原位，盖好茶叶罐后回位（图7-11）。

图7-11　茶匙茶荷取茶法

（二）茶匙（茶则）法

左手持已开盖的茶罐，右手取茶匙或茶则插入茶罐，轻轻舀取一定量的茶叶直接放入泡茶器里，如果一次取量不够可以再次取茶。取完后将茶匙（茶则）回位，盖好茶叶罐盖放回原位。这种方法只适用于外形呈颗粒状、紧实细小的茶叶。

十、冲泡注水手法

（一）回转注水法

双手取茶巾置于左手手指部位，右手提壶，左手垫茶巾部位托在壶底；右手手腕逆时针回转，令水流沿壶（杯、碗）口内壁冲入泡茶容器内，注水完毕后提腕收壶。若所用水壶不太大，也可用单手操作。这种冲泡手法主要用于注水不太多时的操作。

（二）凤凰三点头冲泡法

用双手（或单手）提水壶连续上下3次注水，具体方法是提壶靠近茶杯口注水，再提腕使开水壶提升，接着压腕将开水壶靠近茶杯继续注水。如此反复3次，恰好注入所需水量后即提腕断流收水。冲泡时上下三下寓意向来宾三鞠躬以示欢迎，要求注水过程中水流要不断，三次高低错落，要有变化。

（三）回转高冲低斟法

乌龙茶小壶冲泡时常用此法。右手提开水壶，先用回转法注水，令水流先从茶壶壶肩开始，逆时针绕 1~2 圈至壶口、壶心，然后提高水壶令水流在茶壶中心处持续注入，直至七分满时压腕降低壶嘴注水（仍同单手回转手法），水满后提腕令开水壶上翘断水。

第三节　习茶基本程式

习茶的程式根据茶艺类型各有不同，但归纳起来一般都包括布席、赏茶、洁具、投茶、泡茶、斟茶、奉茶、品饮和续茶等基本程式。

一、布席

根据泡茶的种类、茶艺类型备好器具，并摆放在茶桌适当的位置。客人入座后茶艺师用双手将茶席中间区域集中放置的茶叶罐、茶荷、水盂、花器依次放到四周合适位置，空出中间区域放置主泡茶具，如大玻璃杯、盖碗、泡茶壶、公道杯、品茗杯等。根据主泡茶具多少和特点摆成适宜形状，如 3 只玻璃杯为主茶具，可摆成直线状、斜对角线或品字形；如果为壶或盖碗加品茗杯，则将盖碗或壶放在自己正前方靠后的位置，品茗杯一直排开或弧形排开放在盖碗或泡茶壶前面。茶席布局掌握协调、均衡、对称、便于操作的原则（图 7-12）。

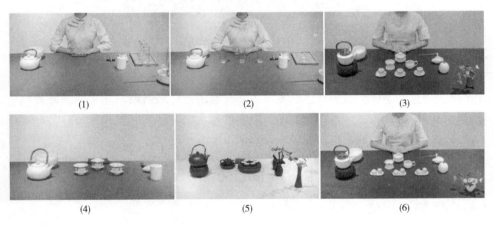

(1)　　　　(2)　　　　(3)

(4)　　　　(5)　　　　(6)

图 7-12　布席

二、赏茶

在泡茶前，请宾客欣赏干茶，了解干茶特点包括茶叶的嫩度、外形和色泽等。干茶嫩度是茶叶品质的重要体现，一般茶叶嫩度高，茶叶内含物丰富，茶叶香气高，滋味鲜醇，内质好。当然茶叶原料不是越嫩越好，不同茶类对茶叶嫩度都有各自的要求。红茶、绿茶采用芽头、一芽一叶至二叶的原料较多，乌龙茶则以成熟的一芽二、三叶原料为主，黑茶原料大多相对较粗老，黄茶和白茶也有部分芽茶和叶茶类。外形体现了加工方式和水平，好茶往往加工精细、外形优美、匀整。色泽在一定程度上也体现了茶叶的品质，鲜叶原料好、加工工艺得当，则茶叶色泽富有活力、油润光亮、色泽一致。因此，品饮前让宾客先了解茶叶外形特点，增加对该茶的了解，也有助于稍后对茶的香味的理解和欣赏。

在主客围坐的情况下，可将茶拨入茶碟或茶荷中，递给身旁的宾客，再由该宾客传递给其他宾客欣赏。主客分开的情况下，可将盛有茶的茶碟或茶荷放到奉茶盘里，由主泡或助泡送到客人面前供欣赏。如果客人较多，为避免赏茶耽搁太长时间，可另备茶荷专供客人欣赏茶叶外形，泡茶者在适度介绍后就可以开始泡茶（图7-13）。

(1)　　　　　　　　　　　　(2)

图7-13　赏茶方式

三、洁具

洁具即是清洁泡茶和品茶器具。所用的茶叶冲饮器具一般在用前都要经过严格清洁和消毒，当着客人的面再次清洗本已洁净的茶具，一方面表示对客人的尊重，另一方面预热杯具，避免正式冲泡时因受热不均炸裂，也便于茶汁的有效浸出。尤其是在气温较低的环境中泡茶，这种温具作用更加明显。

四、投茶（置茶）

投茶（图7-14）指洁具后向泡茶器中置入适量的待泡茶叶。依据投茶先后顺序不同而有几种方式，明代茶人总结出了上投法、中投法、下投法三种方式。各种方式具有不同的特点和适用性，下面对各种投茶方式作简要介绍。

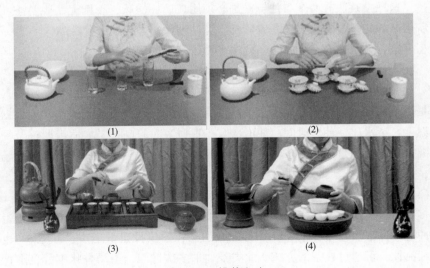

(1)　　　　　　　　　　　　(2)

(3)　　　　　　　　　　　　(4)

图7-14　投茶方法

（一）下投法

下投法是指先放入茶叶，一次性注入沸水至七八分满的方法。此法主要优点是简便，但有较多不足之处：由于水量一次注入较多，水温一时不易降下来，易使香气成分很快挥发；同时也容易烫熟茶叶（尤其是原料细嫩的名优绿茶）；而且会出现杯中茶汤浓淡不均的情况。若用较低水温冲泡，则又难以泡出茶味。此法较适宜于条索粗大松泡、原料比较成熟的茶叶，如大宗红绿茶、乌龙茶、黑茶、白茶等。原料粗松的茶叶由于加工做形程度较浅，细胞破坏少，冲泡时水不易进入茶叶细胞；而原料较成熟的茶叶，则细胞壁较厚，水也同样不易浸入茶细胞，采用下投法可以促进水对茶的浸润，提高茶汁的浸出。另外，因下投法的操作简便，生活中随便的喝茶常用此法。

（二）中投法

先在杯中注入约三分之一的沸水后投茶入杯，让茶浸润一会儿后，再注入沸水至七、八分满。此法可以克服下投法易烫熟茶叶和杯中茶汤不均匀的缺点；但也有置茶后茶易浮在水面，不能很好浸润茶叶的不足之处。现代茶人针对中投法的缺陷做了一些改良，形成了现代的改良中投法。

（三）改良中投法

将茶叶置入杯中，先注入约四分之一的沸水，浸润泡 0.5~1 分钟后再注入沸水至七八分满。此法的优点较多，一是先加入少量沸水，茶香浓郁，便于嗅闻；二是因水量先较少，温度下降快不易烫熟茶叶，保证了冲泡后茶汤和叶底保持更多的绿色；三是先用少量沸水冲注杯中的茶叶，可使茶叶得到充分浸润，再用沸水冲泡时，有效成分易于浸出，而且借第二次冲泡之冲力使茶叶成分均匀分布于茶汤中，杯中各部分茶汤浓淡基本一致，所以此法目前被广泛采用，特别适宜于原料比较细嫩的名优绿茶。

（四）上投法

先将开水注入杯中至七八分满，然后取茶投入其中。此法优点是便于让人们观察到茶在水中徐徐下降的过程、只见茶自水面自动地缓慢下沉，有先有后，有的直线下沉，有的徘徊缓下，有的上下沉浮几次后降至杯底。观察这个过程，可使人产生联想，从中得到一种艺术享受。不过，这种投茶法有两个条件：一是必须用玻璃杯泡茶，否则无法观赏茶叶泡开的过程；二是所用茶叶应是身骨重实，条索紧结，芽叶细嫩，香味成分含量高（不易挥发完）的各类卷曲型名茶，如碧螺春、甘露等。此法多用于茶艺表演中。

五、泡茶

泡茶是习茶的最重要环节，泡茶水平高低将直接影响茶汤质量。泡茶时应根据茶的特点掌握开水温度、茶水比、冲泡时间、冲泡次数，根据客人的口味要求适当调整茶汤浓度。泡茶用水的温度、茶水比直接影响茶叶内含物质的浸出速度和浸出量，从而影响茶汤浓度。一般情况下，原料细嫩的茶，冲泡温度不宜过高，以免熟汤，特别是高嫩度的绿茶，冲泡水温度高，茶汤黄变加剧，香味熟钝。在泡茶器具固定的情况下，投茶量将也影响茶汤的浓度，若投茶量多，可以考虑快速出汤，掌握适宜的茶汤浓度。冲泡次数也决定于投茶量，投茶量多，短时冲泡，冲泡次数就可增加。针对细嫩的茶，建议投茶量适中，冲泡 3 次左右即可，如果要继续品饮，可通过换茶的方式。此类茶如果多次冲泡，茶汤香味鲜醇度降低，口感大打折扣。

冲泡方式多采用先回旋注水再高冲或"凤凰三点头"的冲水方式。采用这种手法冲泡有利于开水激荡茶叶，使茶中有效物质充分浸出（图7-15）。

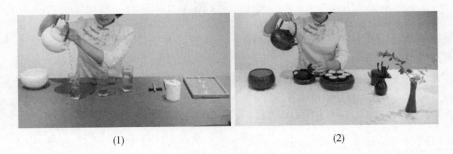

(1)　　　　　　　　　　　　　(2)

图7-15　高冲手法

六、斟茶

斟茶包括斟茶入盅和斟茶入杯两种形式。斟茶入盅就是将泡好的茶汤全部倒入茶盅中，茶汤在茶盅中可以达到充分混匀的目的，接着便将茶盅中的茶汤依次分入各品茗小杯中（图7-16）。这种斟茶方式能使各品茗杯中的茶汤浓度均匀一致，不至厚此薄彼。斟茶入杯就是将泡好的茶汤直接倒入品茗杯中的方法。由于斟茶有先后，因此，如果一次斟满就会存在先斟入的茶汤淡，后面的则依次变浓的问题。为了避免斟茶浓度不均的现象，往往采用巡回斟茶法，即来回多次斟茶，俗称"关公巡城"，最后几滴浓汤分别滴入各杯中，俗称"韩信点兵"（图7-17），尽量保证每杯茶汤浓淡均匀，以示对宾客一视同仁。

(1)　　　　　　　　　　　　　(2)

图7-16　斟茶入盅

(1)　　　　　　　　　　　　　(2)

图7-17　斟茶入杯

斟茶量也是品茗活动中体现礼仪的重要环节。斟茶量一般以茶杯的七分满为宜，俗话说"茶满欺客""茶倒七分满，留下三分装情谊"。茶倒七分满主要是考虑客人端杯方便，茶汤不易洒出，这也是对客人的尊重。

七、奉茶

将斟好茶汤的茶杯奉给客人。在主客围坐一起的情况下，可直接端杯奉给每个客人；在主客分隔的情况下，可将品茗杯先置于奉茶盘里，再双手端起茶盘离席到客人面前，一一取杯奉给客人。若无杯托，拿杯时手不要接触杯口；若有杯托，端杯托奉茶。奉茶时，如果客人坐的位置较低，应半蹲尽量与客人平行（图7-18）。茶杯尽量放到客人方便取拿的位置，若杯子有正反面，应将杯子正面朝向客人；有柄杯则杯柄朝向客人右手边。奉茶的同时行伸掌礼，轻轻说声"请用茶"（图7-19）。每奉完一个客人，转身走向第二个客人时，应及时调整盘中品茗杯的位置，使其平衡美观。

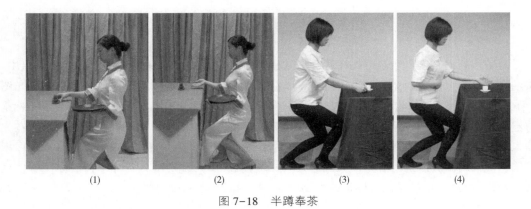

(1)　　　　　　(2)　　　　　　(3)　　　　　　(4)

图7-18　半蹲奉茶

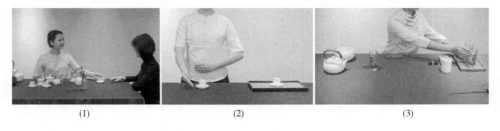

(1)　　　　　　(2)　　　　　　(3)

图7-19　茶杯与奉茶盘奉茶

八、品茶

品茶是享受习茶结果的重要环节。品茶包括鉴赏茶汤的色、香和味，玻璃杯泡茶还可欣赏叶底形态，充分调动人的视觉、嗅觉和味觉细胞，从而调节人的大脑和心理感受。品饮过程不仅仅是物质享受的过程，也是精神享受过程，因此，品茶要细品，充分感受茶汤的色香味形，感受茶汤给我们带来的美妙，达到怡悦性情的作用。

品茶的方式一般先看汤色，茶的汤色因加工方式不同而千差万别，绿茶汤嫩绿、浅绿、黄绿，红茶汤橙黄、橙红、鲜红或深红，黄茶汤浅黄、杏黄、金黄，白茶汤杏黄浅淡，乌龙茶汤从黄绿到橙红，黑茶茶汤则深红或红褐。每种茶汤色泽可能差异较大，但无论什么颜色，都以清澈明亮为佳。欣赏完茶汤，再将茶汤靠近鼻端，深深呼吸，茶香扑鼻，或清香、栗香、花香，或甜香、果香、花蜜香，深深浅浅、萦绕鼻端；小口啜饮，初觉小苦，继而回甘，满口生津，顿觉神清气爽。如果是玻璃杯泡茶，还可仔细欣赏茶芽在杯中舒展、舞动、一起一落的景象，令人浮想联翩（图7-20）。

(1)   (2)   (3)

图7-20 观色、闻香和品饮

九、续茶

品完第一道茶汤，如果客人未离席，需要续茶多次品饮。续茶时，将茶汤倒入公道杯，将公道杯放置奉茶盘，旁边放一小水盂和茶巾，双手端起奉茶盘到客人面前，用茶盅给客人添茶水，添茶量也以七分满为宜。续茶时如果客人杯里还有少量茶汤，可询问客人是否需要将其倒掉，再斟新茶，废茶汤则倒进水盂里，并及时用茶巾拭去茶盅底部及桌面洒落的茶汤。如果奉给客人的是在碗或杯中直接泡的茶饮，续水时，可将盛有开水的小冲水壶置于奉茶盘，旁边放一茶巾，到客人面前用冲水壶直接加水，动作和要求同用公道杯续茶。

第四节　各类茶的冲泡方法

各种茶叶在形态及内质特征等方面各不相同，在冲泡时，不仅对茶具、投茶量、水温、泡时等方面有不同要求，而且对其具体冲泡方法及流程也应因茶而异。

一、绿茶的冲泡方法

（一）玻璃杯泡法

此法多用于外形、色泽优美的名优绿茶，其基本程序如下（图7-21）。

1. 备具

准备无花无色透明玻璃杯若干（根据品茶人数而定）、茶叶罐、茶荷、茶匙、茶船（盘）、茶巾、开水壶（煮水器）、水盂等，摆正桌椅，铺好铺垫。茶席左侧区域的奉茶盘上放置玻璃杯3~6只，杯子倒扣在玻璃杯托上。茶席中间区域依次放置茶叶罐（含茶叶）、茶荷、茶巾、水盂、茶匙（含茶匙架）、花器（含花），茶席右侧区域内置冲水壶（水如需加

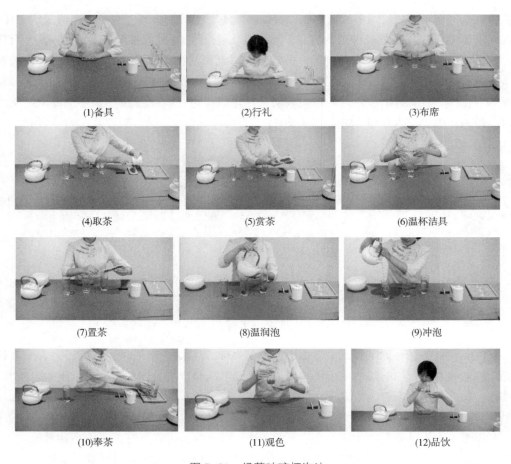

(1)备具　　　　　　　　　　(2)行礼　　　　　　　　　　(3)布席

(4)取茶　　　　　　　　　　(5)赏茶　　　　　　　　　　(6)温杯洁具

(7)置茶　　　　　　　　　　(8)温润泡　　　　　　　　　(9)冲泡

(10)奉茶　　　　　　　　　　(11)观色　　　　　　　　　　(12)品饮

图 7-21　绿茶玻璃杯泡法

热可配套煮水器)。

2. 布席

茶艺师落座，行鞠躬礼。双手将茶席中间区域集中放置的茶叶罐、茶荷、水盂、花器依次放到四周合适位置，空出中间区域放置主泡茶具玻璃杯。双手将奉茶盘中倒扣的玻璃杯翻正并放置茶席中间主泡区域，根据杯子数量摆成适宜形状，如 3 只玻璃杯，摆成一字直线状、斜对角线位置（左后、中、右前），或摆成品字形；若 4 只杯，摆成四方形；若 5~6 只杯，可半圆弧或 2 排。布席时应掌握协调、均衡、对称、便于操作的原则。

3. 赏茶

用茶匙从茶叶罐中轻轻拨取适量茶叶入茶荷，双手捧茶荷示意来宾赏茶后归位。如果宾客同坐一张茶席，也可将茶荷平放在前方桌面，请来宾仔细欣赏干茶。根据需要，可用简短的语言介绍一下即将冲泡的茶叶品质特征和文化背景，以引发品茶者的兴趣。因名优绿茶干茶细嫩易碎，在从茶叶罐中取茶入荷时，应用茶匙轻轻拨取，禁用茶则直接取，以免弄碎干茶。

4. 洁具

右手单手提冲壶（也可双手提壶，左手拿茶巾托住冲壶壶嘴底部，或者左手扶住冲壶壶盖），采用"回旋注水法"令水流沿茶杯内壁注水约玻璃杯总量的 1/3，逐杯注水完毕后冲壶复位。右手握杯身，左手食指、中指和无名指托杯底。右手手腕逆时针转动，双手协调使玻璃杯内壁与开水充分接触。涤荡后，将水弃入水盂，然后轻轻放回玻璃杯。

当面清洁茶具既是对客人的礼貌，又可以让玻璃杯预热，避免正式冲泡时炸裂。

5. 置茶

双手拿起茶荷，左手虎口张开提拿茶荷，并使茶荷开口朝右。右手拿茶匙将茶叶从茶荷中拨入玻璃杯中。一般茶叶与水比例为每克茶叶注水 50~60 毫升，可视客人情况酌情增减。

6. 温润泡

当冲水壶中水达到适合泡茶的水温时，右手提冲壶，以"回旋注水法"向杯内注入少量开水（水量没过茶叶即可）。右手轻握杯身，左手托住杯底，运动右手手腕逆时针转动茶杯，左手指轻托杯底作相应运动 2~3 圈，使茶叶充分浸润、吸水膨胀，以便于茶叶内含物的析出。温润时间 30~60 秒，可视茶叶的紧结程度而定，越紧结的茶叶，温润的时间越长。

7. 冲泡

执开水壶以"凤凰三点头"手法高冲注水，使茶杯中的茶叶上下翻滚，有助于茶叶内含物质浸出，茶汤浓度达到上下一致。一般冲水入杯至七成满为止。

8. 奉茶

右手轻握杯身（注意不要触及杯口），左手托杯底，双手将茶送到客人面前，放在方便客人拿取品饮的位置；或者将杯放入奉茶盘，端奉茶盘起身离座到客人位置奉茶。茶放好后，向客人行伸掌礼，或说"请品茶"。

9. 品饮

右手拿杯，左手指轻托茶杯底。先闻香，再观色、赏形，而后品味。

（二）大杯泡分杯饮法

此法多用冲泡名优绿茶，在茶叶店应用可节省试品茶消耗量，且取得良好的品茶效果。其基本程序如下。

1. 备具

200~250 毫升无色透明玻璃茶杯 1 个，公道杯及滤网各 1 个，品茗小杯若干个，另外还需茶叶罐、茶匙、茶荷、煮水器、茶巾、水盂、茶盘等用具。

2. 布席

茶艺师落座，行鞠躬礼。双手将茶席中间区域集中放置的茶叶罐、茶荷、水盂、花器依次放到四周合适位置，空出中间区域放置主泡茶具玻璃杯、公道杯、滤斗和品茗杯，注意布席时掌握茶器位置对称、均衡、美观、方便操作的原则。

3. 温杯洁具

用初沸水将茶杯、公道杯及滤网、品茗小杯烫洗一遍。

4. 鉴赏干茶

用茶匙将茶叶罐中茶叶拨出少量于茶荷中，递到客人手中，供他们鉴赏茶叶的色泽、干香和外形，初步认识所泡茶叶。

5. 冲泡茶叶

取 3~4 克茶叶于茶杯中，接着先注入约四分之一沸水浸润泡 30~60 秒，其间可拿起杯子轻轻摇动让茶与水充分接触，此时可让客人趁热嗅香。之后再向杯中冲入温度适宜的水至七八分满，待 1~2 分钟后即将茶汤滤入公道杯。

6. 分茶奉客

将公道杯中茶汤逐杯斟入各品茗小杯中，以七分满为宜，请客人品饮。

7. 细品佳茗

用三指端杯手法端起品茗小杯，先观色、嗅香，再小口细品其味。

（三）盖碗泡法

此法是生活中待客常用茶艺，名优绿茶、大宗绿茶均可用。其基本程序如下（图7-22）。

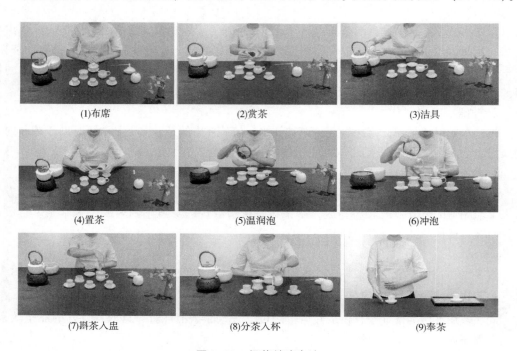

(1)布席   (2)赏茶   (3)洁具

(4)置茶   (5)温润泡   (6)冲泡

(7)斟茶入盅   (8)分茶入杯   (9)奉茶

图7-22 绿茶盖碗泡法

1. 备具

准备盖碗1个，品茗杯若干（根据品茶人数而定）、公道杯、茶叶罐、茶荷、茶匙、茶船（盘）、茶巾、开水壶（煮水器）、水盂等。

2. 布席

茶艺师落座，行鞠躬礼。双手将茶席中间区域集中放置的茶叶罐、茶荷、水盂、花器依次放到四周合适位置，空出中间区域放置主泡茶具盖碗、公道杯、滤斗和品茗杯。

3. 赏茶

用茶匙从茶叶罐中拨取适量茶叶入茶荷，供客人欣赏干茶外形、色泽及香气。

4. 洁具

右手单手提冲水壶（也可双手提壶，左手拿茶巾托住冲壶壶嘴底部，或者左手扶住冲壶壶盖），采用"回旋注水法"注入盖碗约1/3的水、于公道杯适量的水后冲壶复位。双手提起盖碗逆时针缓慢转动，使水充分浸润碗壁，涤荡后，将碗中水弃入水盂，然后轻轻放回盖碗。双手提起公道杯，按上法转动润杯后，将水分至各品茗杯中，依次用单手或双手转动品茗杯润洗后弃水入水盂，复位。

5. 置茶

将茶荷中的干茶用茶匙拨入茶碗中。茶水比按1：50~1：60（克/毫升）为准，一只普通盖碗放上2克左右的干茶即可。

6. 温润

当冲壶中水达到适合泡茶的水温时，右手提冲壶，以"回旋注水法"向碗内注入1/3左右开水。比较细嫩的茶叶温润时间20~60秒，可视茶叶的紧结程度而定，越紧结的茶叶，温润的时间越长。

7. 冲泡

右手执壶（也可双手操作），左手揭开碗盖，高冲水入盖碗，或采用"凤凰三点头法"注水，使茶叶上下翻动，有利于茶汤有效成分的浸出。冲泡水量控制在碗翻转边缘，盖好盖后，冲壶归位。

8. 分茶

将泡好的茶倒入公道杯中，达到匀茶的目的。同时，将公道杯中的茶分入小茶杯中。小茶杯中茶汤量以七分满为佳。

9. 奉茶

茶艺师双手端起茶杯或杯托，将泡好的茶一一放置在奉茶盘中。茶艺师起身，端起奉茶盘，后退两步立定，再走到宾客席前行鞠躬礼。按主次、长幼顺序双手拿杯托奉茶给宾客，并行伸掌礼。宾客点头微笑表示谢意，或答以伸掌礼。奉茶完毕，茶艺师端奉茶盘返位，奉茶盘归位，茶艺师落座。如果宾客就坐于泡茶桌的旁边，可起身直接将承放茶杯的茶托奉与客人。

10. 品茗

茶艺师将自己的茶杯放置茶席中心位置，单手或双手持杯，按先观汤色、闻茶香，后品饮的顺序进行，品完茶汤可再嗅杯底余香。

（四）绿冰茶制作方法

按1：25（克/毫升）的茶水比例将绿碎茶置于壶中，冲入50~60℃的温开水，浸泡10分钟左右。将茶汤滤于装有约150毫升体积冰块的冷却壶中，待冰化冷却后，即可分杯品饮。品饮时再加入适量冰块，或柠檬、方糖，用小勺搅和着饮。其茶汤碧绿，滋味清凉解暑。

二、红茶的冲泡方法

红茶品饮，主要是清饮和调饮两种。清饮，即在茶汤中不加任何调料，使茶发挥本身固有的香气和滋味，追求的是茶的真香真味，中国的大多数地方都采用清饮泡法。调饮，则在茶汤中加入其他原料，丰富茶的色香味，如在红茶茶汤中加入糖、牛奶、香槟酒、香料、柠檬或其他各种果汁、果肉等。现将红茶清饮泡法和调饮泡法介绍如下。

（一）清饮杯泡法

1. 备具

白色有柄瓷杯（原料细嫩的工夫红茶也可用透明的玻璃杯）3~5个、茶叶罐、茶荷、茶匙、茶船（盘）、茶巾、开水壶（煮水器）、水盂等。

2. 布席

参照绿茶玻璃杯泡法。

3. 洁具

用开水注入杯中，以洁净茶具，并起到温杯的作用。

4. 赏茶

用茶匙拨取适量茶叶入茶荷，供宾客欣赏干茶的外形及香气。

5. 置茶

用茶匙将茶叶依次拨入茶杯中，每50~60毫升水需要干茶1克。

6. 冲泡

90~100℃的开水先回旋斟水再以高冲法冲入茶杯，七成满即可。

7. 奉茶

将冲好的茶，双手持杯托有礼貌地奉给宾客。

（二）清饮壶（盖碗）泡法

1. 备具

陶瓷壶或玻璃壶通用；因品饮红茶观色是重要内容，因此，盛茶汤的杯子以白瓷或内壁呈白色为好，而且壶与杯的容量需配套；所需茶具主要有茶叶罐、茶匙、茶荷、公道杯、茶船（盘）、茶巾、开水壶（煮水器）、水盂、品茗杯等。

2. 布席

参照绿茶壶或盖碗泡法。

3. 洁具

将开水注入壶（碗）、盅中，持壶转动1~2次后弃水入水盂，茶盅转动后将水依次倒入杯中，以洁净茶具，并起到温具的作用，最后将水弃入水盂。

4. 赏茶

用茶匙拨取适量茶叶入茶荷，供宾客欣赏干茶的外形及香气。

5. 置茶

用茶匙从茶荷中拨取适量茶叶入壶，根据壶的大小，每50~60毫升水需要干茶1克。

6. 冲泡

90~100℃的开水以循环斟水1/3浸润1分钟，再高冲法冲水至适宜量。

7. 分茶

静置1~2分钟后，分茶入公道杯中，再将公道杯中的茶汤分入小茶杯至7分满。

8. 奉茶

将品茗杯有礼貌地将茶奉给宾客品饮。

（三）调饮泡法

调味红茶常见的有牛奶红茶、柠檬冰红茶、蜂蜜红茶、白兰地红茶等。红茶的冲泡方法与清饮壶泡法相似，冲泡的茶汤比清饮的可适当浓一些，再根据需要加入其他调味剂，具体泡法如下。

1. 备具

按人数选用茶壶及与之相配的茶杯，茶杯多选用有柄带托的瓷杯，如制作冰红茶，也可选用透明的直筒玻璃杯或高脚的玻璃杯；另外还应有茶叶罐、烧水壶、羹匙，以及装各种调味料的容器。

2. 洁具

将开水注入壶中，持壶转动 1~2 下，再依次倒入杯中，以洁净茶具。

3. 置茶

用茶匙从茶叶罐中拨取适量茶叶入壶，根据壶的大小，每 40~50 毫升水需要干茶 1 克。

4. 冲泡

90℃左右的开水以高冲法冲入茶壶至 4/5 处。

5. 分茶

静置 3~5 分钟后，提起茶壶，轻轻摇晃几下，待茶汤浓度均匀后，滤去茶渣，一一倾茶入杯。随即加入所需调料（奶茶加牛奶和方糖；柠檬茶则加一片柠檬和方糖，或其他果汁、果肉加适量蜂蜜或方糖），夏天可加入冰块。调味料用量的多少，可依每位宾客的口味而定。

6. 奉茶

持杯托礼貌地奉茶给宾客，杯托上需放一个羹匙。

7. 品饮

品饮时，需先用茶匙调匀茶汤后，将茶匙轻放在杯托上，进而闻香，端杯小口品味，切忌用茶匙舀茶喝。

（四）泡沫红茶制作方法

泡沫红茶实际上是在调料冰红茶的基础上使茶汤起泡沫而成的一种茶。它主要是利用茶叶中富含茶皂素，振摇易起泡沫的原理制成的。其特点一是泡沫丰富，外观新颖，富有现代气息；二是加冰冷茶，清凉爽口。故很受年轻人喜欢。

制作泡沫红茶需用一个摇酒器，品饮时一般是玻璃杯装茶汤用吸管吸饮，故需玻璃杯及吸管。

泡沫红茶的制作方法是：先按壶泡法泡出红茶汤，滤去渣，茶汤冷却后倒入摇酒器中（占 1/3~1/2 体积），再加入适量方糖后加盖。双手拿起摇酒器进行剧烈振摇。0.5~1 分钟后，打开盖，将泡沫连茶汤一起倒入玻璃杯中，加入冰块（也可事先在杯中加入冰块）或调味料（通常是果汁等，也可根据各人口味而定），插入吸管即可饮用。

（五）各种新潮调饮红茶制作方法

1. 新鲜水果冰茶

（1）材料　柳橙浓缩汁 30 毫升；百香果浓缩汁 15 毫升；柠檬汁 15 毫升；菠萝汁 30 毫升；水果切丁 3~5 种；蜂蜜 10 毫升；果糖 10 毫升；红茶汤。

（2）用杯　500 毫升玻璃杯。

（3）制作　将所有果汁与果糖、蜂蜜按量混匀后，倒入事先放有适量碎冰和水果切丁的玻璃杯中和匀，最后再加入红茶汤至八九分满，即可。

（4）注意　红茶汤要足够浓，新鲜水果也可先煮 3~5 分钟，熬出浓汁后使用。

2. 桂圆莲枣热茶

（1）材料　红枣 8~10 粒；糖莲子 5 个；龙眼干 8 个；桂圆浓汁 2 大匙；蜂蜜 15 毫升；袋泡红茶。

（2）用杯　500 毫升玻璃壶和花瓷杯。

（3）制作　先在锅中倒入开水，将红枣粒划两下放入煮 3 分钟，再放入糖莲子、龙眼干，再煮 3 分钟，最后放入袋泡红茶煮至汤色红亮后离火。提出茶包后，在其中加入桂圆浓汁和蜂蜜，搅均匀，全部倒入玻璃茶壶中，即可。

（4）注意　红枣、糖莲子较不易出味，应先煮，使之出味，再加入其他材料。这是一道冬天畅销的饮品。

3. 玫瑰花茶

（1）材料　玫瑰红茶 10 克；玫瑰花蜜 15 毫升；玫瑰花 10~20 朵。

（2）用杯　500 毫升玻璃壶和花瓷杯。

（3）制作　将玫瑰红茶、玫瑰花和玫瑰花蜜放入玻璃茶壶中，用开水冲泡 4~5 分钟即可。

（4）注意　这是最畅销的一道热茶，请注意选用高质量的玫瑰花和玫瑰红茶，多加玫瑰花蜜可添香醇味。

4. 杏仁奶茶

（1）材料　鲜奶 90 毫升；杏仁露 30 毫升；鲜奶油 15 毫升；杏仁粉 2 大匙；奶精粉 1.5 大匙；砂糖包 1 包；锡兰红茶 1 大匙。

（2）用杯　素色瓷壶和瓷杯。

（3）制作　先用壶泡 1 大匙红茶 4 分钟，再在杯中加入各种调味料，最后冲入泡好的红茶汤，用小勺调和均匀，即可。

（4）注意　请选用品质好的川贝杏仁粉，杏仁粉要搅拌均匀，溶入水中。

5. 莓香红茶

（1）材料　锡兰红茶 3 克；草莓 4 颗；蓝莓 8 颗；蜂蜜 2 大匙。

（2）用杯　250 毫升玻璃杯。

（3）制作　草莓与蓝莓洗净，草莓切半，并将草莓和蓝莓用蜂蜜腌渍 1~2 小时；用冲泡器将红茶浸泡 3 分钟后过滤于事先放入了蜂蜜腌莓的玻璃杯中，以七八分满为度，让水果浮起。

（4）效果　无法抗拒的草莓香气与蓝莓的天然酸味，搭上花香气息浓郁的斯里兰卡红茶，舞出鲜丽的色调与细致的香气，非常适合初冬午后饮用。

6. 香柚奶茶

（1）材料　葡萄柚 1 个；热红茶 150 毫升；咖啡伴侣 1 大匙；蜂蜜 30 克；冰块适量；红樱桃 1 个；胡姬花 1 朵；羊齿叶 1 片；葡萄柚 1 片。

（2）制作　将冰块置入调酒壶内约 2/3，加入 150 毫升热红茶汤，将葡萄柚一个压汁，加入调酒壶内，再加入 30 克蜂蜜，加入一大匙咖啡伴侣，加盖后摇匀，将调制好的奶茶倒入杯内，装饰红樱桃、葡萄柚、胡姬花、羊齿叶。

7. 石榴红茶

（1）材料　热红茶 150 毫升；红石榴汁 30 克；糖水 30 克；冰块适量；红樱桃 1 个；胡姬花 1 朵；羊齿叶 1 片；柠檬 1 片；蝴蝶 1 只。

（2）制作　将冰块置入调酒壶内约 2/3，加入 150 毫升热红茶汤，加入红石榴汁 30 克，再加入 30 克糖水，加盖后摇匀，将调制好的冰茶倒入杯内，装饰红樱桃、柠檬、胡姬花、羊齿叶、蝴蝶。

8. 芝麻奶茶

（1）材料　热红茶 300 毫升；黑芝麻粉 2 大匙；咖啡伴侣 3 大匙；蜂蜜 90 克；冰块适

量；胡姬花 1 朵；跳舞兰适量；羊齿叶 1 片；蝴蝶 1 只。

（2）制作　将冰块置入调酒壶内约 2/3，加入 150 毫升热红茶汤，加入 90 克蜂蜜，再加入 3 大匙咖啡伴侣，加盖后摇匀，加入 2 大勺黑芝麻粉于杯中，将调制好的奶茶冲入杯内，加入适量的冰块于奶茶内，装饰胡姬花、跳舞兰、羊齿叶、蝴蝶。

9. 贵夫人香茶

（1）材料　热红茶 150 毫升；凤梨汁 60 克；乳酸饮料 15 克；红石榴汁 15 克；柳橙汁 30 克；冰块适量；糖水 15 克；红樱桃 1 个；柠檬 1 片；胡姬花 1 朵；羊齿叶 1 片；小雨伞 1 只。

（2）制作　将冰块置入调酒壶内约 2/3，加入 150 毫升热红茶汤，加入乳酸饮料 15 克，加入 30 克凤梨汁，加入红石榴汁 15 克，加入柳橙汁 30 克，加入糖水 15 克，加盖后摇匀，将调制好的香茶倒入杯内，装饰红樱桃、柠檬、胡姬花、羊齿叶、小雨伞。

10. 咖啡奶茶

（1）材料　热红茶 100 毫升；热咖啡 50 毫升；咖啡伴侣 1 大匙；糖水 60 克；冰块适量；红樱桃 1 个；胡姬花 1 朵；羊齿叶 1 片。

（2）制作：将冰块置入调酒壶内约 2/3，加入 100 毫升热红茶汤，加入 50 毫升咖啡伴侣，再加入 60 克糖水、1 大匙咖啡伴侣，加盖后摇匀，将调制好的奶茶倒入杯内，装饰红樱桃、胡姬花、羊齿叶。

三、乌龙茶的冲泡方法

（一）潮汕工夫茶泡法

1. 备具

烧水炉及水壶、盖碗（或紫砂小茶壶）、品茗杯、茶叶罐、双层茶盘、茶巾、茶道组等（图 7-23）。

2. 布席

茶艺师落座，行鞠躬礼。双手将茶席中间区域集中放置的茶叶罐、茶荷、水盂、花器依次放到四周合适位置，空出中间区域放置主泡茶具盖碗（或紫砂小茶壶）和品茗杯（品茗杯放在双层茶盘上）。

3. 温具

泡茶前，先用开水壶向盖碗中注入沸水，斜盖碗盖，右手从盖碗上方握住碗身，将开水从碗盖与碗身的缝隙中倒入一字排开的品茗杯里，用手或茶夹持小杯涤荡后将水弃入茶盘中。

4. 赏茶

用茶匙从茶叶罐中拨取适量茶叶入茶荷，供宾客欣赏干茶的外形及香气。

5. 置茶

将碗盖斜搁于碗托上，从茶荷中拨取适量茶叶入盖碗，量为碗容量的 1/2~2/3。

6. 温润

用刚烧沸的鲜开水，右手提冲壶，以"回旋注水法"向碗内注入八分左右开水。左手用拇指、中指和食指捏住碗盖钮拿起碗盖，由外向内沿水平方向刮去泡沫，并用开水冲去粘在盖上的泡沫。然后稍斜盖上碗盖，迅速将碗中茶水倒掉。因加茶量较多，该步骤达到提升茶叶温度，充分浸润茶叶，以利于茶叶舒展的作用。

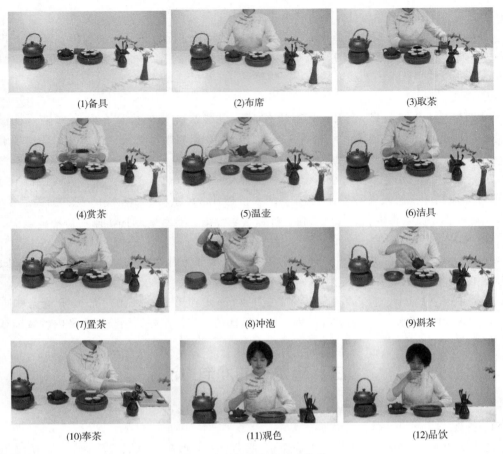

(1)备具　　　　　　　　(2)布席　　　　　　　　(3)取茶

(4)赏茶　　　　　　　　(5)温壶　　　　　　　　(6)洁具

(7)置茶　　　　　　　　(8)冲泡　　　　　　　　(9)斟茶

(10)奉茶　　　　　　　　(11)观色　　　　　　　　(12)品饮

图 7-23　潮式乌龙茶冲泡法

7. 冲泡

向盖碗中高冲入沸水。冲水时，水柱由低到高冲入碗内，一气呵成，俗称"高冲"，激荡茶叶，以利物质有效浸出。

8. 静蕴

在水的润泽下静蕴，碗中茶叶渐渐舒展开来，茶汁慢慢浸出。

9. 斟茶

第一泡茶，浸泡 1 分钟即可斟茶。斟茶时，盖碗应尽量靠近品茗杯，俗称"低斟"，可以防止茶汤香气和热量的散失，避免杯中茶汤四溅和起泡。倾茶入杯时，需在品茗杯中来回斟茶至七分满，称为"关公巡城"。最后几滴需一滴一滴依次巡回滴入各个茶杯，称为"韩信点兵"。采用这样的斟茶法，目的在于使各杯中的茶汤浓淡一致，而避免先倒出的茶汤淡，后倒的茶汤浓的现象。

10. 奉茶

在茶巾上拭去杯底水渍后有礼貌地将茶杯奉到宾客面前品饮。

若要泡第二、三泡，直接冲泡，第二泡掌握 1~1.5 分钟；第三泡 2 分钟左右。

（二）福建工夫茶泡法（以安溪铁观音冲泡方法为例）

1. 备具

紫砂小壶、品茗杯、茶船、烧水炉与水壶、茶叶罐、茶荷、茶夹、茶则、茶匙、茶巾、水盂等。

2. 布席

茶艺师落座，行鞠躬礼。双手将茶席中间区域集中放置的茶叶罐、茶荷、水盂、花器依次放到四周合适位置，空出中间区域放置主泡茶具紫砂小茶壶和品茗杯（品茗杯放在双层茶盘上）。

3. 洁具

用开水壶向紫砂壶注入开水，提起紫砂壶在手中转动数下，依次倒入品茗杯中，用茶夹夹住杯壁，向内转动数下，将茶杯中的水倒入水盂，其余品茗杯依次倾空，放成弧形或一字形。这一步也称"温壶烫盏"。

4. 赏茶

用茶则从茶叶罐中拨取适量茶叶入茶荷，供宾客欣赏干茶的外形及香气。

5. 置茶

用茶匙拨取茶叶入壶，投放量为1克干茶20~30毫升水。也称"乌龙入宫"。

6. 温润泡

用开水壶向小茶壶中注入开水，直至水满壶口，用盖刮去表面浮沫盖上壶盖后，立即将茶水倒入水盂。温润泡既可以使茶水清新，又可以使外形紧结的茶叶有一个舒展的过程，避免"一泡水，二泡茶"的现象。

7. 冲泡

用开水壶以"高冲"方法向紫砂小茶壶中冲入沸水至适量，然后盖上壶盖。

8. 淋壶

右手用开水在壶身外逆时针冲淋茶壶外表2圈，提升壶的温度，俗称"内外夹攻"。同时，也可以清除粘附于壶外的茶沫。

9. 静蕴

在水的润泽下静蕴，壶中茶叶渐渐舒展开来，茶汁慢慢浸出。

10. 斟茶

大约浸泡1分钟后，将壶口尽量靠近品茗杯，把泡好的茶汤巡回注入茶杯中，俗称"关公巡城"。将壶中剩余茶汁，一滴一滴地分别点入各茶杯中，此式俗称"韩信点兵"。这样斟茶可以使每杯中的茶汤浓淡一致，杯中茶汤以七八成满为宜。

11. 奉茶

有礼貌地将茶奉到宾客面前，请宾客品饮。

（三）台湾乌龙茶泡法

台湾乌龙茶泡法主要特点是茶具较潮汕工夫茶泡法多了公道杯和闻香杯，因而泡茶程序也有一些变化，具体程序如下（图7-24）。

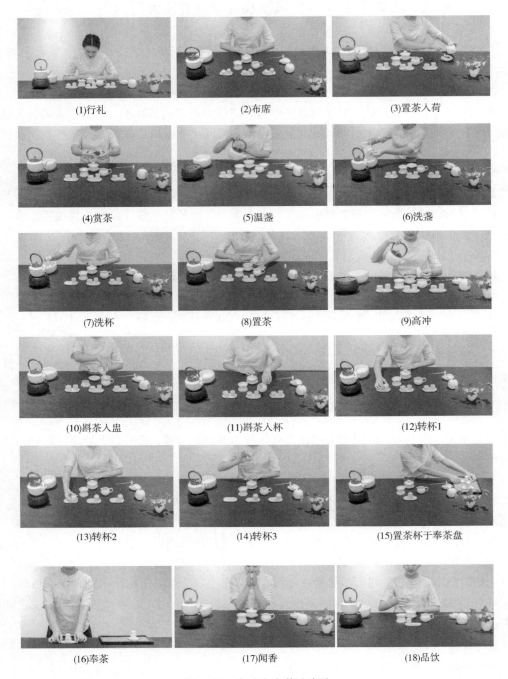

(1)行礼　　　　　　　(2)布席　　　　　　　(3)置茶入荷

(4)赏茶　　　　　　　(5)温盏　　　　　　　(6)洗盏

(7)洗杯　　　　　　　(8)置茶　　　　　　　(9)高冲

(10)斟茶入盅　　　　(11)斟茶入杯　　　　　(12)转杯1

(13)转杯2　　　　　　(14)转杯3　　　　(15)置茶杯于奉茶盘

(16)奉茶　　　　　　　(17)闻香　　　　　　　(18)品饮

图 7-24　台式乌龙茶冲泡法

1. 备具

煮水器、紫砂壶、闻香杯、品茗杯、杯托、公道杯、滤网、茶则、茶匙、茶夹、茶船（盘）、茶叶罐、茶荷、茶巾等。

2. 布席

茶艺师落座，行鞠躬礼。双手将茶席中间区域集中放置的茶叶罐、茶荷、水盂、花器依次放到四周合适位置，空出中间区域放置主泡茶具紫砂小茶壶、公道杯和品茗杯等。

3. 温壶烫盏

将开水注入紫砂壶和公道杯中，持壶转动数下，弃水入茶盘，公道杯涤荡后将水以巡回往复的方式注入闻香杯和品茗杯中。

4. 赏茶

用茶则从茶叶罐中量取适量茶叶置于茶荷中，供宾客欣赏干茶的外形及香气。

5. 置茶

用茶匙将茶荷中的乌龙茶按需要量拨入壶中待泡，雅称"乌龙入宫"。投放量为 1 克干茶 20 毫升水，约为壶的三成满。

6. 温润泡

温润泡也称洗茶，方法同福建工夫茶。

7. 冲泡

用开水壶以"高冲"方法向紫砂小茶壶中冲入沸水至满。若产生有泡沫，用壶盖由内向外边赶边盖上，既可把泡沫赶出壶口，又可保温保香。

8. 淋壶

用开水在壶身外均匀冲淋。

9. 洗杯

用茶夹依次将闻香杯和品茗杯中的水倒掉，并一一对应地放在杯托上，闻香杯在左，品茗杯在右。杯身上若有图案或分正反面，应将有图案的一面或正面朝向宾客。

10. 滤茶

将滤网置于公道杯上，将壶中浸泡约 1 分钟的茶汤通过滤网倒入公道杯中。紫砂壶的水流尽量靠近过滤网，避免茶香散失。这一式也称"斟茶入海"。

11. 斟茶

执公道杯将茶汤斟入闻香杯，杯中茶汤以七八成满为宜。

12. 转杯

将品茗杯反盖在闻香杯上，翻转闻香杯和品茗杯，使闻香杯在上，品茗杯在下。

13. 奉茶

双手执杯托，将茶杯一同奉到宾客面前。

14. 品茶

轻轻取出闻香杯并送至鼻端闻香。也可两手掌夹着闻香杯送到鼻端，边来回搓着转动闻香杯边闻香，使杯中香气得到最充分的挥发。而后，以"三龙护鼎"的手法端起品茗杯小口啜饮茶汤，细品佳茗。

四、花茶冲泡法

不同茶坯花茶的冲泡方法有所不同，这里以茉莉花茶为例。花茶融茶之韵与花之香为一体，故冲泡花茶的基本要领是使茶充分展现其花香茶韵（图 7-25）。

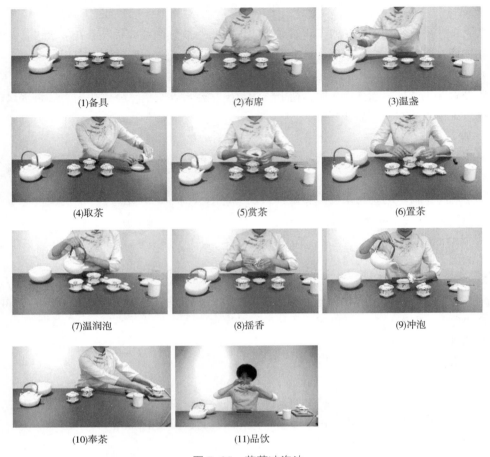

<table>
<tr><td>(1)备具</td><td>(2)布席</td><td>(3)温盏</td></tr>
<tr><td>(4)取茶</td><td>(5)赏茶</td><td>(6)置茶</td></tr>
<tr><td>(7)温润泡</td><td>(8)摇香</td><td>(9)冲泡</td></tr>
<tr><td>(10)奉茶</td><td>(11)品饮</td><td></td></tr>
</table>

图 7-25　花茶冲泡法

（一）备具

1. 盖碗

盖碗有利蓄香与嗅香。一般以瓷器较好（如青花瓷器），高档花茶可用玻璃盖碗，便于观叶底。

2. 其他茶具

其他茶具有茶叶罐、茶则、茶船、茶巾、开水壶等。

（二）布席

茶艺师落座，行鞠躬礼。双手将茶席中间区域集中放置的茶叶罐、茶荷、水盂、花器依次放到四周合适位置，空出中间区域放置主泡茶具盖碗等。

（三）洁具

按洗盖碗手法操作。

（四）置茶

用茶则从茶叶罐中量取 2~3 克茶叶入碗。

（五）温润泡

向盖碗注入约 1/4 的 90℃ 开水，浸润茶叶。

（六）摇香

盖上碗盖，拿起盖碗逆时针轻转 2~3 圈，使茶水充分接触。

（七）冲泡

用高冲或"凤凰三点头"手法冲泡。以八分满为度，注完水后立即加盖，避免香气散失，静置 1~2 分钟即可。

（八）奉茶

双手端碗托将茶奉献于客人面前，并行伸掌礼。

（九）品茶

品饮前，可半揭开碗盖嗅香或掀开碗盖闻盖上积蓄的花茶香，接着观汤色，最后用碗盖轻轻推开浮叶，从斜置的碗盖和碗沿的缝隙中小口啜饮。

五、普洱茶冲泡法

普洱茶是黑茶类中较为普遍饮用的品种，经过长期存放，使茶中的茶多酚类物质在温湿条件下不断氧化，形成的"陈香"是其特殊的品质风格。贮存时间越长，其滋味越加醇和，陈香越突出。一般普洱茶可选用紫砂壶或盖碗冲泡，冲泡的程序如下。

（一）备具

准备茶盘（茶船）、盖碗（或陶壶）、公道杯、品茗小杯、茶叶罐、茶则、茶针、茶巾、烧水炉与壶等。

（二）布席

茶艺师落座，行鞠躬礼。双手将茶席中间区域集中放置的茶叶罐、茶荷、水盂、花器依次放到四周合适位置，空出中间区域放置主泡茶具盖碗（紫砂小茶壶）、公道杯和品茗杯等。

（三）温壶烫盏

将烧沸的开水冲入盖碗，再将盖碗中的沸水倒入公道杯，持公道杯涤荡后，依次倒入品茗小杯中。

（四）置茶

用茶则从茶叶罐中撮取适量茶叶置入盖碗，一般用茶量为 5~8 克。

（五）温润

将沸水冲入盖碗，使盖碗中的茶叶随水流快速翻滚，将茶水迅速从斜置的碗盖和碗沿的间隙中倒出。普洱茶因存放时间较长，第一道茶水可能仓味较重，香味不纯，可弃去。

（六）泡茶

再次将沸水先高后低地冲入盖碗后加盖。冲泡时间分别为：第一泡 10 秒；第二泡 15 秒；第三泡后，依次增加 20 秒。久陈的普洱茶，多泡后，茶汤依然红艳，甘滑回甜。

（七）出汤

即将盖碗中冲泡的普洱茶汤倒入公道杯中，出汤前要用碗盖刮去浮沫。

（八）分茶

将公道壶中的茶汤依次倒入品茗小杯中，以七成满为宜。

（九）奉茶

将品茗小杯放在杯托上，双手奉给宾客。

（十）品茶

小口啜饮普洱茶的陈韵甘滑。

六、黄茶的冲泡法

黄芽茶如蒙顶黄芽、君山银针、霍山黄芽等都采用芽头为原料，十分细嫩。黄芽茶的冲泡方法可采用名优绿茶玻璃杯的冲泡方法，注重观赏性。黄小茶一般采用一芽二叶左右的原料，可采用盖碗进行冲泡，冲泡方法参照绿茶盖碗冲泡法。下面以黄茶的代表君山银针为例，简述冲泡程序。

（一）备具

准备无花直筒形透明玻璃杯及杯托 3~5 个、玻璃片制成的杯盖、茶荷、茶叶罐、茶匙、茶巾、茶船（盘）、水盂、开水壶等。

（二）布席

茶艺师落座，行鞠躬礼。双手将茶席中间区域集中放置的茶叶罐、茶荷、水盂、花器依次放到四周合适位置，空出中间区域放置主泡茶具玻璃杯。

（三）赏茶

用茶匙取出少量茶，置于茶荷中，供宾客观赏。

（四）温具

向玻璃杯中倾入 1/3 杯的开水，然后右手捏住杯身，左手托杯底，轻轻旋转杯身，将杯中的开水依次倒入水盂。

（五）置茶

取君山银针茶 2~3 克，放入茶杯。

（六）温润

用水壶将 85℃ 左右的开水，回旋冲入茶杯 1/4 处，双手捧杯转摇数周，使茶芽充分浸润。

（七）高冲

用高冲手法冲至七成满为止。冲泡后的君山银针，往往浮立汤面，这时可用玻璃片盖在茶杯上，能使茶芽均匀吸水，快速下沉。3 分钟后，去掉玻璃片。

（八）奉茶

有礼貌地用双手端杯并奉给宾客。

（九）赏茶

君山银针经冲泡后，在水和热的作用下，茶芽渐次直立，上下沉浮，芽尖挂着晶莹的气泡，是其他茶冲泡时罕见的。

（十）品饮

轻轻啜一口茶汤，感受黄茶甘醇的滋味。

七、白茶的冲泡法

白茶包括白毫银针、白牡丹、贡眉和寿眉等花色。由于白茶加工中没进行揉捻，茶叶组织破损少，冲泡时其中的有效成分浸出较困难，故冲泡时间比其他茶类的都要长一些。白毫银针可采用类似黄芽茶的玻璃杯冲泡法，白牡丹等白茶可采用盖碗或用壶煮。白毫银针的冲泡具体程序如下。

（一）备具

准备无花直筒形透明玻璃杯及杯托、茶荷、茶叶罐、茶匙、茶巾、茶船（盘）、水盂、开水壶等。

（二）布席

茶艺师落座，行鞠躬礼。双手将茶席中间区域集中放置的茶叶罐、茶荷、水盂、花器依次放到四周合适位置，空出中间区域放置主泡茶具玻璃杯等。

（三）赏茶

用茶匙取出白茶少许，置于茶荷，供宾客欣赏干茶的形与色。

（四）温具

向玻璃杯中倾入 1/3 杯的开水，然后右手捏住杯身，左手托杯底，轻轻旋转杯身，将杯中的开水依次倒入水盂。

（五）置茶

取白茶 2~3 克，置于玻璃杯中待泡。

（六）浸润

冲入少量开水，让杯中茶叶浸润 1 分钟左右。

（七）泡茶

用高冲法冲入开水至七八成满为宜。冲泡时间较其他茶类要长一些。

（八）奉茶

有礼貌地用双手端杯并奉给宾客饮用。

（九）品饮

双手捧杯轻轻啜饮，品味银针的清甜甘醇。

第八章　　CHAPTER

表演型茶艺创编

8

　　茶艺创编是茶艺工作者和高级别茶艺师的必备技能素质要求。近年来，表演型茶艺常出现在各种场合，如各种大型茶文化活动、茶艺大赛、各茶叶企业的文化宣传、茶文化旅游景区等，说明社会对各种风格、形式、主题内容的表演型茶艺有大量需求，这就对茶艺工作者提出了更多创编茶艺的任务。

第一节　茶艺创编概述

一、表演型茶艺的社会功能

　　以茶事的功能来分，茶艺可分为生活型茶艺，经营型茶艺和表演型茶艺。表演型茶艺是一种视觉享受，是生活艺术的升华，是一种生活态度的反映，具有艺术性和教育性的功能。

　　表演型茶艺的社会功能主要表现为以下几点。

（一）宣扬茶文化，推动礼法教育

　　茶在中国乃至世界，能传承数千年而不衰的重要的原因除了茶是公认的保健饮品之外就在于其茶文化内涵。茶文化的丰富性是中国茶的一大特色，如此多元化的茶文化为中国茶注入了勃勃生机，又彰显了浓郁的东方神秘情调。中国茶文化内涵博大精深，用表演型茶艺诠释茶文化，是弘扬茶文化的一种重要表达形式。通过艺术审美和茶文化相结合，形成了更为具体和深刻的表达方式，逐步形成"以表演型茶艺促进茶文化，以茶文化升华表演型茶艺"的互促格局，最终达到丰富茶文化内涵，加大茶文化宣传的目的。

　　另外，表演型茶艺具有趣味性和知识性，通过品茗鉴具，赏境观艺，能令人产生共情，启迪心智，得到一种美的享受，有利于怡情养性，使人心态平衡，解决现代人精神压力和困惑，提高人们的文化素质。所以，经过艺术加工和锤炼而成的表演型茶艺，结合茶文化内涵，是一种很好的修身养性手段，也是一种对人们进行礼法教育的很好方式。

（二）促进茶业经济，培养潜在消费者群体

　　目前，茶业已经成为中国茶区农民脱贫致富的主导产业之一。表演型茶艺作为茶文化旅游的重要内容，在促进茶叶经济方面发挥着重要的作用。通过特色技能型茶艺，如四川的龙行十八式，不仅可以用鲜明地方色彩的茶艺表演吸引大量的国内外游客，构成我国民俗旅游

开发的特色资源，而且还能带动当地的经济，"以茶艺表演带茶旅游，以茶旅游促茶贸易，以茶贸易兴茶产业"，最终实现产业经济良性循环。

通过表演茶艺的深度发掘，既有利于带动茶叶贸易，促进茶农增收，还可以通过茶艺表演为切入点，结合茶文化、茶知识，提倡"多喝茶，喝好茶"，培养更多的优质潜在消费群体。这些消费群体作为以后茶叶消费的主力军将引领茶叶的发展趋势和未来，从而为茶的传播和饮用，茶文化的发展开拓了更广阔的天地。

（三）提高茶艺师技能，促进茶行业服务质量升级

表演型茶艺和生活型、经营型茶艺最大的区别在于它除了满足人们对茶汤的喜爱之外，更重要的是满足人们艺术审美的需求，这就对茶艺创编工作者提出了更高的要求。只有在科学的方法泡好茶的基础之上，注重将艺术审美性融入茶的冲泡中，才能使茶艺表演给人以美好的感受和共情。

目前有不少茶艺爱好者，在修习茶艺的过程往往错误地把茶艺当作表演艺术，只偏爱学习程序和茶艺动作，恰恰忽视了茶的基本功和茶艺冲泡技艺的掌握。通过表演型茶艺能极大提高茶艺师的技能，丰富他们的视野，让茶艺师在顺茶性、合茶理的基础上，不仅将茶叶泡出真味，还能体味茶的意境和精神，成为真正的茶人，传承茶文化脉搏。而这部分高质量的茶艺师进入茶行业必将极大促进茶行业服务质量的提升，有利于提高茶行业服务人员的思想道德素质和科学文化水平，进而促进整个茶服务业的质量升级。

（四）丰富人们文化生活，建立和谐社会

中国茶文化具备了斑斓生动的背景，而表演型茶艺作为茶文化中的一股清流极大的丰富了茶文化的表现形式。和谐统一，中道平衡是中国文化的精髓，也是一种没有矛盾冲突的理想境界。在实现这一"和中"美好中国梦的征途中，茶是人际交往润滑剂，通过"清茶一杯""君子之交淡如水""以茶会友""团结茶""茶有大益""母爱如茶"等这些表演型茶艺主题，展示的是礼貌、纯净、正义和温暖。在表演型茶艺中以茶为媒介，给人带来快乐，带来宁静，更带来了思考和对人生的体悟。这些美好的茶精神的普及和推广，必将更真切的把中国精神中"和谐中道"的理念传递到各地，进而为实现中国和谐社会保驾护航。

二、茶艺创编的基本原则

（一）兼顾科学性和艺术性

茶艺中所说科学性是指顺茶性、合茶理，即把茶泡好。因为科学泡茶是茶艺的基本要求。茶艺的程式、技艺、动作都是围绕着如何泡好一杯（壶）茶而设计的，茶艺程式、技艺、动作设计的合理与否，检验的标准是看最后所泡出茶汤的质量如何。因此，泡好茶汤是茶艺的基本也是根本要求。科学的茶艺程式、技艺、动作是针对某一类茶，甚至是某一种茶而设计的，以能最大限度地发挥该类茶或该种茶的品质为目标，尽可能地把该茶的品质特性发挥得淋漓尽致。凡是有违科学泡茶的程式、技艺、动作，都应去除，或做修改使之符合科学泡茶的要求。

茶艺的科学性还包括安全、卫生性。安全性主要从茶艺操作者角度考虑。茶是用开水冲泡，存在烫伤的危险；另外许多茶具都是易碎品，故在茶具布置和操作动作设计时，应仔细周全考虑，既方便完成泡茶操作，也应尽量避免出现烫伤和摔碎茶具等事故。卫生性主要从

品饮者的角度来考虑。泡好的茶是要给客人品的，卫生应特别重视。在一些茶艺中常见的卫生方面的问题有手摸杯口、壶（碗）盖直接扣在桌面上、各杯中的洗杯水收集到一个杯子中再倒掉、用茶巾擦杯子内部、边说话边泡茶的操作等。

茶艺无疑又是一门艺术，且是一门综合性的艺术。作为艺术，必须符合艺术美学要求。所以，茶艺程式、技艺、动作的设计，茶席设计以及表演者的仪容、仪貌等都要符合形式美、动作美、神韵美等要求，使之具有艺术性，给人以美的享受。总之，在茶艺创编中应同时兼顾科学性和艺术性，科学性是基础，艺术性服务于科学性，二者缺一不可。

（二）源于生活，高于生活

茶艺是生活艺术，是饮茶生活的艺术化。各种表演型茶艺都应来源于历史或现实生活，真实再现人们的饮茶生活。因此，在茶艺表演中，从表演者到茶席设计，从程式编排到操作动作，都应注意贴近生活，自然随意，不要脱离生活，过多"表演"痕迹，过度舞台化。

但是，表现生活真实，不等于照搬生活，应源于生活，又高于生活。要对生活中的事物进行艺术化的加工处理，并着力揭示其背后深刻的文化内涵，这样才会使茶艺更具艺术观赏性和文化品位，被广大群众所接受。艺术真实的度要把握好，是需要费一番心思的。

（三）坚持和、静、雅的审美标准

茶艺是茶道精神的表现形式。茶艺表演就应坚持茶道精神，反映茶道精神，故表演型茶艺创编就应以茶道精神作指导。茶道倡导"精行俭德"的人文理念和"和、静、清、敬、俭、美"的基本精神，这就决定了茶艺应以"和、静、雅"为审美标准。和谐、宁静、幽雅的茶艺意境，才能把人带入空灵高远的境界，让人平心静气，气定神闲，才能更好地感悟茶道精神和茶文化精髓。

当前社会上的一些人，没能很好理解茶道精神，以为艺术审美只以悦目为标准，以为鲜艳、花哨才是艺术美，在妆容、服装、茶席、背景设计上搞得色彩缤纷，甚至操作中也加入一些与主题、泡茶无关的花哨动作，这都严重违背了茶道精神，不符合茶艺审美标准。

（四）注重规范性与创新性的结合

各类各式的茶艺，必须具有一定的程式和技法的规范要求，求得相对的统一、固定，这也就是俗话所说的无规矩不成方圆。在茶艺上应进行规范的有泡茶方法、茶艺员的基本姿势、操作手法和礼节行为等方面。同一类茶叶，品质特征相似，泡茶方法可大致统一、固定，这样有利于茶叶品质的发挥，同时也可藉此作为各类茶茶艺的区分标志。此外，对茶艺员的基本姿势、操作手法和礼节行为等方面的规范，使茶艺表演显得更有章法，有板有眼，会带给观众一种张弛有序，训练有素的秩序美感。但是需要注意的是，规范性不等于刻板、僵化。有的人过分注重茶艺规范性，在茶艺培训中将茶叶冲泡方法，甚至每个动作都进行固化，让人机械学习，这样将限制茶艺创新，阻碍茶艺的发展。

创新性是茶艺创编的客观要求，是保持茶艺之树长青的源泉。没有创新，茶艺就不能持续发展，所以必须注重规范性与创新性相结合。这里也需注意，创新不是随心所欲地胡编乱造，它必须根据茶艺的特性和舞台艺术的要求，结合茶叶、茶具的特点来构思，表现一定的情节，体现一定的主题，既有时代性，也有地域性，它的风格应该和茶道精神的要求相吻合，具有和、静、雅的特点。

三、茶艺创编的基本内容

（一）确定茶艺主题

一个茶艺作品的主题，就是其蕴含的中心思想，是作品内容的主体和核心，它渗透、贯穿于作品的方方面面，体现着创编者的主要意图。要创编茶艺，首先要明确主题，因为茶艺其他方面的设计都是围绕着怎样表现主题来进行的。主题对于一个茶艺作品，是处于核心、灵魂和统领地位的，也是与观众沟通，想传递给观众的基本思想。一个茶艺创编成功与否，很大程度上决定于其主题是否新颖、立意是否高远，是否符合人们的审美追求。所以，确定主题非常重要。

（二）各茶艺要素设计

在明确主题后，就应围绕主题来进行各茶艺要素设计，也就是说，在各要素设计时，均应考虑怎样来表现主题。主要有以下几方面的设计。

1. 确定表演者

主要确定表演者的人数、分工、仪表、仪态方面的要求。如历史系列茶艺，表演者服装、发式等应符合历史特征。

2. 择茶

根据主题选择与之相关的茶叶。如表现少年人的纯洁爱情，选择色彩斑斓的花草茶；表现青年人艰苦创业主题，选择苦涩但回甘明显的绿茶；表现老年历尽沧桑，回归平淡特点的主题，选择白茶等。

3. 选水

若某种水与茶艺主题有关联，应选用那种水。如龙井问茶茶艺选用虎跑水，因为"龙井茶，虎跑水"号称西湖双绝。

4. 茶席设计

这是表现主题的一个很重要、也很突出的方面，是茶艺设计的一个重点，应仔细构思，精心设计。茶席设计主要内容包括茶具组合，铺垫物、相关装饰品等。

5. 置景

茶席的背景是指为了获得某种视觉效果，设定在茶席之后的艺术物态方式。整体来说背景可分为静态背景和动态背景两种。静态背景较为传统，动态背景主要是指多媒体，通过这种多种信息载体的表现形式，可以高效率的提供更丰富、多元的内容。

6. 音乐设置

在表演型茶艺中采用背景音乐或现场演奏音乐去突显主题已经成为一种定式。就音乐而言有现成音乐和创作音乐之分，在选用时应加以正确认识和区分。选曲时应注意音乐旋律的表达需和节奏联系在一起，共同表现主题的审美效果。

7. 程式设计

包括茶艺操作程序、方法及动作编排等。此项设计，是除茶席设计之外的又一个重要的设计内容。它关系到是否能把茶泡好和茶艺主题能否得到淋漓尽致的发挥，搞得不好，就会出现主题与茶艺形式脱节的情况。

（三）解说词编写

茶艺解说词是泡茶技艺的介绍说明，有助于观众了解茶艺，可促进其尽快进入茶艺意境；也是诠释茶艺主题的重要方式，在茶艺中必不可少。

解说词的内容，在早些年，除了对主题有简要说明外，主要是对各程序操作进行说明。这在帮助观众认识理解茶艺，普及茶艺知识方面也发挥了不小作用。但近年来，随着茶艺的不断推广普及，很多人对茶艺已不再陌生，若再喋喋不休地对每道程序进行详细解释说明，就会让人产生啰里啰唆、喧宾夺主的感觉。所以，今天的解说词应更多地围绕诠释主题来编写，即使介绍各步骤，也应与主题联系起来。

四、目前茶艺表演中常见问题

我国茶艺，尤其是表演型茶艺，发展到今天，取得了长足进步，可以用百花齐放，异彩纷呈来形容。但由于理论研究始终落后于实践，使得实际中的许多茶艺表演总还存在这样或那样的问题。了解这些问题，可以使我们避免重蹈覆辙，更加明确茶艺创编的方向，有利于推动茶艺创编工作向前发展。

（一）主题虚置，牵强附会

经过二三十年的发展，当今的茶艺已有了很大进步。在舞台上表演的茶艺单纯进行泡茶品茶演示的已不多见，许多茶艺都被创编者赋予了一个主题。有许多茶艺比赛的评判，往往茶艺主题占了很大的比重，可见茶艺主题的重要性。新颖而深刻的主题，不仅能体现艺术的分量，更能给人以思想的启迪。但还是存在下述的一些问题，需要引起茶艺创编者的普遍重视。

第一，主题与茶艺表演脱节，没能融为一体。具体表现为在整个茶艺表演中完全感受不到主题的现象。很多茶艺师只是在茶席、服装、背景或音乐等方面贴合主题，甚至只在标题中反映了主题，但茶艺表演过程仍是常规的泡茶程序及动作，完全没有结合主题进行设计。虽然解说员在喋喋不休地讲述着主题，但让观众所观之"相"与解说词所表之"意"完全挂不上钩，使人感到牵强附会，不能产生共鸣。例如，有以"梁祝"为主题的茶艺，除了茶席上洒了一点玫瑰花瓣，用名曲《梁祝》作背景音乐，由一男一女双人泡茶表演以外，整个操作就是基本的双人对称茶艺，没有与主题相关的创新，完全不能让人从中感受到梁祝这一凄美爱情经典故事带给人的那种艺术美感。

第二，对主题诠释过于简单、直白，缺乏艺术美感，或者过于怪诞、难以理解或是玄之又玄。例如，有一"茶能让人修身养性"为主题的茶艺，虽然在茶艺表演中有相应的程式设计，但在主题的表现形式上过于唐突、草率。茶艺表演设计初始先是一衣着长裙外套翻毛背心，头戴礼帽的女生提着酒瓶醉醺醺上场，有一种玩世不恭，放荡不羁之态。突然，背心一脱，礼帽一甩，摇身一变为一个淑女，坐下泡茶。该茶艺主题为"茶能让人修身养性"，但表现形式太直白，一点美感都没有。茶艺的艺术观赏性大打折扣，观之不能让人获得发人深思、产生联想、赏心悦目的效果。

（二）违背历史，时空错位

也许是茶文化为中国传统文化之故，现在很多人在创编茶艺时，喜欢从历史题材中去挖掘主题。但有些茶艺创编者自己缺乏历史知识，对历代饮茶方式和茶具的发展历史不了解，凭自己的一知半解想当然地编造古代茶艺活动，结果错误百出，让人笑话。例如有一唐代宫廷茶艺表演，表演者身穿仿唐服装，在古典音乐伴奏下，手提现代的玻璃水壶在冲泡盖碗茶，其茶具用的都是青花瓷器。这种将现代泡茶方式和茶具穿越到唐代去的做法，完全违背历史常识。首先，唐代沏茶方式是煮茶法，不是冲泡法。其次，唐代根本没有玻璃水壶，就是青花瓷器也是元代才盛行起来，在唐代也根本没有发明，怎么可能会出现在唐代宫廷中呢？岂不成了秦琼战关公吗？这种时空错位是很忌讳的。

（三）脱离生活，矫揉造作

茶艺是一种生活艺术，其基本特征是和、静、雅。故茶艺不同于一般歌舞、戏曲等文艺表演形式，不能过于夸张、做作，不要太脱离生活，失去艺术真实。但在现实中有许多表演型茶艺在这方面就存在很多问题。

有的人对艺术的理解有些偏颇，尤其对茶艺的精髓和本质特征没能深刻认识，以为艺术就是要艳丽、花哨、出奇，因此，有的在妆容上浓妆艳抹，衣服着装上大红大紫，甚至暴露；也有的在茶艺表演中，动作夸张、矫揉造作，如有的茶艺小姐出场时，一步一顿，或一步三颠，显得极不自然，使人看起来不舒服；还有的不考虑茶艺的本身特性和主题的需要，脱离生活地胡编乱造一些夸张性动作，如在拿起茶则、茶托和茶杯等器物时，居然要高举到头顶做几个翻转动作，犹如杂耍似的，让人感到不伦不类、啼笑皆非。

还有的在茶艺表演时安插进许多与茶艺主题无关的舞蹈表演，不仅对诠释主题无益，不能增强艺术感染力，还会分散观众对茶艺观赏的注意力，尤其是有的表演者舞姿僵硬，表情不自然，更是缺乏艺术美感，极大损害了茶艺表演的和谐氛围。

（四）只重形式，忽略泡茶

茶艺应是以茶叶冲泡和品尝为核心的。虽然表演型茶艺在表演上占的成分更重一些，但也不能丢了茶艺的本分。可是有些人却忽略了这一点，只注重表演的艺术观赏性，而不注重把茶泡好，或者是投茶量不合适，或是泡茶时间不对，或者是水温不够，或者是泡法不对，使泡出来的茶汤品质全然品不出茶叶本来的真香味。

（五）固守旧法，创新不够

有的人以为茶艺是很容易编排的，只要有茶具，茶艺师随便就可以编出茶艺来。这种茶艺只会照搬传统方法，如绿茶采用三个玻璃杯冲泡法，花茶采用三个盖碗冲泡法，乌龙茶采用工夫茶具冲泡法等，缺乏因时、因地、因主题的创新。尽管茶席、布景、服装再漂亮，也会让观众感到似曾相识，产生审美疲劳。

还有的茶艺，在程序设计上也是因循旧法。不论什么主题，都是从一一介绍茶具开始。如果说在茶艺初创时期，观众对茶艺非常陌生，连一些茶具都不认识，表演时对观众进行一些介绍是必要的，但在今天的茶艺表演还停留在这个水平，尤其是在各种茶艺大赛上，面对各位专家时，就很不合时宜了。

（六）喧宾夺主，主题不明

茶艺表演是通过茶叶冲泡技艺和品尝艺术的一系列程序来反映一定的事物和表现一定的主题。一般是通过表演者的形体动作来完成，辅以必要的音乐和舞台布景。茶艺表演中的解说词只起简要介绍主题和对表演过程做必要解释的辅助作用，切忌长篇大论喋喋不休，妨碍观众集中精力观赏茶艺。但有些茶艺就犯了这个忌，如一次国际茶会上，有个茶艺队在表演过程中，解说者在台上从头到尾讲个不停，从该茶叶产地的地理位置、历史背景、有关诗词文章一直讲到冲泡技艺、观赏要点、品尝方法，茶艺表演科变成了演讲比赛，令观众坐立不安。这样喋喋不休的解说词，即使是表演得再精彩，也会让观众大倒胃口。

（七）选曲随意，节拍不合

背景音乐对于表演型茶艺是必不可少的。但有很多茶艺创编者在选配音乐时并不精细，多数只从反映主题方面来考虑选乐曲，而没有从茶艺操作节奏与音乐节拍的配合方面去考虑。使得很多茶艺表演者的操作节奏与音乐基本不合拍，或是茶艺美感大打折扣，让人有一种操作错乱之感，或是音乐成了多余，成了一种背景噪声。

第二节　茶艺主题基本知识

一、茶艺主题的意义

现代表演型茶艺，一般是根据一个特定的主题，以泡茶为中心，融入设计者的思想和理念，让人在欣赏茶艺表演和品茶的过程中进一步了解茶文化。可见，主题之于表演型茶艺创作是十分重要的。

首先，主题决定了整个茶艺作品的格调，是整个茶艺的核心与灵魂。如茶艺作品《且将新火试新茶》讲述的是春庭小院，蒙顶山上的女子采制了新茶，彼此相约一起品饮新茶，其主题"且将新火试新茶"决定了整个茶艺的格调是愉悦的，通过欢快的音乐、诗意的解说词、自然清新的布景以及人物的言行举止表现了浓浓的姐妹情谊以及朋友一起品饮新茶时的喜悦。

其次，主题决定了其他茶艺要素的设计。主题一旦确定，茶、水、具、背景、音乐、解说词，以及程序和操作方法等便都要紧紧围绕主题来确定。如茶艺作品《大国茶香》，为了表现主题，运用了古曲、汉服、陶具、古典舞、古代插花等元素，体现出了中华五千年泱泱大国的繁荣富足和深厚的文化底蕴。

再次，主题还承担着凸显更丰富更深邃的茶艺审美作用的责任。茶艺既然是一种舞台艺术，那它的作用就不仅是平面的视角美感和对茶汤的品位，而应具备更丰富更深邃的审美作用。而这个审美作用的承载者主要是主题，其审美对象为人民群众，即"大众审美"。好的茶艺作品，其主题具有文化内涵，意境高远。不仅让观众享受了一场视听盛宴，还能以情动人，给观众以极强的带入感，沉醉其中久久难以平静，并启发观众去感悟、去思考，达到怡情养性的目的。如茶艺作品《天池花魂》，将凤凰天池、乌崇山古树单丛茶之香韵与潮州市花白兰花紧密联系，融入潮汕人文精神，借池叹人，咏花传神。整个茶艺紧紧围绕"天池花魂"的主题，将潮汕人那勤劳、拼搏、刻苦耐劳、敢为人先的个性充分表现出来，也感动、启发着观众。

值得一提的是，茶艺表演不能表达所有的主题，只能选择和茶艺性格相吻合的主题进行表达。要注意茶艺表演的整体形式和内容一定要紧扣主题，且反映茶艺的深刻内涵。

二、茶艺主题的类型及特征

茶艺主题可以大致分为反映历代茶事的历史系列、反映各地饮茶风情的民俗系列、以及反映现实生活的社会系列三大类别。这样分类，对于茶艺创作中主题的选择有一定的指导作用，对于深入研究茶艺主题也有积极的意义。

主题的类型的分类方法也不是一成不变的，还可以根据主题所表达的内容是具象还是抽象的特点而分为两类，表现具体的茶品（茶品特性、茶品特征、茶品特色等），事件（重大茶文化历史事件、特别有影响的茶文化事件、自己喜爱的事件等），人物（茶人、与茶相关的人物等）的主题类型和表现某种抽象的情思、精神、意境的主题类型两种。

对于表现具体的茶品、事件、人物的主题茶艺，其特征表现为故事性强、表演元素多样化，要么通过故事情节主线的推动，揭示出所要表现的主题，要么通过一些独特的元素或历史事件，来体现人物特征和表达感情。如茶艺作品《古道边茶》，讲述了一个背包客在雅安偶遇"古道边茶"茶馆女主人，女主人为他讲述了自己祖父母在艰险的茶马古道上以人力向藏族同胞运送边茶的辛酸历程，通过茶马古道的背景视频、饱含深情的解说、如泣如诉的音乐、充满时代气息的服装道具，表现了背夫运送边茶的艰辛及茶文化的发展传承生生不息的主题思想。还有一例茶艺作品《父亲爱茶》，展现的是独在异地读书的女学生，收到父亲亲手做的茶品和家书，通过一个人静静的泡父亲的茶，寄予对父亲深深的想念和爱。整个表演用温暖的亲情诠释和圆柔的茶艺动作展现了父女之间彼此的默契和浓浓的爱意，感人肺腑。这两个茶艺作品的主题以新的方法、从新的角度就老话题提出新鲜见解，让只可意会的情感变得鲜活起来。

而表现一种抽象的情思、精神、意境为主题的茶艺则具有含蓄的特征，一般没有具体情节，人物角色，而是通过音乐、语言、舞蹈、器具、服饰等来烘托出一种氛围，描绘一种意境或体现出一种精神，让独特的意境或精神美感打动观众的心灵，引发其共鸣，从而获得精神感情的满足与升华。如茶艺作品《五环茶艺》，抓住 2008 北京奥运的口号"绿色奥运"、"人文奥运"契机，将中国六大茶类之"六色"与奥运五环之"五色"及"五环"底色的白色为契合点，相呼应六大茶类，别出心裁、构思巧妙、标新立异，这套茶艺显示出极强的主题创意。再如茶艺作品《太极茶韵》，则是根据太极八卦图的方式对茶艺表演者的方位进行的编创，反映的是道家茶文化的高雅风韵。

三、茶艺主题的提炼

茶艺主题的提炼既是一种物质创造也是对艺术的再创造，因此其提炼的技巧掌握与运用就显得尤为重要。茶艺主题的提炼常用如下技巧。

在提炼舞台茶艺的主题时，应选择易于表现且具有意义的主题。提炼舞台茶艺的主题，首先，可从中华传统文化中拾取珠贝，发掘其内涵。中华五千年文化博大精深，自神农氏以来，茶文化便与中华文化结下了不解之缘。茶文化不仅与我们的生活有关，对国人的思想及为人处世都有内在的深刻影响。在选择主题时，不仅可以从儒、释、道三家着手，而且一些民俗文化也是茶艺主题的重要来源。儒家的文士茶、佛家的禅茶、道家的道茶，少数民族的茶艺如白族三道茶等都可作为提炼主题的来源。

另外，一些与茶相关的文化遗产也能启发我们的思维，如茶马古道。在茶艺作品《古道边茶》中，表现的是背夫运送边茶的艰辛及茶文化的发展传承生生不息。茶马古道的题材丰富，内容众多，作者站得高，看得远，选择材料时不就事论事，囿于局部，而是形成一个深刻、独到的思想观点，编创出的茶艺的主题能反映当时社会现实的本质。还有一例茶艺作品

《茶言西关》，彰显的是西关文化、西关历史记忆中的茶文化。清代中叶以来，广州一口通商，西关经济持续繁荣，文化教育也相应发展。西关女子私塾增加，西关小姐逐渐接收东西方文学艺术的熏陶。她们新颖的装束，高雅的气质，丰富的学识背后代表着时代前进和潮流方向，这股革新的力量与西关人饮茶的文化、岭南文化的情趣相交融，成为粤韵文化的品牌节目。

其次，可以从当下社会生活中取材，深入其本质。也有细心的创作者往往不拘泥于传统，取材于当下的社会生活，专注于表现现代生活中人们的情感与追求。积淀丰富的茶人，往往拥有化腐朽为神奇的力量，无论是老生常谈的话题，还是生活中的小细节，都能信手拈来，推陈出新，让人耳目一新，为之动容。如茶艺作品《破茧成蝶》就是从大学生生活获得灵感，加以创作，以当代大学生认识自我，最终发现自我，破茧成蝶，追求更好自己的生活感悟为主题，角度新颖。又如茶艺表演《且将新火试新茶》，表现的虽然是女子之间的姐妹情谊及对茶的深深眷念，但整个作品都洋溢着一种春天的气息，春庭小院，汲水烹新茶，紧紧围绕"春"与"新"两个字，活泼灵动，清新雅致。又如茶艺作品《生活的味道》，将茶与现代都市生活中的养生、减压、精心功效融为一体，为传统茶艺表演注入新的现代元素，别具一格的表现茶艺主题内涵。再如消防大队官兵表演的《喜迎亲人进茶乡》更是将军营生活与茶艺表演巧妙结合，表现消防战士与仡佬族青年的军民鱼水情，更是为柔美的茶艺平添了些许阳刚之气。还有茶艺作品《品茶感恩》，用茶叶之香飘四海，感恩之情满人间为主题，以茶表达感恩的内涵，感恩大自然的无尽美好，感恩上天的无私给与，感恩大地的宽容浩博。

第三，主题要积极、简练、发人深省。在提炼茶艺主题时，要注重主题的简练、积极、发人深省。最基本的应该是，主题积极向上，积极的主题能使人愉悦，让人受到鼓舞，在整个社会中传播正能量。简练，是提炼主题时重要的一点。有时候，茶艺创作往往会走入"为美而作"的误区，选取主题看似磅礴大气、美轮美奂，实则不够鲜明与集中。或者内容繁复，所要表达的主题过多，且主次不分。因此，在加以表现时，往往文不对题，让观众如坠云里雾里。还有一些茶艺创作，为传承中华文化的含蓄典雅，竟走入了主题晦涩的歧途，让观众看起来非常吃力，难以抓住中心，谈何让观众感受茶艺的魅力，感同身受地体味主人公的悲欢离合，为眼前这场表演或悲或喜。造成这个问题的原因往往是因为创作者吃不透材料，或者装腔作势，故弄玄虚。这是我们在创作茶艺作品，确定主题时应引以为戒的。另外，主题的提炼中，发人深省是尤为重要的。茶艺的教化作用古已有之，且符合我国发展和谐社会的要求。通过舞台茶艺的演绎，人们会从中去理解、去思考，不仅使人陶冶情操，且能起社会教化的作用。

第三节　茶席设计知识与技巧

一、茶席设计的基本构成要素

茶席为泡茶服务，是进行茶艺操作的必要平台。表演型茶艺中的茶席设计是以茶为灵魂，以茶具为主体，在一定的茶空间形态中，与其他艺术形式相结合，所共同组成的一个反映茶艺主题的组合整体。茶席设计因主客观因素的不同，由不同的要素结构而成的。但茶具组合、铺垫、相关装饰品这三个要素作为最为基本的构成要素，是缺一不可的。

（一）茶具组合

茶具组合，是茶席构成的主体部分，占据很大的面积，也是茶席构成因素的主体。茶具组合的基本特征是实用性与艺术性的融合，实用性决定艺术性，艺术性又服务实用性。因此，在它的质地、造型、体积、色彩、内涵等方面，应作为茶席设计的重要部分加以考虑，并使其在整个茶席设计布局中处于最显著的位置，以便于对茶艺进行动态的演示。

（二）铺垫

铺垫，指的是以泡茶席（草坪、茶车和桌子等）为基础，茶席整体或局部物件摆放其上的铺垫物，也是铺垫茶席之下布艺类和其他物质的统称。

在茶席中，铺垫的直接作用一般有两种，其一，茶席中的器物不直接接触桌面或地面，以保持茶具之清洁干净；其二，通过铺垫的特征和特性，辅助器物共同完成茶席所表达的主题。

在茶席中，铺垫与器物的关系，如同人与家或是水与鱼的关系，通过铺垫使器物有一种归属感。在铺垫营造的大环境中，茶器具可以随意自由组合，直到达到最好的效果。如果没有铺垫，各种器物不仅散漫没有归属美感，而且难以形成完整的整体感。所以，铺垫虽在器物之外却对茶席器物的烘托和主题的表现有着重要作用。

（三）相关装饰品

茶席中的相关装饰品主要包括了插花、焚香、字画、相关工艺品等。

1. 插花

插花是茶席设计的常用手段。插花可以分为西方式插花和东方式插花两种，后者在茶席设计中运用较多。东方式插花起源于中国，后传入日本发展为花道。花道通过线条、色彩、形态和质感的和谐统一，以达到"静雅美真"的意境，目的在于培养插花者身心和谐，与自然、社会的和谐。

常见的中国式插花基本造型有：图案式插花，自然式插花，线条式插花，盆景式插花，野逸式插花。

2. 焚香

焚香是指将香品在茶席环境中进行焚熏，已获得嗅觉上的美好享受，在茶艺表演中常被运用。焚香在茶席中地位一直很重要，其意义有四个：一为清净身心，二为净化空气，三为欣赏香味与香器，四为情境改变进而转换心情。

3. 字画

茶席中的字画是指悬挂或铺垫于茶席中的书与画的统称，其实是茶席的延伸部分。书以汉字书法为主，画则是以中国画为主。

挂画的重要性体现在两个方面：其一，美化茶席；其二，传达主人的心意或茶艺的主题。

4. 相关工艺品

相关工艺品和其他物品一样，是人们某个阶段生活经历的物象标志。当人们看到那段生活的人和物，脑海里就会浮现某段生活。因此茶席中不同的相关工艺品与主茶具的巧妙结合，不仅能有效起到陪衬、烘托茶艺主题的作用，在某种程度上还能深化茶艺主题，使得茶艺获得意想不到的艺术效果。

相关工艺品的范围很广，凡经人类以某种手段对某种物质进行艺术再造的物品都可以称为工艺品。相关工艺品种类繁多，只要适合茶艺主题，皆可借用。自然物类有珍玉奇石、植物盆景、花草类、干枝、叶类等，生活用品类有穿戴类、首饰类、化妆类、厨具类、文具类、玩具类、体育用品类、文玩古董、生活用具类、照片等，宗教用品有佛教法器、道教法器等，传统劳动用具有农业工具、木工用具、纺织用品、铁匠用具、泥工用具等，历史文物类有古代兵器类、文物古董类、民间艺术品等。上述类别的不同工艺品只要能表现茶席的主题，都可以加以运用。

二、茶席设计的常见结构方式

茶席结构是茶席物质系统内各组成要素之间相互联系、相互作用的规律方式。由于茶席的第一特征是物质形态，因此茶席也必然拥有自身的结构方式。茶席的表现形态不同，结构方式也会相应发生变化。这种结构方式是物与物必然视觉联系与相互依存的关系，既表现在平面构成上也表现在立体空间构成上。

茶席的结构构成方式大体分为中心结构式和多元结构式两种。

（一）中心结构式

所谓中心结构式，是指在茶席有限铺垫或茶席总体表现空间内，以空间距离中心为结构核心点，其他各因素均围绕结构核心来表现各自的比例关系的结构方式。

中心结构式的核心，往往都是以主器物的位置来体现。在茶席的诸种器物中，一般由茶叶冲泡的主泡器担任这个核心器物的位置。而直接供人品饮的茶杯、茶碗等作为主泡器的辅助核心器物，其位置也要兼而考虑。有时由于动态演示的审美规律所决定，核心器物并不由主泡器担当，而由动态表现的重要中心物担当。

除了选好中心结构的核心位置以外，还需要体现结构美的和谐，也就是要做好大与小、高与低、上与下、多与少、远与近、前与后、左与右的比例关照。其中任何一个因素残缺，都会破坏茶席完整美的结构形成。

（二）多元结构式

所谓多元结构式，指的是茶席表面结构中心的丧失，而由铺垫空间范围内任一结构的自由组成。多元结构形态自由，不受任何束缚，可在各个具体结构形态中自行确定其各部位组合的结构核心。结构核心不一定必须在空间距离中心上，只要符合整体茶席的结构规律和能呈现一定程度的结构美即可。

多元结构的一般代表形式有流线形式、散落式、反传统式、重复构成形式、近似构成形式、渐变构成形式、特异构成式、分割构成形式、密集构成式、对比构成式等。多元结构式要考虑点、线、面等要素，通过这三种基本要素可以变化出五花八门的构成形式。

一个好的茶席的结构应该是利于茶艺主题表达的同时，具有一定的审美艺术效果，简而言之就是适合二字。在茶席结构设计时，还要综合考虑茶席与各种设计艺术，如装置艺术、行为艺术、观念艺术、室内设计、产品设计、陈设设计、建筑设计、景观设计、展陈设计、服饰与配饰设计、工艺美术、光艺术与水艺术、数字媒体设计等的关联。

三、茶席设计的技巧

（一）茶具组合设计技巧

茶具组合是为茶艺表演服务的，它必须充分考虑茶艺所表现的时代背景和思想内容。不同的茶艺表演，客观上对茶具的组合有不同的要求。如宫廷茶艺要求茶具华贵，文人茶艺要求茶具雅致，民俗茶艺要求茶具朴实、生活化，宗教茶艺要求茶具有厚重感，给人庄重、肃静的感觉。

选配茶具时除了要注意与表演主题的配合外，还要注意以下三大原则。

第一，茶具组合以要注重实用性和美观性的协调原则，尤其是注重围绕主题设计的同时充分展示茶具的美，如茶席作品《爱情西湖》就是一个体现茶具组合美的典型案例。此茶席采用玉般质感的青瓷茶具配上好的明前龙井，茶席上两组茶具在瓷板上的排列犹如西子湖上浅浅的两抹长堤，暗示着苏堤和白堤。每件茶具的荷叶边让人想起曲院风荷，三个品茗杯下各衬一圆钮，暗含三潭印月。该茶席中灵活运用西湖十景中"苏堤春晓""曲院风荷""三潭印月"著名三景之元素，充分展示了茶具组合的美观性。

第二，要注意茶具组合的整体性。有规划的把单一茶具有机的组合成一个系统的整体，既要突出个体的重要，如主泡器的地位，又要使所有茶具相互配合，形成统一的风格。如茶艺作品《音韵律动》在茶具组合的摆放上，最具特点之处在于品茗杯与闻香杯的放置。借助茶盘的作用，使二者的高低错落更加多元，同时与古音律相结合，将其整体摆成一个音符的样子，以便更形象具体地体现主题中的"律动"。

第三，要注意突出茶具组合的内涵。茶具组合应有个性，不宜千篇一律，应从茶具组合中能看出茶人精神世界的表达。茶人在构思时就应根据自己对茶席主题设定，结合自己对生活和艺术的理解，设计出最佳的样式来。如茶艺作品《爱莲说》用粉瓷大碗放在茶席正中央，周围荷花纹的配套粉瓷小碗以中央大碗为中心做成花瓣状，整套茶具组合成一朵生动的荷花状，从这套茶具组合就可初见其歌咏莲花，进而歌咏有莲花精神的君子的思想。

（二）铺垫设计技巧

铺垫的效果主要需要掌握铺垫的选择和铺垫铺叠方式两个技巧。

选择铺垫时应综合考虑铺垫的质地、形状、大小和色彩等因素。

对于铺垫的质地，应注意打开思维束缚，发挥想象，只要能烘托茶席艺术效果的材料都可以加以选用。

对于铺垫的形状，应注意把握不同形状的效果特征。不同形状的铺垫，不仅能表现不同图案及图案所形成的层次感，更重要的是这些多变的形状，还会给人以不同的想象空间，启发人们对茶席设计整体构思的进一步理解。如三角形基本用于桌面铺，正面使一角垂至桌沿下；椭圆形一般只在长方形桌铺中使用，会突出四边的留角效果，增添想象空间；几何形易于变化，不受拘束，富有较强的个性。

铺垫的大小往往就是茶席的尺寸，尺寸可大可小。一般而言，选用的桌面宽80厘米，长120厘米，最适合茶席铺设。因为宽与长为黄金分割比，视觉上看起来很好看。

对于铺垫的色彩，单色能适应器物的色彩变化，突出茶器的主体显著地位；碎花包含纹饰，在茶席铺垫中，只要处理恰当，一般不会喧宾夺主；而繁花则由于花纹的繁杂，容易将茶席元素淹没的原因，最少使用。但灵活使用繁花铺垫，色彩的出奇混搭，有时会出奇制胜，打造更灵动出彩的茶席。

除了选对铺垫以外，铺的方式也可烘托出不同的茶席艺术效果。茶席设计中常用的铺垫方法有平铺（基本铺）、对角铺、三角铺、立体铺、叠铺等。其具体方法前面章节有介绍，此处略。

（三）相关装饰品设计技巧

1. 插花设计技巧

并不是所有精美的插花作品都适合用于茶席设计中，茶席插花基本特点为简洁、淡雅、小巧、精致。鲜花不在多，有时只需插一两枝即可，追求线条、构图的美和变化，崇尚自然，朴素大方、清雅绝俗的风格，并富含深刻的寓意。

根据茶艺插花特点，归纳出茶席插花的三大原则，即顺应自然，力求简洁，线条美。

（1）顺应自然 插花时，应顺应自然，不可任意强求，否则这一下那一下翻来覆去的修整，结果弄到最后错过了花时，伤了花意，叶子枯萎了花瓣凋谢了，便一切前功尽弃。插花时，也不要凭小技巧，甚至有人片面追求技术高超，用残酷的手段使花材显得美丽，这些都是违背插花本义的。插花时最重要的是考虑通过和花材的对话，将其本色表现出来，而使其拥有无穷的韵味。如日本花道追求花原有的自然风貌，正如花的四清所要求的：砍清竹，用清水，持清心，插清花。

（2）力求简洁 插花时应力求简洁，花材数量不要多，花的色彩也不要超过三种，花器简洁低调。用轻描淡写方式，清雅脱俗的体现花材的纯真、清简。

（3）线条美 造型上传承东方式插花的特点，以线条美来表现主题。线条的形式，一般可分为直立式、倾斜式、悬挂式和平卧式四种。直立式是指鲜花的主枝干基本呈现直立状，其他插入的花卉，都是呈现自然向上的势态；倾斜式是指鲜花向侧偏斜的姿态，具有动感；悬挂式是指第一主枝在花器上悬挂，而下为造型特征的插花；平卧式是指全部的花卉在一个平面上的插花样式。茶席插花中，平卧式虽然不常用，但在某些特定的茶席布局中，如地铺等，用平卧式插花可使得整体茶席的点线结构得到较为鲜明的体现。

2. 焚香设计技巧

焚香设计技巧主要包括香料的选择和香器的摆放两个部分。

茶席中香料的选择，应根据不同的茶席内容及表现风格来决定。但基本上茶席中香料宜淡雅，不宜太浓。生活中一般选择茉莉、蔷薇、茶花等淡雅的花草型香料为宜，香气味道过浓容易影响对茶味之美的体悟。如某茶艺作品《茶禅一味》中运用了太浓烈的檀香，本意为引导观赏者通过香这一佛家基本元素，带领人们感悟禅韵。但檀香味道过浓，不仅没有悟到佛理，还让人产生头晕目眩的感觉，这里香的选择就出了问题。

由于香器款式不一，香器的摆放也很关键。在茶席中香器的摆放应把握以下原则：第一，不夺香，香炉中的香料和茶器应在不同气流方向的空间里，因为如果泡茶之香和焚香之香处于同一气流中，香料之香对茶的香气必然造成强烈的干扰或冲突，冲淡或影响茶香的表现；第二是不抢风，指不要在风大的地方焚香，香气飘散速度加快，浓度增加，影响香料的效果；第三是不挡眼，指香器摆放的位置不应该太突出。这样可能造成欣赏茶席之人过多在意香器，而忽略了茶席中茶具的主体地位的弊端。

3. 字画设计技巧

字画设计中原则上只要是好的字画茶席设计中均可使用，但为了茶艺的表现效果，必须考虑字画的内容。字画的内容多以表达某种人生境界、人生态度和人生情趣，以乐生的观念来看待茶人、茶事，表现茶人、茶事。例如，用古代诗家文豪们对于品茗意境、品茗感受所写的诗文诗句为内容，用茶旗的方式铺设于茶席铺垫之上或侧面。或是用与主题贴合的绘画，也可以达到很好的效果。

另外值得注意的是茶席字画，提倡自己写、自己画。日本茶道中的挂轴，常见简单、信手拈来的随手画。如茶席作品《圆相图》就用淡淡几笔勾出的老僧像代表达摩祖师的形象，画在茶席铺垫之上，用以表达禅之玄机，以及茶禅相同的关系。

4. 相关工艺品设计技巧

相关工艺品的摆放：在茶席的布具中，相关工艺品摆放的数量不多，总是处于茶席的旁、边、侧、下及背景的位置，服务于主茶具组合。有些工艺品不像茶具那样方便移动，体积很大一般当背景；有些工艺品则体积较小，可以由设计者作随意的位置调动。因此，需要对这类工艺品做不停的换位调整后，以期达到最佳的设计效果。

摆放相关工艺品是有三大误区要注意：一是主题与茶席整体设计的主题、风格不统一；二是与主体茶具组合相冲突；三是相关工艺品体积不合适，要么是体积太大妨碍茶席的观赏，或淹没了茶具，要么是体积太小达不到应有的视觉效果，或无法很好的突显主题氛围。

（四）茶席基本构成元素组合技巧

除了注意茶席各部分基本构成要素的技巧以外，好的茶席设计还需要具备以下三点茶席基本构成元素组合技巧。

第一，茶席基本构成元素组合的实用性。作为表演型茶艺中的茶席，不仅要艺术美观并表现主题，更重要的是要可实际享用，方便茶艺的完成。具体来说，茶席设计中应考虑各基本元素的位置是否方便操作。通常茶具组合摆放位置的确定，需要主泡者进行一遍茶艺操作流程，亲身试试茶具位置是否合适。比如在某茶席设计大赛中有一个很美的茶席设计作品，其铺垫茶席上是一幅简化的玉兰花图，所有的品茗杯按照图中花的位置摆放，很是典雅，但实际操作一遍却发现这样的茶席是不实用的。因为其品茗杯位置相互距离很远，茶艺师又是跪着泡茶，其实很难拿到最远的那个品茗杯，这样的茶席设计显然很有问题。

第二，茶席基本构成元素组合的美观性。茶席作为一种艺术形态，应承担其美的责任，当然不同茶席根据其主题和表现方式的不同，应有其不同的美感。

第三，茶席基本构成元素组合的主题性。茶席是最为精致的、浓缩了茶文化精华的一个美妙的茶文化空间，也是表演型茶艺中非常重要的构成部分，是表现茶艺主题的重要载体。故茶席基本构成元素组合应准确反映主题且富有一定深度，让人通过茶席有所悟，带来精神的感悟和升华。

当然，好的茶席设计一定是同时满足上述三点要求，缺一不可。

如茶艺《蒙顶茶茶艺》中茶席设计选用五个品茗杯摆放成蒙山地形。众所周知，蒙山由五峰组成，曰"甘露、陵泉、菱角、毗罗、上清"，诸峰相对，形似莲花，山势巍峨，峻峭挺拔。这里的五个品茗杯的特殊摆放不仅方便操作，且十分美观。另外，倒入茶汤以后茶汤氤氲的雾气就好像是缭绕五峰的云雾，让人联想到蒙顶茶的千年贡茶史，就自然的将歌咏蒙顶山茶之主题凸显得淋漓尽致。

又如茶艺作品《双凤朝阳》的茶席设计将两套红釉茶具布置成双凤展翅的对称结构形状，好似凤凰随着清晨的晨曦而伸展开来。这样的布置不仅双手操作实用性强，且通过双凤朝阳的组合形象，给人美感享受的同时，直观的体现一种积极健康的对美好生活的向往之情，而"希望"也正是本茶艺的主题。

再如茶艺《四季茶歌》的茶席设计中运用秋天的摆设品表现秋天的环境空间，而器具的摆放上将采取高低错落的排列方式，其最终的整体形状将排列成一个音符的样子，与古律"宫、商、角、徵、羽"相联系，以便更好地体现韵律感和古韵意味（彩插图 8-1）。同样这个茶席也是上述三元素均具备，即实用性、美观性和主题性俱佳的茶席设计范例。

四、茶席设计精品展示

为了便于大家了解茶席设计的形式、内容和方法，现选取部分茶席设计的精品加以介绍，并简单总结设计理念，以供大家参考学习。

（一）《宋都青韵》（作者：任旭明）

设计理念：轻旋薄冰盛绿云，碧玉瓯中翠涛起。斗茶味兮轻醍醐；斗茶香兮薄兰芷，何似诸仙琼蕊浆。全席使用龙泉青瓷展现了宋代文人用青瓷点茶的场景，青韵一语双指，既指茶的雅韵，又指青瓷茶具的清雅（彩插图 8-2）。

（二）《昔路》（作者：张瑜纯）

设计理念：苍梧古郡拥茶船古道享百年商埠，裕隆鼎盛一方。一叶扁舟承载山乡六堡所产佳茗，汇聚海上"丝绸之路"，走出深山兮，越过重洋兮。茶路，航路之所遥，传扬之所广。

晨曦、云林、薄雾，轻舟已过西江岸，素席烹茶相对坐，亦师亦友，共赏古道香茗——
尔茶味兮轻醍醐，吾茶香兮薄兰芷。
尔心清兮渐明朗，吾心静兮渐豁达。
茶路，学路之无涯，心诚以作舟。
昨兮，六堡茶由古道走向世界，与世人相逢相知。
今兮，一湾江水绵延纳汇大海，一湾茶韵新风圆梦中华。
昔路，乃共商之路、共享之路、共建之路（彩插图 8-3）。

（三）《新生》（作者：叶丽琴）

设计理念：有"杯中黄金"之称的乾隆贡品——平阳黄汤，作为恢复型历史名茶，在时代更迭中涅槃，像破壳而出的新生，生机勃勃，也像新生一样脆弱亟待呵护。

茶席以巢穴作为连接点，把平阳黄汤和平阳蛋画这两样平阳本地的特色传统产品完美结合起来。茶席以平阳黄汤的百年回归为背景，用巢中破壳而出的蛋壳为隐喻，借着蛋壳寓意平阳黄汤这一新生的脆弱和珍贵，同时也寓意新生的希望和美好。用蛋壳代替品茗杯，呈现平阳黄汤的单芽茶历经"九烘九闷"后独一无二的"三黄一香"品质，既新颖独特又倍显对平阳黄汤飘渺渺变幻而又稍纵即逝"杏黄汤，玉米香"的小心呵护之情。同时也用有强烈地方色彩和乡土气息的世界非物质文化遗产——平阳蛋画反映平阳黄汤文化。二者在巢穴里孕育，在巢穴里融合，既和谐一致，又相辅相成，寓意深远（彩插图 8-4）。

（四）《蝉悟人生》（作者：华波）

设计理念：史记中有"蝉蜕于污秽，以浮游尘埃之外"，自古以来人们都以蝉的羽化来喻之重生，蝉的一生虽然大多时间都在泥土中度过，但待其蜕变为蝉时却攀于枝头远离浮尘，只以树汁露水为食，正可谓出淤泥而不染，用其来比喻人之清高、高洁的品德。整个桌面用墨绿台布打底，预示生命的茂盛，人们生存意义不是到达目的地的快乐，而是要敢于接受生活的考验，从中学会生存的经验。

席面上的蝉壶、蝉碗、蝉杯与之停留，闻蝉鸣，若心浮气躁，则聒噪刺耳，若气定神闲，则如沐天籁。而此时我便泡茶想蝉，观蝉，也就是静坐沉思，是潜心修行，蝉是高处的行者，只渡生命中唯一的夏季，只为留下生的希望。

以蝉心见禅意，蝉给人们的智慧，要以禅心处世，内心清静何来嘈杂，无欲无念自有金刚，愿天下人能蝉定思禅，内心清静（彩插图 8-5）。

（五）《欢颜》（作者：兰佳）

设计理念：《欢颜》是由盖碗，品茗杯，茶荷，公道杯，水盂，水壶，壶承，茶漏，插花，茶巾，茶席垫等器物搭配组成。

色彩色调搭配上主要以绿色的茶席垫作为作品颜色的主基调，小竹席上的花和绿色相互映衬，把生动的气息铺开。白色的盖碗和品茗杯能够更好地把茶汤的颜色体现出来，红汤绿汤都将清晰明朗。粉紫色的满天星和绿色细竹枝组合而成插画，绿叶红花再次碰撞，融合得相得益彰。壶承，杯垫，小竹排，小篾笆都是棕褐色系，可以让整个作品沉淀下来，增添些许稳重文雅的气质。透明的茶漏，公道杯，烧水壶都是无色透明的，能够更直观地看到水的至净至纯，茶汤颜色的透亮清澈。

作品命名为《欢颜》，不仅仅从器具搭配和颜色搭配中可以感受到赏心悦目，有一种令人欣喜的状态，更重要的是，想表达泡茶品茶之人内心的一种平和又欢喜的状态。也许还没有遇到知心琴瑟和鸣，也许无人赏识，但在自然的熏陶之下，在茶水的浸润之间，将油然而生对美的体验以及对人生的泰然自若（彩插图 8-6）。

（六）《芳菲》（作者：陈汉剑）

设计理念：人间四月芳菲尽，山寺桃花始盛开。春天万物生长充满蓬勃生机与花草的芳香，给人一种美丽、自由、淡雅的心境感受。

整个茶席底布用白色麻布盖上蓝色薄纱，给人以清新之感。在底布之上用一块"春燕桃花"桌旗，给人以充满春天蓬勃生机花草芳菲之感。

盖碗、公道杯、品茗杯、水盂、花器均采用白色陶瓷器具象征着淡雅、纯真、自然。品茗杯两两成双放一起，不失单调，预示着人们团结友爱相邀共赏这春之景色。花器内的插花为桃花，花器边上以及水盂中又有桃花瓣，与桌旗和插花相呼应，展现春天芳菲景象。再配上简单的竹木茶拨、茶则及茶垫，整个茶席给人一种淡淡的江南水乡春之意境，淡雅的、宁静的、芳香的、简单的感觉。如诗如画，让人感到舒服、蓬勃生机、自然芳菲（彩插图8-7）。

（七）《空山茗韵》（作者：舒梅等）

设计理念："茶，南方之嘉木也。"在祖国西南澜沧江畔的高山丛林中生长着千年野生茶树，人们发现茶并栽培茶树，如今发展成为一片片的万亩茶园。茶从山中来，子孙满天下。

茗自山中来，带着山之味；种在此山中，与林共相舞；高山云雾育君生；丛林百草让依灵；自古佳茗与生来，轻呷细啜品山韵；天赋识灵草，自然钟野姿；一带一路上，普洱远名扬。

茶席设计采用中心结构式。茶席反映云南少数民族布朗族的饮茶方式，火塘煮水，土罐烤茶。茶具选用当地布朗族常用的柴烧土陶，以灰色棉布、黑色民族织布和芭蕉叶做铺垫，丛林为背景；茶旗采用民族手工织布，手工绘画，展示云南布朗族居住地古茶林和古老村寨。古朴、原始的茶席，让人联想到那遥远丛林中的一杯普洱茶（彩插图8-8）。

（八）《时间的味道》（作者：石冰）

设计理念：广西六堡老茶婆，由霜降前后的粗老叶子制作而成，是六堡茶的一种。初制的老茶婆味道青涩，放的时间越长，味道越好。六堡茶的味道，就是时间的味道。

六堡老茶婆的泡饮法独具地域特色。当地长夏无冬，有夜晚把茶叶放到茶煲闷泡，待第二天凉却饮用，以清热消暑的茶俗。

茶席力求复原当地茶俗，器具崇尚简单自然。被风霜侵蚀得斑驳发白的农家长凳，倚靠在老屋的青砖墙，放置茶具，便成简易茶台。老旧的烧水壶，粗陶闷茶煲，粗瓷碗以及被农家灶台熏黑的装茶的竹筒，以看似随意，却淳朴自然的方式，再现六堡茶最简单的闷泡法。整体色调以青灰，暗褐为主，营造了怀旧、古朴的氛围。

在恍若穿越过去的场景中，喝一盏六堡茶，翻阅尘封的史册，寻味逝去的旧时光。这里有担茶翻山的蹒跚背影，这里有茶船古道的浪急滩险，这里有手掌里沾满揉捻茶汁的沧桑纹路，这里有红浓茶汤里的苦涩转甘，六堡茶这碗茶汤里，所有的一切，都是时间的味道（彩插图8-9）……

（九）《从义乌出发》（作者：张媛媛）

设计理念：以"一带一路"新丝绸之路的题材为依托，以具有典型意义的义乌为舞台，以丰富而明快的线条色彩为格调，用直白晓畅的手法，表达新时代、新丝路、新茶道，表达中国茶文化强大生命力和影响力。

茶席背景：千年丝路重启，义乌成为"新丝绸之路"的始发站，背景采用的是"新丝绸之路"义新欧铁路地图。

茶席色彩：席面中间用五种色带寓意着"一带一路"中的"五通三同"目标思想，分别是政策沟通、设施联通、贸易畅通、资金融通、民心相通。

五色也象征着世界的五大洲，辐射性铺设代表茶与茶文化从中国义乌传播向全世界，并寓意"丝茶之路"日渐其宽，与白色桌布一共六彩也代表了中国的六大茶类。

茶器：青花瓷，中国瓷器的代表，也寓意中国对世界文明有着重要贡献。

冲泡之茶：中国红茶，红茶是中国影响世界的代表茶，象征思古拓新，传统丝绸之路的强大生命力。

"拨浪鼓"与"中欧班列"集装箱："拨浪鼓"是义乌的贸易萌芽期的象征，是义乌的代名词。如今"拨浪鼓"要通过全新的交通工具，将中国文化传输到全世界！

插花：月季，义乌市花，生发于六大茶类之上，象征着茶叶贸易的繁荣发展，以及经济社会各项事业的红火兴旺。

茶，不是一片简单的叶子，而是一种富有生命力的文化符号，一种精神文明的物化代表。"新丝绸之路经济带"不仅促进了贸易交流，同时带来更多的文化传播。物质与精神的交流传播，从新丝路新起点——义乌出发（彩插图8-10）！

（十）《红尘荷韵》（作者：黄苇）

设计理念：莲开在红尘，却无限禅韵，独立而自主地傲然静放。一代代的风流尽染，而莲的心事却从未改变。儿时住的大院里，有方荷花塘，塘边栽了一圈依依的杨柳。每每清风徐来，柳枝摆动，荷叶轻颤，似与那顾盼生姿的荷花呢喃耳语。这方荷塘便是我儿时的天堂，折莲叶，采荷花，剥莲蓬，扑蜻蜓，捞鱼虾……

如今的我已习惯了喧嚣的生活，忙碌的工作，落入红尘，难以摒弃心中的浊气。为寻找那一方心灵的净土，所幸我遇到了白茶，它自然萎凋而形成的馥郁香气，甘爽滋味慰藉了我不安的心，找到了记忆中那荷塘的芬芳。

在这个茶席中，采用地席叠铺式，以藏蓝色桌布为底，上铺一层亚麻色桌旗，再叠一层蓝白相间的水墨桌旗，烘托出静谧悠扬的禅韵。泡茶器具选用红底渐变黑边的白瓷，犹如出淤泥而不染的荷花；再以一朵红荷漂于泥陶水洗中，犹如塘中亭亭玉立的荷，勾画出一副红尘荷韵的禅茶意境（彩插图8-11）。

（十一）《苗乡茶情》（作者：熊玉香）

设计理念：大美黔东南，绿水青山养眼，蓝天净土养肺，民族文化养心，田园生活养神。多彩贵州民族文化和生态环境造就了颇具苗乡特色的"罐罐茶"。"罐罐茶"用特质的小砂罐在炉火上烤热，再将茶叶放进小砂罐上下抖动，砂罐里的茶叶在高温的烘制下，变脆、变香。少许片刻注入沸腾的山泉，伴随热气一股浓郁的"豆香"扑面而来。"罐罐茶"既是一种饮茶方式，也是一种民族情怀。苗家很多优秀文化就是在这千年的火塘边上，在这浓醇的茶汤之中。口口相传，世代传承。

该茶席运用了大量的苗族元素。茶碗围圈摆放象征着苗家儿女和谐、团结的精神；真实反映多彩贵州苗族古老的饮茶方式，用柴火煮山泉水，土罐烤茶；以多彩贵州大美黔东南苗寨为背景、采用苗绣、芦笙展示苗族生活，营造一种相聚在苗家火塘边上一边煮茶，一边跟随老人学习蝴蝶妈妈的文化（彩插图8-12）……

（十二）《漂洋过海来看你（我）》（作者：宋晓虹）

设计理念：我是一名教育工作者，因工作的缘故我和她相遇在一次茶文化交流活动中，也许是因为茶，我们成为了无话不谈的好朋友。我们因茶结缘，我们以茶修身，我们用我们的一己之力传播茶。

本次茶席的主题，体现中日两位老师因"茶"结缘，走在一起，建立了深厚的友谊，并成为茶文化交流使者。茶不分国界、不分肤色、不分性别，因为彼此的喜欢而结出了友谊的花朵，人与人之间这样，国与国之间也一样。

茶叶选择为金骏眉，茶具选择为陶器，突出了茶的质朴和不张扬，它那醇厚的底蕴让我们感受中日两国人民的淳朴、温暖与温情，暖暖的情书在心里回荡，如此美妙的感觉让人仿佛随着红茶的芳香漂洋过海，中日友人共品一杯香醇的红茶（彩插图8-13）。

第四节　茶艺表演环境与背景音乐设计

一、环境设计

　　茶艺是在一定的环境下所进行的茶事活动。环境能起到烘托茶艺表演的气氛、渲染茶艺的主题的作用。环境能陶冶人的情操、净化人的心灵，因而需要营造一个与茶艺活动要求相一致的环境。所以，在茶艺编创中，对环境的选择、营造不可忽视。

　　茶艺环境通常有三类：一是利用自然环境，选择清幽、清洁、清雅的所在，或松间石上，泉侧溪畔，清风丽日，竹茂林幽。茶禀山川之灵性，集天地之精华，性本自然。在大自然的气息中、在绿水青山中品茶，更能品出茶之真味，更能体悟超凡脱俗的意境，更能净化人的心灵、高扬人的精神品格。二是利用人工环境，如僧寮道院、亭台楼阁、画舫水榭、书房客厅，或如陆树声所描述的"凉台静室，曲几明窗，僧寮道院"（《茶寮记》）。若在室外进行茶艺表演，可以利用树木、竹子、假山、自然景物、庭园建筑为背景。如在庭院表演时，四周的亭台水榭及山石林木就是很好的背景，如果有一池春水或一曲回廊，则更能增加茶艺表演的神韵，所以江南园林最适宜于传统茶艺表演。这里不需要任何人为的布景，四时景物就是最好的布景，风声水声鸟鸣声就是最好的音乐和解说。三是专设环境，即专门用来从事茶艺活动的茶室环境。茶室环境包括室外环境和室内环境，茶室的室外环境是指茶室的庭院，茶室的庭院往往栽有青松翠竹等常绿植物及花木。

　　唐朝时期，张彦远在《历代名画记》中曾提及"意存笔先，画尽意在"的观点，可知"意"与"境"的重要性。中国画讲究"意境"，但是意境的形成并非一蹴而就的，这需要绘画者具备扎实的绘画功底以及生活经验积累与物象观察的积累等因素。同样，要想达到茶境之美，需要茶人做好前期的准备，也需要茶人对器物之美、形态之美、空间之美等方面的把握。茶境之美，离不开茶境空间之中的各个要素，现代茶境之中的要素主要有人、光线、音乐、气候与季节等。

　　首先，茶境中的主体——人。人作为茶境空间中的要素之一，在诸要素之中最具有能动性的。因为除此之外的大多数要素都是由人这一要素来陈列布置的。这就决定了茶人在茶境空间中的重要意义与责任，茶人承担着茶境空间的主题风格的营造，通过参与到品茗的各个环节之中影响品茗的进程。这就要求茶人从内在和外在两个方面注重与周围环境的和谐融入。从内在方面，要求茶人具备相关的理论知识与一些茶会实践积累。理论知识包括美学知识、茶知识、茶器研究知识等，茶会实践积累则是重视每一次茶会经历，并不断地总结。只有通过内在修养的提升，才能在品茗的过程中彰显非凡的茶人气质。从外在方面，"返璞归真"审美讲究的便是"归真"，这就要求茶境空间中的主体——人，穿着打扮尽量简素，如可以根据茶艺的主题不同选择与之相适应的棉麻材质且宽松的服饰，色彩淡雅，忌奢华之风。因为过于鲜艳的服饰影响整个茶境空间的协调性，而且会分散茶人的视觉注意力，从而不利于茶境氛围的营造。

　　其次，茶境中光线要素。每一个茶境空间之中都存在着光线，只不过有自然光线和人工光线之分。一些室内的茶境空间的光线主要的是人工光线，有时候也会运用一些自然光线；室外的茶境空间则大都借助于自然光线的照射。二者并无优劣之分，只是不同的光线营造出的茶境空间不同，根据茶艺的主题不同，茶人可以根据需要设计不同的光线形式。光线在茶境空间中的意义重大，扮演着营造氛围、烘托主题的作用，不同性格的光线对茶境的塑造可呈现差异化的风格特征。

再次，茶境中的气候与季节要素。茶境空间之中气候与季节不同所形成的茶境也不同，气候和季节要素影响着茶境空间的陈设。就南方而言，在炎热的夏季，茶境空间氛围的营造更倾向于清爽、通透、自然绿色为主，这符合人们的生理以及心理追求。而在寒冷的冬季，户外的绿色植物较少，在这个季节之中人们渴望温暖，因此茶境的构建应当迎合人们的这种需求，以和煦、暖色调为主。而在春季，万物重生，大自然中的花草初放，茶人可剪一些花枝做插花放置在茶境空间之中，以增添空间之中的自然、生机的氛围。秋季万物开始凋零，但秋季并不缺乏美的事物，马路上的落叶、即将干枯的树枝等处处充满禅意，不妨拾起一片梧桐树叶置于茶境空间之中，无意中便增添了自然之美的要素。

最后，茶境中的背景音乐要素。茶人为了营造与茶境主题相适应的氛围，有时会播放一些背景音乐。在户外的茶会之中，背景音乐可以是聆听大自然之中的声音，如鸟儿的叫声、蟋蟀的声音、河水流动的声音以及风儿吹动万物的声音等。但是，在室内的茶境空间之中背景音乐只能借用一些电子播放设备而进行。这些音乐大都是一些舒缓的、慢节奏的、低声的，如茶人通常会播放一些人们模仿大自然的创作、或者一些佛经以及琵琶乐等。这些音乐一方面能够帮助人们尽快地进入茶境的状态；另一方面能够为茶境营造更加浓厚的品茗氛围，从而充分调动茶人的听觉系统，让人们全身心地进入品茗状态。

二、背景音乐选择

（一）背景音乐选择原则

在茶艺演示中，音乐不是必需的。但在表演茶艺的场合，音乐就不可缺少，茶艺编创要能够根据不同主题、风格的茶艺选配不同的音乐，使音乐风格与茶艺主题相协调。茶艺音乐是作为背景音乐，无论是播放还是演奏，音乐的音量不宜大。采用现场乐器演奏时，演奏者所处位置应在茶艺表演的侧后，不能喧宾夺主。茶艺表演背景音乐选择应该遵循以下原则。

1. 遵从茶艺表演的统一性

要实现茶艺表演中视听的统一和谐，需要表演内容、表演节奏、故事情节发展、民族文化、地域文化、茶席设计、场景布置、茶器配置、服饰礼仪、茶艺音乐等与茶艺主题相一致。在"大一统"的前提下进行创作才可完成创新茶艺表演的第一步要求——统一。内容和形式的统一才能促成一部和谐的茶艺作品，实现创新茶艺表演中音乐选择的统一性，需考虑以下六个方面。

（1）风格的统一　首先要考虑所选的音乐与茶艺表演内容风格的统一。晚唐诗论家司空图在《二十四诗品》中对"艺术风格"有雄浑、冲淡、高古、典雅、绮丽、豪放、疏野、清奇、飘逸的分类，茶艺作品的风格也是如此。编创者可在茶艺表演内容的时代、情节、民族、地域、故事发展等方面挑选与之风格一致的音乐。比如创作以苏轼为主题的茶艺作品，可挑选具有宋代特点的音乐或与主题切合的由苏轼文学作品改编的音乐。其次要考虑整个表演过程中不同段落所选音乐的风格统一。随着表演内容的展开，创作者可根据内容情绪的推进、表演节奏的变化、重点段落的突出等选择不同的音乐，但前提是整部作品的风格基调不变。

（2）情绪的统一　一部茶艺作品有了主题设计，所展开的内容便具有了故事性、画面性、发展性，三个特性中"情绪"的存在是作品的色彩呈现，茶艺表演能够给人以色彩上的心理呈现才更能突出它的精彩。作品的情节情绪有多种，或忧伤、或欢喜、或悲泣、或平静、或振奋、或愤怒、或愉悦等，音乐作品的情绪无外乎"喜""怒""哀""乐"，挑选音乐时若能对表演内容情绪的变化，有针对性地遵从统一，可对作品有渲染感情、承上启下的作用。比如创作一部以近代中国革命为题材的茶艺表演，其中旧社会百姓遭受各种压迫的情节情绪应是"哀"的，面对侵略者奋起抗争的情绪应是"怒"的，抗战胜利全国解放的情绪应是"喜"的，追求幸福奔自由的情绪应是"乐"的。与作品主题内容统一的音乐，能推动情绪，让茶艺作品艺术升级。

（3）文化的统一　创新茶艺表演，把茶的物质属性用艺术形式来诠释，茶文化起源中国，传播世界。创新茶艺表演中可以有中国文化，也可以有外国文化；既可以有汉族文化，也可以有少数民族文化；可有古代文化，也可有现代文化；可呈现单一文化，更可展示多元文化。创新茶艺表演目的是诠释茶文化、演绎茶文化、传承茶文化、传播茶文化，音乐艺术的背后同样是文化的托举，并在创新茶艺表演中为表演服务。不同时代、不同国度、不同地域、不同民族种族、不同环境造就了不同的文化，不同文化造就了不同音乐艺术。几者是相互联系、相互促进、一一对应的。这要求创编者必须在了解音乐文化的基础上，挑选与所要展现的茶文化相统一的音乐素材，比如编创一部以草原人家为题材的作品，在了解蒙古族历史和风土人情的前提下，音乐可挑选蒙古长调来表现草原的辽阔和牧民对草原的热爱，蒙古短调表现草原人乐观勇敢的性格，民族乐器马头琴演绎的草原乐曲可直接将欣赏者带入情境。选择切题的茶艺音乐，需要在熟悉茶文化、民族文化、历史文化的同时，了解与之对应的音乐文化，才可实现作品文化上的统一。

（4）主题内容的统一　创新茶艺表演的核心是主题，有了主题才有内容，再有服务于内容的演、视、听、赏等元素的创造。创编时选择的音乐必须始终围绕主题展开。在表现的内容中，必有时间、地点、人物、场景、感情等要素，音乐的选择要从这些要素中把握标准。比如以传统婚礼茶为主题的创新茶艺表演，应始终围绕"传统""婚礼"的关键字挑选音乐：从音乐情绪上应挑选能够描绘婚礼喜庆热闹、幸福和睦的欢快乐曲；从音乐文化上应挑选中华传统音乐；从音乐风格上应挑选欢快的既有民间风情又高雅不俗的音乐；从演奏乐器上应以民族乐器中的唢呐、笛子、胡琴、锣鼓、扬琴、琵琶为主，而常被人们用在茶艺表演音乐中的古筝、古琴、萧、埙等乐器此时就不适合，此类乐器更多呈现亘古、悠远、深沉、抒情的美感，不适合表现喜庆的主题，而民乐合奏《喜洋洋》《金蛇狂舞》《喜庆的日子》《娱乐升平》等曲目则是此主题可选的经典曲目。

（5）节奏的统一　创新茶艺是表演艺术，表演者的肢体动作、情节发展的脉络，均有节奏的存在。流动的艺术形式（音乐）往往通过"轻""重""缓""急"的手法来表达，完整的作品应有"起""承""转""合"的规律过程，也可描述为"开始""递进""高潮"和"结束"四个方面。人的心理变化、创作表演、音乐的发展都遵从此规律。一部创新茶艺作品，如果从头到尾都是"静""慢""轻"，虽不能说是错，但违反了人类欣赏艺术时的心理发展规律，很难直指人心。在十几分钟的表演时间内，若作品未能掀起欣赏者内心的波澜，总会留下些许遗憾。

泡茶的过程并不适合大幅度的肢体动作和快速的速度，所以由节奏掌控的推动作品情绪发展的重任就落在音乐的流动上。以急速的节奏体现表演内容情绪的紧张或愉悦，以舒缓的节奏体现平静或温馨，以轻盈的力度体现神秘或细致，以沉重的力度体现大气或震撼。因此要根据茶艺作品感情的节奏发展挑选音乐，合理利用音乐节奏的作用推动茶艺表演的情感表达。

（6）时间的统一　各项茶艺技能大赛规定创新茶艺表演时间不少于10分钟，不超过15分钟（民族茶艺、宗教茶道等可适当延长至20分钟）。音乐时间与茶艺表演作品的时间统一不容易做到但又必须做到，否则就会破坏作品的完整性。若根据一首完整的音乐作品展开联想编创茶艺表演的主题内容，且该音乐作品在10~15分钟，当然最合适不过。但无论是这种创作方式还是寻找此类音乐素材都给编创者带来很大困难。通常情况下一首音乐均在3~6分钟，超过10分钟的音乐需要在音乐剧、舞剧或者影视剧中寻找，且素材量非常有限。根据茶艺表演剧本内容搜集合适的音乐，再根据表演内容的需要剪辑拼合音乐，使其与茶艺作品在时间、内容、发展和节奏上相对应。音乐时间与茶艺作品的统一不是"演多久播多久"的统一，而是根据表演内容设计的统一，乐句与乐句之间有呼吸，泡茶者手上的一起一落也有呼吸；乐段与乐段之间有层次，台上沏茶与台下敬茶之间也有层次。此呼吸和层次在音乐中是以时间的流动进行的，因此不可大乱阵脚，应尽量做到音乐与表演的呼吸和层次上的统一。这种统一外在表现为时间上的统一。

2. 保证茶艺表演的完整性

茶艺表演应是有始有终的，无论是泡茶的程序、表演的内容、情景的进行、感情的变化、语言的表达、音乐的播放等都要完整。既要有作品总体上的完整，也要有层次上的完整。音乐中一个乐句即是一句话的表达，一个乐段即是一段话的表达，需要完整进行，即使需要根据内容剪辑音乐，也不可破坏音乐语言的完整性，否则弄巧成拙。例如创作一部以母爱为主题的茶艺表演，创作者选用了《烛光里的妈妈》这首歌曲作为背景音乐，其中一个乐句为"哦妈妈，烛光里的妈妈，你的腰身佝得不再挺拔"，如果在茶艺表演中为了满足时间要求或者为了与表演节奏相一致而剪辑为"哦妈妈，烛光里的妈妈，你的腰身佝"，这就破坏了茶艺表演的完整性，甚至主题意思都会受到影响。破坏了音乐语言的完整性，会导致破坏茶艺表演的完整性。至于是否一定需要音乐贯穿茶艺表演的始终，关键要根据主题内容编配而定。音乐可以设计在表演时起，与表演同时结束；也可设计仅在中间段落有配乐，只要符合表演主题的内容和节奏，并不限定音乐出现的时机，音乐终归是为茶艺表演服务的，只要适合的就是好的。

3. 知悉茶艺音乐的文化性

茶艺与音乐的结合要尊重文化。编创者需要根据主题内容中的地域、民族、时代、事件等要素了解与之相关的音乐文化。若要选择最合适的音乐，首先要会欣赏音乐。音乐的欣赏层次由浅到深分别为听赏、欣赏、鉴赏。生活中的休闲品茗播放背景音乐是放松身心，这是最初阶段的认识——听赏，此阶段涉及不到太多音乐文化，仅仅听的是感觉。欣赏是对音乐中级阶段的认识，需要了解音乐的构成、进行和表达，能够伴随音乐的流动产生故事联想和画面感，能够听得出音乐的情绪和内容，这个阶段有文化的存在。鉴赏是对音乐高级阶段的认识，是对艺术理性的赏析，需要对构成音乐要素的旋律、节奏、曲式、和声、乐器、风格、历史背景、地域文化、甚至作者的创作意图、创作手法、作者的生平和经历等进行客观分析和了解，进而在聆听过程中做到全身心的欣赏。鉴赏阶段是文化和艺术的结合诠释。茶艺表演编创者若要挑选一首最佳的音乐，仅仅觉得好听是不够的，至少要达到聆听音乐的中级阶段——欣赏层面。例如，创作一部展现杭州风情为主题的创新茶艺表演，如选用著名乐曲《平湖秋月》作为背景音乐可能并不恰当。虽然平湖秋月是杭州的著名景点，作曲者的初衷是描绘西湖的美景，但该曲由广东作曲家吕文成先生创作，全曲几乎都是粤曲的音乐元素，除了曲目呈现出的景观意象与湖景有关外，乐感上没有"杭州味道"的存在，而是"广东味道"的描绘。如仅是湖光美景的主题表演，此曲适合；如是介绍杭州风土人情的主题表演，此曲则不适合，缺少了杭州地区的音乐语言，忽略了乐曲背后的音乐文化差异。因此在编配音乐时必须知悉所选乐曲的音乐文化，以更完美的服务于茶艺表演。

4. 把握茶艺音乐的应用性

编配创新茶艺表演音乐必须要清楚音乐的使用意图和表达对象。茶艺音乐为茶艺表演服务，茶艺表演的对象是观众。故茶艺音乐至少要把握两个方面的应用性：一是能够精准地应用于茶艺表演的内容。二是能够应用于欣赏者的心理接受。欣赏者的文化程度、理解能力、所处环境、欣赏目的、欣赏角度的不同都会影响到表演结果的整体评价。在编创过程中应对欣赏者的群体进行了解，有针对性地进行音乐的选择。选择原则应照顾大多数欣赏者，接受美学认为任何一种艺术形式的存在都以人的接受和反馈作为结果来证明的，所以茶艺音乐的选择必须考虑受众。人类对艺术作品的鉴定存在审美的主观性，欣赏者的差异会导致作品评价的差异，把握音乐的应用性即是把握欣赏者审美上的共同点，音乐呈现的结果应用在欣赏者的审美共同点越多，作品越成功。

5. 拓展茶艺音乐的多样性

茶艺表演具有多样性，茶艺音乐也需要有多样性。创新茶艺表演中的音乐选择不能局限在狭义茶艺音乐概念范围内，而应根据茶艺表演作为舞台剧目的属性，去拓展背景音乐的应用范围，由此创新茶艺表演中茶艺音乐可定义为能够服务于茶艺表演主题内容的音乐形式：可以是流行歌曲，也可以是古曲吟唱；可以是中国传统乐曲，也可以是西方古典音乐；可以是独奏乐曲，也可以是合奏乐曲；可以是音乐，也可以是戏曲曲艺……总之，只要表演内容需要且合适，是不限所选音乐的内容、形式、体裁、年代等范围的。

6. 服务茶艺表演的层次性

创新茶艺表演过程中内容的发展、感情的变化、情节的起伏、语言的表达、表演者舞台定位的移动、舞美色彩和风格设计等都是层次性的体现，茶艺音乐伴随以上要素也要有层次性。一首完整的音乐作品中有段落层次之分，编创者选择时需要分析清楚层次的界点和意义。一部茶艺表演经常需要几首音乐编辑而成，需要编创者能够把握作品内容和感情发展的变化层次，根据作品层次的变化需求选择合适的音乐。有了作品各要素层次上的统一呈现，才能给茶艺表演鲜活的生命。音乐服务表演的层次性有起有落、有始有终、有明有暗、有静有动、有进有退，能让作品的展开如海浪涌动、如日出日落、如孩提暮年，生动精彩有内涵。

（二）各茶类茶艺配乐

不同茶的茶性和茶艺表现形式不同，应选用不同的背景音乐相配，使音乐与茶艺相得益彰，更好的烘托茶艺主题和内涵。

1. 绿茶茶艺配乐

绿茶清幽淡雅，绿茶茶艺表演较为简洁、明快。因此，为突出绿茶的清汤绿叶、宁静致远的品格，在绿茶茶艺表演中较多选用古筝曲和笛子曲做背景音乐。例如绿茶中的西湖龙井，产于浙江，又以西湖命名，古筝曲《高山流水》，可以体现西湖的山水美和到此寻觅的知音的感情，喝龙井犹如觅到了知音；《平湖秋月》，是广东音乐名家吕文成在金秋时节畅游杭州，触景生情而创作的，刻画了晚风轻拂、水波微漾、素月幽静的秋夜西湖美景。品龙井茶时，听《高山流水》和《平湖秋月》，思绪中就会映现出西湖的湖光山色美景。碧螺春产于江苏太湖的洞庭山，外形纤秀，卷曲似螺，汤色清澈嫩绿，香味甘醇。笛子曲《姑苏行》表现观赏姑苏美丽风光的愉悦心情，颇具江南丝竹韵味，其悠扬欢快可配合碧螺春在杯中徐徐展开的姿态。

其他一些古曲也可作为绿茶茶艺的配乐，如《出水莲》，潮州著名古筝曲，赞美"出污泥而不染"的莲花高洁品格；《风摆翠竹》，可象征绿茶的鲜嫩翠绿，用绿竹旖旎，随风摇曳的形象命题，就像在描绘绿茶在在杯中上下舞动的轻盈感。

2. 红茶茶艺配乐

工夫红茶为中国特有，条索紧结圆直、金毫显露，汤色红艳，香气甜纯，滋味醇厚，其中云南的滇红、四川的川红、祁门红茶和九曲红梅都较为出名。在红茶茶艺配乐时，可选用《梅花三弄》，以体现红茶乃"茶中之梅"之喻。

西式红茶茶艺在配乐时可选择音色较为柔和的钢琴、小提琴、手风琴、萨克斯等乐器演奏的抒情音乐。如《蓝色多瑙河》《春之声》《天鹅湖》，使人心神宁静，进入品茶的意境。西洋乐器起伏变化，变现力强，饮茶时欣赏，更能给人以温馨、浪漫的感觉。

3. 乌龙茶茶艺配乐

乌龙茶韵味悠长，茶艺流程一般较为复杂，一般选用《春江花月夜》《柳青娘》《蕉窗夜雨》等经典古曲。这些筝曲曲调平缓、优美，感受古典音乐的同时，品味乌龙茶的悠长韵味，清风明月、山川云雾、至交、故友，浸于茶中，醉在乐中。

4. 花茶茶艺配乐

花茶融茶之韵和花之香于一体，通过引花香、增茶味，使花香茶味相得益彰。花茶以茉莉花茶最为常见，在配乐时候可选用《茉莉芬芳》，此曲以江浙民歌《茉莉花》曲调为基调，曲调犹如田园诗意般抒情流畅。品饮时，茉莉花的浓郁香气和熟悉的《茉莉花》的优美旋律，让人沉醉在茉莉花丛中。

5. 其他茶艺配乐

在各种茶类中，黄茶和黑茶不仅为中国特有，而且品质独特，茶艺表演的背景音乐可根据茶叶原产地及发展历史来选择。如黑茶中的普洱茶，古筝曲《铁马吟》曲调悠扬平缓，能联想到茶马古道的险峻和风景的优美，结合普洱的陈香，更有韵味。

第五节 茶艺程式设计

茶艺的程式指茶艺表演的整个过程进行的程序及其操作的方式方法。表演型茶艺的程式设计内容主要包括泡茶方法的确定、茶艺程序的确定，以及茶艺动作的编排等方面。成功的茶艺程式设计，不仅保证茶艺表演顺利进行，使所泡茶汤质量较高，同时能体现出茶艺自然、淳朴、雅静、和谐的内涵、显示出茶艺韵律美、节奏美。

一、泡茶方法的确定

表演型茶艺创编中，茶艺主题确定后，由主题来确定所泡茶品。不同茶叶的品质特征各异，需采用相应的冲泡方法进行冲泡。所以，泡茶方法的确定是茶艺程式设计的一个重要内容。

确定泡茶方法时，首先应考虑茶品的品质特征，据此来确定冲泡的"三要素"以及具体的操作方法。其次，应考虑所选用茶具的特性。一般壶具比杯具的保温性好些，大容器比小容器的保温性好些。因此在确定冲泡的"三要素"上也可根据所选用的茶具做适当调整。第三，还应考虑表演现场的实际条件，如是否有可接插的电源，表演是在室内还是室外，当时的气温条件如何等。如果是在室外，且气温较低，在设计时就应采用一些保温措施，或考虑延长泡茶时间等。第四，作为表演型茶艺，其操作的艺术效果也是需要考虑的。如采用上投法，即可欣赏茶在杯中上下起伏、徐徐舒展的美景，增添茶艺的观赏性。

二、茶艺程序的确定

一台表演型茶艺的程序，应包含开场、亮相，泡茶过程，向宾客奉茶和引导品茶，结尾、致谢等环节。程序设计就是对这些环节进行合理安排，以使茶艺顺利完成。

（一）开场、亮相

演员登台表演注重"亮相"，说书的先要道个开场白，他们都想一开始就吸引观众，"吊"足观众的胃口。茶艺表演和众多艺术表演一样也要有开场亮相，开场形式较为多样。

（1）茶艺表演者就位后行鞠躬礼开场。

（2）表演铺垫，引出主题。多用于故事性主题茶艺表演，简短表演，交待给观众整个茶艺主题的背景后，自然就位，开始茶艺。如《九曲问茶》友人汪士慎初到董家，三人初见面时寒暄、赏老树梅庄壶的场景为第一幕开场，引出后续茶艺过程；《清水佑民》禅茶茶艺，以走禅三圈、净手焚香开场。

（3）歌舞开始，行礼开场。民族民俗茶艺使用较多，如《客家擂茶》茶艺，表演者着客家服饰，配合音乐舞蹈出场；《藏族酥油茶》茶艺，以藏族舞蹈开场等。

（二）冲泡过程

1. 备具布具

可以在表演之前准备好，开场后直接进行；也可在表演中完成，如《禅茶茶艺》，茶具从篮中取出，再摆放到相应位置，准备开始。

2. 赏茶

可根据茶艺安排，在布具后赏茶，也可在温杯后，赏茶顺接投茶。

3. 投茶

根据茶艺流程温洁完主泡器后投茶，再温洁品茗杯；或温洁完所有器具后，再投茶。

4. 冲泡

冲泡时间、冲泡水温等都是影响茶汤质量的重要因素，安排茶艺流程也应根据所用茶叶合理安排。如茶叶细嫩，冲泡水温低，时间短，可采用细水慢冲，及时出汤后再温洁品茗杯；或者温洁完品茗杯再冲泡，及时出汤。如需冲泡水温较高，时间较长，可提高水温，冲泡后再温洁品茗杯，且合理掌握温杯时间。

5. 分茶

品饮温度是影响茶汤质量的重要因素，因而分茶时间也是安排茶艺流程需要考虑的重要因素。一方面要掌握好分茶的节奏和时间；另一方面，也可从品茗杯的高度、厚度及材质方面考虑以保持合适茶汤温度和蓄香。也有表演者将公道杯一起捧出，给评委或宾客分茶。这样可使品茶时的茶汤温度不至于过低而影响品饮效果。

在保证茶艺整体美感、流畅和茶汤质量的前提下，动作可合理安排。

三、茶艺动作的编排

茶艺的动作展现茶艺的形式。茶艺动作包括手的动作、眼的动作、身体动作和面部表情等。相对于戏曲表演而言，茶艺表演动作很简单，如何通过简单的道具和动作语言把茶艺丰富的文化内涵和人文精神充分展示出来，这对茶艺编创者提出了很高的要求。仅就茶艺动作语言而言有不同见解，但也有一些共同遵守的规定：茶艺表演时，手臂运动要自然柔和．以曲线为主，柔中有刚；脸部要面带微笑，口唇自然微启，视线要随着双手动作流转等。同时，茶艺动作应配合茶艺结构一气呵成，不松散拖沓，有强弱，有起伏，有停顿，有变化。做到有张有弛，张弛有序。

对于一些特殊主题的茶艺也可设计一些相应动作。例如，《客家擂茶》茶艺表演者身着客家服饰，以舞蹈入场，辅泡手拿水、辅料等动作也设计成舞蹈动作，活泼欢快，有较强的艺术观赏性。再如《梦回侗乡》茶艺以侗族大歌做解说词和背景音乐，穿插侗族舞蹈，体现侗族生活场景。还有《禅茶》茶艺中，增加了礼佛动作和许多佛家手势的表演等。

四、程式设计的注意事项

（一）结构完整，体现韵律美

茶艺的形式首先表现为整体的结构，体现一种韵律，一套茶艺要有"起、承、转、合"。由于茶艺表演过程持续时间较短，一般在 15 分钟左右，这就要求茶艺表演过程应一气呵成，不能松散拖沓。但结构紧凑并不意味着中间没有停顿，和一首音乐一样，其中可以有强弱，有起伏，有停顿，有变化，茶艺表演的强弱起伏可以由动作完成，而停顿和变化则要由程式结构来调整，譬如煮水候汤时都有一个等待时间，如何巧妙利用这一时机给观众以"此时无声胜有声"的感觉至关重要。如同书法和绘画，强烈使墨会使人透不过气来，合理留白则能起到意想不到的艺术效果，可以借用绘画中的"密能适风，疏能走马"的技法来指导茶艺编创。

"神韵"是茶艺文化内涵的表现，是茶艺的生命。茶艺不但要有个性、有特点，更要有一定的精神在里面，否则其文化内涵就无从谈起，也就没有"神韵"。茶艺不能仅停留在"技艺"的层面上，要提升到精神层面上。一套好的茶艺不但有一定的程式，还应该体现茶艺丰富的历史文化内涵。茶器、服饰乃至环境等，都应该有历史文化的影子，这样才显得厚重，才更有韵致。

（二）顺茶性、合茶理

科学泡茶是茶艺编创的基本要求，茶艺的程式、技艺、动作都应是围绕着如何泡好一壶、一杯茶而设计的。茶艺程式、技艺、动作设计的合理与否，检验的标准是看最终所泡出茶汤的质量。衡量茶艺编创成功与否，除了程式设计、文化内涵等诸多因素外，与冲泡出来的茶汤质量有着直接关系，切不可为茶艺而茶艺。凡是有违科学泡茶的程式、技艺、动作，有违茶理茶性，不能体现茶品特点的茶艺程式都是不合理的。如有的茶艺表演，在操作程序安排上就存在较大的问题，茶叶冲泡注水刚完成，立即就斟茶、分茶，使泡出的茶汤色浅味淡。另外还有另一极端情况，茶叶冲泡注水后，因完成某种表演情节而使茶叶冲泡时间过长。这些都是违反泡茶科学性的，不可取的。

（三）行茶过程与非茶过程合理安排

现代茶艺中，为了更好地表现主题或增添艺术观赏性，往往在茶艺中穿插一些歌舞或故事情节表演。茶艺中的歌舞、故事性茶艺的背景故事表演等均属于非茶过程。在茶艺中，行茶过程应是主体，非茶过程是从属于行茶过程的，因此二者应合理安排。首先时间上的安排应合理，非茶时间不可过长，否则会喧宾夺主。其次，非茶过程与行茶过程过渡应自然，生搬硬套茶艺整体不流畅。再者，非茶过程是用于配合行茶过程，背景、用具等都应契合主题，否则和行茶过程显得剥离，不能很好融合。

（四）表演动作创编应把握好"度"

茶艺表演，即便创新也是以中国传统文化和礼仪、礼节为基础。因而，表演动作应遵循茶艺的基本规范要求，俭素雅致，圆柔自然，不过度夸张，不矫揉造作。但过度强调动作的规范性，有时也会使茶艺动作表现为僵化、机械、缺乏生气的效果。这里有一个规范性和艺术性的"度"的问题。因此茶艺创编者应在把握好这个度上多下工夫，使创编的茶艺表演动作既符合茶艺基本规范要求，又不刻板僵化，自由旷达，又毫不矫揉造作，充满着生活的气息，生命的活力，以及强烈的艺术感染力。比如一个以"5·12"汶川地震为主题的茶艺，以震撼的音乐和夸张的现代舞开场，不仅不突兀，跟主题契合非常密切，使观众产生强烈的共鸣。

第六节　茶艺解说词的撰写

茶艺解说词是茶艺表演的不可或缺的组成部分，它往往决定着茶艺的成败。茶艺创编过程中，如何编写好茶艺解说词也就至关重要。

一、解说词的作用

20世纪80年代在都市兴起的茶艺风习，由于品茗者文化层次及素养相异，而欣赏茶艺本身又是观物取象的审美过程，所以对茶艺表演过程中的沏泡、品茗程式及其茶艺精神未必能尽明其意，因此茶艺解说应运而生。茶艺解说是泡茶技艺的介绍说明，是一门有声语言艺术，是茶艺表演者与观众之间的一座桥梁，它为茶艺表演和观赏服务。

在现代茶艺初兴的那些年，由于人们对茶艺了解不多，茶艺表演的解说词主要是对茶具和各程序操作进行说明。这在帮助观众认识理解茶艺，普及茶艺知识方面发挥了不小作用。但随着茶文化和茶艺的不断推广普及，很多人对茶艺已不再陌生，若再喋喋不休地对每道程序进行详细解释说明，就会让人产生啰里啰唆、喧宾夺主的感觉。所以，今天的茶艺解说词更多地围绕诠释主题来编写，在帮助观众理解茶艺主题和展现茶艺意境方面发挥着更大的作用。好的茶艺解说词，不仅有助于观众了解茶艺，还可促进其尽快进入茶艺意境，使其在行云流水的茶技表演、在背景音乐的营造氛围中，与表演者有效实现共鸣和互动，更好地观照茶艺表演的意象，领悟茶艺精髓。

同时，作为茶艺表演的一个重要组成部分，解说词还在增加茶艺表演美感方面有着不可小觑的作用。优美、诗意语言的解说词加上抑扬顿挫、饱含激情的朗诵，不失为茶艺表演中一道靓丽的风景。它将使观众通过将眼观所感觉的物象再次激活在技师的表演过程中，把茶的自然科学与人文精神、文化艺术结合在一起，从而达到精神上的超越，收到悦目悦耳又赏心的效果。

在茶艺表演中，除个别茶艺（如禅茶茶艺）的解说词一般用在表演之前外，绝大多数茶艺解说词都是伴随整个表演进行过程。因而解说词的简练优美与否，解说语调的舒缓柔美与否，解说与沏茶程序的完美结合与否，都将对茶艺表演产生不可忽略的影响，处理不当则会喧宾夺主，破坏茶艺表演的整体美学风格。

二、解说词撰写的基本要求

（一）丰富的茶艺知识是撰写高水准茶艺解说词的前提

要想写出高水准茶艺解说词，必须掌握丰富的茶艺知识。一种茶艺表演都会选择一种特定的茶叶品种，由此茶艺解说词具有极强的针对性。撰写解说词需要掌握的茶艺知识如下。

1. 茶叶知识

掌握茶艺表演所需冲泡茶叶的品质特点、制作工艺。

2. 用水常识

茶性发于水，学习茶艺，必须懂得水。懂得茶艺表演中泡茶用水的质量、水量、水温等常识。

3. 茶具常识

熟悉茶艺表演所选用的茶具的种类、产地以及选配知识。

4. 茶艺技术

熟知茶艺表演的茶艺技巧和方法。包括茶艺术表演的程序、动作要领、茶叶色、香、味、形的欣赏，茶具的欣赏与收藏，还应了解一些茶叶原产地的饮茶风俗等。

5. 茶礼常识

掌握一些茶礼常识以及与茶有关的音乐、绘画、诗词、书法、典故等知识。解说过程会根据需要介绍相关的茶礼常识或典故，有时还需要介绍相关的书法、诗词，来增加艺术性与趣味性。

（二）完备的结构和贴切的内容是高水准茶艺解说词的基础

要想写好茶艺解说词必须掌握茶艺解说词的结构和写作内容，解说词的内容主要包括节目的名称、主题、艺术特色及表演者单位、姓名等内容。创作解说词时首先应考虑的是观看茶艺表演的群体类别。如果观看者是属于专业人士，解说词就应简明扼要，只介绍要点，否则就会画蛇添足，多此一举。如果是广大的平民百姓，解说词就要通俗、易懂，专业术语不能太多。不然会使观看者如坠云雾，不知所以然。

茶艺解说词的结构基本分为开头、正文、结尾三部分。

1. 开头部分

开头部分包括称呼、问候、介绍茶艺表演主题。称呼问候应因参加者不同而有所不同，以礼貌亲和为原则，但都要与饮茶的良好环境和雅致气氛和谐一致。

茶艺表演主题的介绍应对主题名称，艺术特色等做概括介绍。解说词的内容是对茶艺表演的背景、茶叶特点、人物等进行的简单介绍，应能够使人明白此次表演的主题和内容。如江西《客家擂茶》在表演前有一段这样的介绍："客家擂茶是流行于江西赣南地区客家人的饮茶习俗。客家人为了躲避战乱，举族迁居到南方的山区，他们保留了一种古老的饮茶习俗。将花生、芝麻、陈皮等原料放在特制的擂钵中擂烂，然后冲入开水调成一种既芳香可口，又具有疗效的饮料，民间称为擂茶。"这段解说词简明扼要的概括了擂茶的流行的地点、人物、制作的方法及疗效，让人对擂茶有了一定的了解又增添了兴趣。

解说词应简洁精要地回顾茶文化源远流长的历史，烘托浓郁的品饮鉴赏氛围，切忌繁琐冗长，画蛇添足。如《禅茶》表演前的介绍："中国的茶道早在唐代就开始盛行，这与佛教有着密切的关系……整个表演在深沉悦耳的佛教音乐中进行，表演者庄重、文静的动作使您不知不觉进入一种空灵寂静的意境。"这段解说词中对禅茶起源，盛行原因，追求的意境都作了阐述，即使从未接触过禅茶，通过这番介绍，也能略知一二。

2. 正文部分

正文部分主要内容包括：茶艺表演程序、动作要领的介绍与说明，以及相关茶文化与茶礼知识介绍（其中包括品茶鉴赏的诗词典故等）。正文部分解说词的语言要求具有一定的艺术性，因为茶艺表演的艺术性很强，如果解说词内容过于直白如白开水一般，则降低了茶艺表演的质量，会听起来让人觉得寡淡无味，了无生趣。如茶艺作品《荷香茶语》在表演前这样介绍到："荷花一尘不染，可谓天性空灵。茶性至清至洁，令人神清气爽；荷与茶都曾是古往今来文人笔下高歌咏叹的对象，文人们惊叹于它们的清姿素容，坚贞品格，洒落胸襟，正所谓涤尽凡尘心自清。荷与茶一样，无需浓墨重彩，自得淡墨水色。品味荷花，喧嚣中而求宁静，嗅闻茶香，淡远中而出境界"。话虽不多，但却将茶艺所具有和、静、雅的特征一一点出，具有很强的艺术感染力。茶艺表演的主题、茶叶特点、人物等决定了茶艺表演程序、动作要领，解说词是根据所冲泡茶的茶艺表演程序来确定内容的。程序、动作要领不同，内容不同。例如："今天为大家冲泡的是一款工艺花茶——秋水伊人。苏东坡有诗云：'戏作小诗君勿笑，从来佳茗似佳人'。他把优质茶比喻成让人一见倾心的绝代佳人。这个美丽的秋水伊人，是由茉莉花、百合花、银针绿茶纯手工精制而成。"

茶文化与茶礼知识内容不宜过多，应根据茶艺表演程序与内容紧密相关来确定是否介绍。必要的茶文化普及又能引导人们深刻理解饮茶的知识，茶礼常识与茶诗词应起到增强茶艺表演内涵的作用。否则解说与茶艺表演内容不一致，时间不协调，容易给人松散拖沓，画蛇添足之感。

3. 结尾部分

茶艺解说词的结尾部分一般较简单，主要应写出对宾客的真诚敬意和美好祝愿。最后，通常以"×××茶艺表演到此结束。谢谢大家的观赏！"这一句来结尾。

（三）准确优美的用词是撰写高品质茶艺解说词的常用方法

茶艺解说词是从生活中提炼出来的语言，作为茶艺表演的一部分，当归入艺术语言。它也注重词语的选择、配置、组合与加工，但又不同于一般的书面艺术语言那样，可通过对常规语法规则的突破来达到审美主体情感的喷发。解说词在选词组合上的要求正是为了更好地寻言以观象，寻象以观意，更好地服从于茶艺表演的整体美学风格，体现"和"的意境。具体表现在语词结构、词采音韵、用语修辞等方面与茶艺美学规则存在一一对应。茶艺程式解说词分为释语和被释语，释语是沏泡技巧的口语化表达，被释语则是经由意象化比喻浓缩而成的艺术语言，又称词采。下面以茶艺表演的经典之作乌龙茶艺十八道、武夷岩茶二十七道、绿茶程式十二道、潮汕工夫茶十四道的解说来赏析词采语言美的表现形式特征。

1. 语词结构，齐整对称

茶艺解说的词采在选词组词时受汉民族崇尚对称和谐，重视均衡和谐的心理特点影响，表现在造词用词上喜欢成双成对的格式，如台式乌龙茶的程式解说词采较多采用主谓结构的四字格，孟臣净心、乌龙入宫、春风拂面、关公巡城、韩信点兵、祥龙行雨、鲤鱼翻身、三龙护鼎等。湖南农业大学茶艺表演队的君山银针十三道，有九道是由主谓结构的四字格组成，芙蓉出水、银针初探、湘妃洒泪、龙泉吐珠、群笋出土等，并在选词时考虑了君山银针茶的湖湘民俗文化背景，如以芙蓉、湘妃为词采，传达茶艺意象。绿茶程式十二道则采用名词动词名词的五字格形式，如冰心去凡尘、玉壶养太和、清宫迎佳人、甘露润莲心、观音捧玉瓶、春波展旗枪等。无论是四字格还是五字格，词采的语词结构总体保持了一种稳定对称，用陈望道先生的话说，对称安静，宜于表现镇定沉静的情趣。语词的对称平衡也正切合了茶道美的对称原则，体现了汉民族的心理习惯和审美情趣。

2. 词采音韵，柔美和谐

茶艺解说是一种有声语言，解说词应便于讲者气运丹田，语调柔美，娓娓道来。在茶艺表演中古典诗词形式的词采，则迎合了这种功能需要，如陈香白先生撰写的潮汕工夫茶茶艺演示解说词，略去程式细说，完全可以连缀为平仄相间、前后押韵的诗词：砂铫掏水置炉上，静候初沸涛声隆，提铫冲水先热罐，遍注甘露再热盅，锡罐佳茗倾素纸，壶中天地纳乌龙，再提铫、揭壶盖，环壶缘边欲高冲，首冲勿饮茶需洗，再冲刮沫淋盖同，烫杯三指飞轮转，铿锵入耳灵犀通，低洒茶汤时机到，巡城往返娉关公，喜得韩信点兵将，色味瑞气大园融，莫嫌工夫茶杯小，茶韵香浓情更浓，敬请嘉宾仔细品，愿君长忆潮州出单从。将解说词采连缀后则成了隔句押平声 ong 韵，如加点字示的诗词，从语音的物理性质看，平声韵读起来既省力又顺口，声音悠远，读起来一气呵成，与其他词连缀则平仄相间，抑扬顿挫和谐响亮，有较强的音乐性。这些对称词语、音韵词语特有的均衡美节奏感的特色，同时正对应了茶艺表演中讲求对称与节奏的茶艺美学规则。

3. 借用修辞，丰润意象

在解说词中词采对泡煮动作要点的概括并不是直白式的，而是采用一种简雅素朴的语词尽量让其形象化、含蓄化，但又不失茶艺程式说明的本义，这种形象化的过程实则是借此融入传统文化或哲学的、或文学的、或民俗的意象内容，以引起欣赏者抽象思维最大限度的调动。意象是内在的主观感受与已有经验的心理积淀在情感中的交融统一。解说词采广用修辞则是丰润茶艺表演审美意象的常用方式，在修辞技巧中又以比喻和象征为最常用。比喻的生命力在于相似点，在本体和喻体之间潜在的相似点非常多，关键是得到文化世界和心理世界的认可。喻体一般是民众文化心理世界乐于接受的事象，在使用时被赋予了民族心理、气质性格、历史承袭等内容。茶艺解说常依茶艺师瞬间动作或动作的流程之形类比常见民俗事象，汉民族所熟知的龙、凤、鱼、白鹤、观音、关公等形象则成为形容。茶艺动作的常用喻体，同时被赋予丰富的民俗象征之义。如茶艺师分茶汤时的往复动作，在解说中以"关公巡城"喻指，两者的相似点在于，经温润过后的紫砂壶热气腾腾，有如关公之威风凛凛带捕役巡弋；又以"韩信点兵"类比分茶汤时的点茶技巧；将品茗杯倒扣于闻香杯的动作比喻为"祥龙行雨"；以品茗端杯时拇指、食指、中指托杯之形比喻为"三龙护鼎"；将沏茶时高冲低斟的往复动作比喻为"凤凰三点头"，以引申为向来客三鞠躬的礼节；将杯盖揭开热气腾升之形喻为"白鹤飞天"等。在这类修辞中，喻体和象征体都是符合中华民族审美情趣的。由茶艺中可反观中国的传统文化，其中选择关公、韩信，而非曹操、秦桧，不仅折射出民众审美选择时的道德文化评判标准，向善、仁义、正直的审美倾向，而且体现了民间茶馆推出的书场、评弹、文化样式的风习遗留在极富传统风味的民间茶馆中。饮者在品茗时可以谈天说地、聊古论今，隋唐、三国是人尽皆知。解说词中用这类典故可显见茶艺的大众化，更可拉近表演者与欣赏者的审美距离。茶艺解说词中大量修辞的运用，正切合茶艺观物取象的审美观照方式。这类修辞体现了词采在选词上的别有用心，能更好地说明茶艺表演的解说所表达的不止是概念，更是一种形象。选择一些本身就载有明确的民族文化信息，并且隐含着深层民族文化含义的文化词汇，如龙、凤、观音等，还可产生一种不受限制的、超模拟的、含蓄而又空灵辐射式的意象，充分发挥茶艺欣赏主体的能动性、创造性和想象力，进而使茶道精神具象化，真正实现茶艺审美欣赏的艺术再创造。

第九章　CHAPTER

表演型茶艺选编

9

　　我国的茶艺事业经过 30 多年的发展目前已呈现出五彩缤纷、百花齐放的局面。尤其是近 20 多年来茶艺的发展更是异常迅猛，涌现出了许多文化艺术价值很高的表演型茶艺。本章将各地有代表性的表演型茶艺摘选汇集在一起，按名茶茶艺、民俗茶艺、宗教茶艺和宫廷茶艺四大类分别加以介绍，以供大家学习和借鉴。

第一节　名茶茶艺

一、蒙顶甘露茶艺

（一）茶具配置

　　250 毫升左右白瓷茶壶和白瓷茶盅各一，白瓷品茗小杯及杯托五套，茶叶罐一个（内装好足量的蒙顶甘露），茶荷一个，茶道具一套，木茶盘一个，电随手泡一套，香炉一个，香一支，茶巾一条，水盂一个。

（二）基本程序

　　（1）焚香——一缕轻烟忆古今；（2）温具——涤尽凡尘心自清；（3）备茶——含翠碧玉香满荷；（4）赏茶——共赏蒙山贡茶美；（5）投茶——蒙茸出磨细珠落；（6）凉汤——一片冰心在玉壶；（7）润茶——千古灵芽泛玉瓯；（8）冲泡——旋转绕壶飞雪轻；（9）洗杯——仙子轻舞掌上飘；（10）出汤——绿尘碧乳浮白盏；（11）分茶——茶烟绿云绕五峰；（12）奉茶——玉叶仙子赠香茗；（13）闻香——春风来自玉皇家；（14）品味——露芽云液胜醍醐；（15）泡第二道茶——甘露茶香玉液飞；（16）持盅奉茶——天下茶人是一家；（17）品茶点——桃红柳绿添翎艳；（18）收杯谢客——茶罢敬念蒙乡情。

（三）解说词

　　各位来宾，欢迎大家来到茶文化圣山——蒙顶山，公元前 53 年，甘露普惠大师吴理真在蒙顶植茶七株，他所种的七株茶树高不盈尺，不生不灭，芽细而长，色碧而黄，酌杯中香云蒙覆其上，凝结不散，味甘而清，谓之甘露茶。此后，"扬子江中水，蒙山顶上茶"不知倾倒了多少中外茶客。从唐代至清代，蒙顶茶一直为皇家贡茶。如今蒙顶茶名品有"蒙顶甘露""蒙顶黄芽""蒙顶石花"等，今天选用蒙顶甘露作为蒙顶茶的代表为大家冲泡，很高兴能和大家一起品味贡茶之韵。

第一道：一缕轻烟忆古今（焚香）

蒙顶茶作为贡茶，采制是非常严格的，时间是在清明节左右，由县令亲自主持，选择良辰吉日，沐浴焚香，朝服祷告，采茶者为"十二僧"，象征一年十二个月；采贡茶三百六十叶，象征一年三百六十五天。此刻，随着焚香的轻烟渺渺飘散，我们可以想象一下古时采制贡茶的情景。

第二道：涤尽凡尘心自清（温具）

品茶的过程是茶人回归真我的过程，烹茶涤器，用开水将各个壶、杯温烫一遍，有助于茶香的焕发，同时也让我们从心灵上感受到至清至洁。

第三道：含翠碧玉香满荷（备茶）

我们用茶则将茶叶罐里的茶叶取入洁白如玉的茶荷之中，翠绿的芽叶白毫显露，轻嗅之下，一阵名茶的毫香扑鼻而来。

第四道：共赏蒙山贡茶美（赏茶）

蒙顶甘露具有贡茶所特有的品质：形美色绿，汤碧清澈，味醇鲜爽，香郁幽长，内含物质丰富，色香味俱佳。

第五道：蒙茸出磨细珠落（投茶）

"蒙茸出磨细珠落"出自于苏轼的《寺院煎茶》，在这里我们把用茶匙将卷曲的甘露轻轻的拨入洁白的茶壶之中比喻成蒙茸出磨细珠落。

第六道：一片冰心在玉壶（凉汤）

蒙顶甘露由于原料细嫩，冲泡的温度不能太高，以80℃左右为宜。沸腾的开水需先倒入瓷壶中降降温。

第七道：千古灵芽泛玉瓯（润茶）

向茶壶中注入约四分之一的开水，并提壶轻轻旋转手腕以摇动茶壶，使茶叶和水充分的接触，更好地浸润茶叶。

第八道：旋转绕壶飞雪轻（冲泡）

用高冲手法向茶壶注水以冲转茶叶，旋转使水茶交融，促使更多的茶叶成分进入茶汤，并散发出一股清幽淡雅的毫香，让古时难得一求得贡茶，可以更好的发挥其茶香茶韵。

第九道：仙子轻舞掌上飘（洗杯）

将第二道倒在各品茗杯中的温烫之水倒掉。倒水之时，操作要一气呵成，并产生节奏般的韵律美感，做到松、静、园、柔、韵、绵，就仿佛仙子在我们手上翩翩起舞一般。

第十道：绿尘碧乳浮白盏（出汤）

蒙顶甘露汤色黄绿明亮，倒入白色的陶瓷茶盅里，在白瓷的衬映下，犹如绿尘碧乳盛入白瓯之中，煞是好看。

第十一道：茶烟绿云绕五峰（分茶）

持盅将茶汤低斟入五个品茗杯中，随着茶汤缓缓的流入杯中，甘露氤氲的雾气升腾上来，在杯口萦绕，好似蒙顶五峰终年云雾缭绕。分茶时，倒入杯中七分满，所谓七分茶三分情，这里也代表我们对大家的尊敬。

第十二道：玉叶仙子赠香茗（奉茶）

传说中的蒙顶茶仙玉叶仙子在每年清明的时候都会将亲手采摘的茶叶分给当地的群

众，以祝人们健康长寿。茶叶中含有对人体有益的多种有效成分，如氨基酸、茶多酚、咖啡碱等，利于抗癌、抗氧化、防止衰老，在这里，我们借助这杯香茗祝各位来宾健康长寿。

第十三道：春风来自玉皇家（闻香）

蒙顶甘露作为贡茶，古时是专贡皇家饮用的，今天能和各位一起在这里感受千古贡茶之韵，深感幸运。

第十四道：露芽云液胜醍醐（品味）

品茗时我们分三口小口啜饮，让茶汤在舌面上流转，充分的感受甘露的滋味。宋代的文彦博在《蒙顶茶》一诗中写到"旧谱最称蒙顶味，露芽云液胜醍醐。"露芽，也是历史上的蒙山茶之一，文彦博用胜醍醐来形容露芽的美味。相信大家品过甘露以后，同样的会有甘露云液胜醍醐之感。

第十五道：甘露茶香玉液飞（泡第二道茶）

人生百味，每一道茶汤的滋味都不相同，其中的差别需要我们细细的品悟。且据调查研究，卷曲形茶类第二道茶汤的滋味最好，所以在这里给大家冲泡第二道茶汤，让我们一起品味它的贵、美、真。

第十六道：天下茶人是一家（持盅奉茶）

虽然蒙顶茶古时专贡皇家饮用，但我们品茶讲究众品得慧、以茶会友，在修身养性的同时互相交流品茶的心得，其乐也融融。

第十七道：桃红柳绿添翎艳（品茶点）

自古以来我国的茶艺的表现形式就多姿多彩，百花齐放，不拘一格。在品罢名茶以后品尝一下天然的茶食，既对健康有益，又能助茶性。

第十八道：茶罢敬念蒙乡情（收杯谢客）

到这里我们的茶艺表演即将结束，祝各位来宾身体健康，常见长乐，希望大家在品味了我们的千年贡茶之韵后能够记得蒙顶山，记得蒙顶山的茶文化。

二、"双凤朝阳"红茶茶艺

（一）茶具配置

主泡茶具选用150毫升左右红色瓷壶两个，用于冲泡茶叶；外红内白瓷品茗小杯八个；250毫升左右玻璃制圆形公道杯一个；红瓷椭圆形茶叶罐一个，内装足量工夫红茶；红色木质茶则、茶匙各一支；外红内白瓷制茶荷一个；素瓷滤网及架一套；电随手泡一个；瓷质水盂一个；素瓷花瓶一个，插一枝鹤望兰，以其端庄大方、高贵典雅的形状来体现"富贵吉祥"的主题（彩插图9-1）。

（二）基本程序

（1）展布茶具——凤凰展翅；（2）鉴赏干茶——凤引香茗；（3）温杯洁具——凤浴晨露；（4）投茶入壶——凤茶共舞；（5）冲泡红茶——凤蕴茶香；（6）斟茶入杯——双凤朝阳；（7）敬奉香茗——有凤来仪；（8）品饮茶汤——茶香随凤。

（三）解说词

在多姿多彩的茶类中，红茶是中国茶的一枝耀眼的红秀，它浓郁的蜜糖香和鲜醇爽口的滋味吸引着众多中外茶客；它的茶色更是契合于中国人尚红的传统。在中国传统文化中，红色代表着喜庆与吉祥，也代表着激情与希望。本套茶艺以红茶为载体，以"双凤朝阳"为创意主题来体现人们对美好幸福的追求，并以此向各位嘉宾表示美好的祝福；同时也希望大家同我们的茶艺小姐一起来感受红茶红艳香醇的独特风味。

第一道：凤凰展翅

将茶具布置成双凤展翅的形状，好似凤凰随着清晨的晨曦而伸展开来。此次茶艺表演所用的茶具有水壶——盛装开水；茶壶——冲泡茶叶；品茗杯——品赏茶汤；公道杯——均匀茶汤；茶荷——鉴赏干茶；茶叶罐——贮存茶叶；茶道组——取茶用具；过滤网——过滤茶渣；水盂——收集废水。

第二道：凤引香茗

用茶则将红茶从茶叶罐中取出，放于洁白无瑕的茶荷中，红茶紧卷的条索，满披金毫的身影立刻显露无疑。在静静的姿态之中蕴含的是红茶一派甘醇的心境，请您静下心来，一同体验它的甘美香甜。

第三道：凤浴晨露

用开水将茶具烫洗一遍，就像凤凰在山间采撷清晨的露珠，以淋洗它们美丽的身姿。在习茶过程中茶艺小姐的手势也像凤凰展翅，洗杯时，随着手腕、双手的来回转动，恰似两只凤凰在林间嬉戏。

第四道：凤茶共舞

用茶匙将茶荷里的茶轻快地拨入茶壶里，您能感受浪漫的红茶被双凤的欢快所吸引，欢欢喜喜地奔赴她完美而让人心旷神怡的最后一个旅程。

第五道：凤蕴茶香

待富含氧气的开水注入茶壶后，在水汽的弥漫中红茶也在茶壶里慢慢舒展着，为她香醇爽口的迷人味道准备着。

第六道：双凤朝阳

茶艺小姐同时用双手拿起两只鲜红的茶壶，将里面的茶汤注入公道杯中。茶汤的红浓明亮就好像清晨的朝阳缓缓升起，凤凰也以三点头的方式向朝阳致意。将公道杯中的茶汤分入小品茗杯中，即是把朝阳的光芒分散开来，不仅双凤的身姿被渲染成红彤彤的，世间万物都似被感染了一般，变得有生机起来。

第七道：有凤来仪

有凤来仪古时是吉祥的征兆。今天茶艺小姐将冲泡好的茶汤敬给各位嘉宾，祝愿各位嘉宾幸福安康、富贵吉祥。

第八道：茶香随凤

随着双凤展翅向着太阳飞走，留下的是这杯中含有的一份春之桃红柳绿、夏之荷雅、秋之菊影、冬之暗香。红茶的精致呵护着爱茶人的那一方心灵的净土，端起一杯茶，轻轻品味，就品出了高蹈的灵魂，就瞧见那每一枚绿叶都披露神圣的光芒。这深蕴的中国红含露于掌，在杯中形成的季节的倒影，一种由内而外炉火纯青的极致之美，让您无法忘怀。

双凤朝阳红茶茶艺表演到此结束，谢谢！

三、铁观音茶艺

（一）茶具配置

红泥木炭炉一个，陶水壶一把，水盂一个，水勺一把，竹制茶盘一个，三才杯（盖碗）一套，玻璃公道杯一个，品茗杯、闻香杯6对，竹制茶道具一套，白瓷茶荷一个，茶巾一条。

（二）基本程序

（1）涤净心源；（2）观火候汤；（3）恭迎观音；（4）仙鹤沐淋；（5）观音入宫；（6）振瓯摇香；（7）银河飞瀑；（8）风吹浮云；（9）法海听潮；（10）荷塘闻香；（11）玉液移壶；（12）甘露普降；（13）涵盖乾坤；（14）芙蓉出水；（15）敬奉甘露；（16）感悟心香；（17）三龙护鼎；（18）鉴赏汤色；（19）细品音韵；（20）尽杯谢茶。

（三）解说词

各位嘉宾，大家好！欢迎到我们茶室来品茗赏艺，今天为大家冲泡的是产于福建安溪的名茶——铁观音。冲泡名茶必须有好的茶艺，我们很荣幸能为各位嘉宾演示"天一甘露"茶艺，这套茶艺共二十道程序。

第一道：涤净心源

铁观音是乌龙茶中的极品，是圣洁的灵物，在冲泡铁观音之前，我们要涤心洗手，用这清清泉水，洗净世俗的凡尘和心中的烦恼，让躁动的心变得祥和而宁静，以便能充分享受品茶的温馨和喜悦。

第二道：观火候汤

观火即静心观赏炭炉中的火相，从熊熊燃烧的火相中去感悟人生的短促和生命的辉煌。

古人讲"煎茶时，候汤最难。"难的是要等到壶中的水刚好烧到"涌泉连珠"的二沸，这种汤称为"得一汤"。"天得一以清，地得一以宁"，用"得一汤"泡铁观音最能泡出那妙不可言的"观音韵"。

第三道：恭迎观音

即把铁观音从锡罐中请到茶荷并请各位鉴赏铁观音的外观品质。优质铁观音应当外观卷曲、壮结，色泽润绿，呈青蒂绿腹蜻蜓头状。

第四道：仙鹤沐淋

即烫洗瓯杯，使器皿升温。

第五道：观音入宫

即把铁观音导入三才杯。

第六道：振瓯摇香

乘着三才杯还很烫的时候，用力摇动茶杯，使铁观音在杯中均匀受热，然后把杯盖掀开一条缝，从开缝中细闻干茶的热香。这是鉴赏铁观音香气的头一闻，也称为"闻干香"。

第七道：银河飞瀑

即用悬壶高冲的手法向三才杯中冲入开水。

第八道：风吹浮云

用杯盖轻轻刮去冲茶时泛起的白色泡沫，然后用杯中的头泡茶汤把杯盖冲洗干净。这道程序也称之为"温润泡"。

第九道：法海听潮

法海听潮是指第二次向三才杯中冲入开水，冲水时的水声像天籁一样启人心智，引人遐想联翩，故名法海听潮。

第十道：荷塘闻香

这一次是从杯盖细闻茶香，这是评审铁观音时常用的闻香方法。杯中茶汤荡漾如夏日荷塘，杯盖如荷叶清香悠远，故名荷塘闻香。

第十一道：玉液移壶

即把茶汤从三才杯到入玻璃公道杯中。

第十二道：甘露普降

即用公道杯把茶汤均匀的斟到闻香杯中。

第十三道：涵盖乾坤

即把品茗杯反扣在闻香杯上，这道程序也有人称为"龙凤呈祥"。

第十四道：芙蓉出水

即用双手把对扣着的闻香杯和品茗杯翻转过来。双手手指张开如荷花茶瓣，当中的茶杯像荷花花心。茶道的精神倡导出淤泥而不染，所以这道程序形象地称为"芙蓉出水"。

第十五道：敬奉甘露

即由助泡小姐把泡的茶敬奉给客人。

第十六道：感悟心香

即请客人与主泡小姐一起细闻闻香杯中的杯底留香。这是鉴赏铁观音的第三次闻香，闻香时既要深呼吸，尽可能多的吸入铁观音得自天地日月的精华，吸入来自大自然的灵气，又要细细地用心去感悟，去体会铁观音那如兰如桂、馥郁持久、沁人心脾的幽香。

第十七道：三龙护鼎

三龙护鼎是指持杯的手法。持杯时应用中指托住杯底，用拇指、食指护杯，三个手指为龙，茶杯如鼎，故名三龙护鼎。

第十八道：鉴赏汤色

优质铁观音的汤色金黄或黄绿，清澈亮丽并有金色光圈，十分好看，所以在品饮铁观音时要一闻二看三品味。

第十九道：细品音韵

铁观音的茶汤醇爽甘鲜，入口后不要急于咽下，应像口中含一朵小花一样慢慢咀嚼，细细玩味，这样您不但会感到齿颊生香、舌底涌泉，而且能体会到一种让您心旷神怡而又妙不可言的观音韵。安溪有句俗话："谁人寻得观音韵，不愧是个品茶人。"希望大家都成为能够感悟到观音韵的爱茶人。

第二十道：尽杯谢茶

茶人都讲"一期一会"。每一次茶会都是缘分，都是忘记的"惟一"。谢谢各位参加了今天的茶会，谢谢大家和我们一起伴着铁观音的茶香共度了一段美好的时光。今天的茶会就要结束了，我们真诚地期待着各位嘉宾再次光临！

四、茉莉花茶茶艺

（一）茶具配置

石英玻璃壶电随手泡一套，竹制大茶盘一个，青花瓷三才杯三套，白瓷茶荷一个，茶道组一套，托盘一个，茶巾一条（彩插图9-2）。

（二）基本程序

（1）荷塘听雨；（2）芳丛探花；（3）落英缤纷；（4）空山鸣泉；（5）天人合一；（6）敬献香茗；（7）感悟心香；（8）品悟茶韵。

（三）解说词

序：茉莉名佳花更佳，远从佛国传中华。仙姿洁白玉无暇，清香高远人人夸。

据传茉莉花自汉代从西域传入我国，北宋开始广为种植。茉莉香气浓郁，鲜灵，隽永而沁心，被誉为"人间第一香"，现在就请大家欣赏茉莉花茶茶艺。

第一道：荷塘听雨

茉莉花是西域佛国天香，茶叶是中华瑞草之魁，它们都是圣洁的灵物，所以要求冲泡者的身心和所用的器皿，都要如荷花般纯洁。这清清的山泉如法雨，哗哗的水声如雨声。涤器，如雨打碧荷；荡杯，如芙蓉出水。通过这道程序，杯更干净了，心更宁静了，整个世界仿佛都变得明澈空灵。只有怀着雨后荷花一样的心情，才能品出茉莉花茶那芳洁沁心的雅韵。

第二道：芳丛探花

美在于探索，美重在发现。芳丛探花是三品花茶的头一品——目品。请各位嘉宾细细地鉴赏一下今天将冲泡的"茉莉毛峰"。

"一砂一世界，一花一乾坤。"不知大家是否从这小小的茶荷里感悟到了大自然气象万千，无穷无尽的美。

第三道：落英缤纷

花开花落本是大自然的规律，面对落花，有人发出"红消香断有谁怜"的悲泣，有人发出"无可奈何花落去"的叹息。然而，在我们茶人眼里，落英缤纷则是一道亮丽的美景。

第四道：空山鸣泉

茶杯如山谷般空旷，那是茶人的襟怀。流水像山泉在鸣唱，那是大自然的心声。冲泡花茶要用90℃左右的开水，并应提高水壶高冲水。看，壶中的热水直泻而下，如空山鸣泉，启人心智，使人警醒。

第五道：天人合一

"天人合一"是中国茶道的基本理念，我们冲泡茉莉花茶一般选用"三才杯"。这杯盖代表"天"，杯托代表"地"，而中间的茶杯则代表"人"。只有三才合一，才能共同化育出茶的精华。

第六道：敬献香茗

走来了，向你们走来的是茉莉仙子。走来了，向你们走来的是爱茶爱花的姑娘。她们像茉莉一样芳洁，她们像茶一样高雅，她们奉上的不仅仅是一盏香茗，同时也是为您奉上人世间最美最美的茶人之情。

请拿到茶杯的嘉宾注意观察主泡小姐的手势。女士应用食指和中指卡住杯底，并舒展开兰花手，这种持杯的手法称之为"彩凤双飞翼"，因为女士注重于感情。而男士应三指并拢，托住杯底，这种持杯手法称之为"桃园三结义"，因为男士更注重于事业。

第七道：感悟心香

这是三品花茶的第二品，称之为"鼻品"。来！让我们再细细地闻一闻，从茶杯中飘出的是花香，是茶香，是天香，也是茶人的心香。

第八道：品悟茶韵

这是三品花茶的最后一品——口品。品茶时应小口喝入茶汤，并使茶汤在口腔中稍事停留，这时，轻轻地用口吸气，使茶汤在舌面上缓缓流动，然后闭紧嘴巴，用鼻子呼气，使茶香、花香直惯脑门，只有这样，才能充分品出茉莉花茶所特有的"味轻醍醐，香薄兰芷"的真趣。人们常说"花味人生细品悟"。希望大家能从这杯茶中品悟出生活的芬芳，品悟出人间的至美，品悟出人生的百味。

第二节 民俗茶艺

一、 三道茶茶艺

（一）基本程序及操作

第一道："苦茶"

在火盆上支三脚架，用铜壶煨开水，将小土陶罐底部预热，待发白时投下茶叶，抖动陶罐使茶叶均匀受热，待茶叶烤至焦黄发香时，冲入少量开水，罐中发出噼啪声。稍后再冲进开水，煮沸一会儿即斟到预备好的牛眼盅内，至半盅，按辈分先后，长者第一，依次一一敬献。按主不喝客不饮的规矩，主人双手举杯齐眉道声"请"，并先一口饮尽后，客人方可品茗，道谢意。头道茶经烘烤冲泡，汤色如琥珀、香气浓郁，但入口很苦，寓意要想立业，先学做人。要想做人，必先吃苦。吃得苦中苦，方为人上人。

第二道："甜茶"

在烤的基础上，加上切细的乳扇（白族人民特制的一种奶制品）、核桃仁、芝麻、红糖等配料调和后斟入小碗或大茶杯内，八分为宜。第二道茶香甜可口，浓淡适中，寓意人生在世历尽沧桑，苦尽甜来。

第三道："回味茶"

回味茶就是在茶杯中先放入花椒数粒、生姜几片、肉桂、蜂蜜和红糖少许，然后用沸水冲至半杯为宜。客人接过茶时旋转晃动，使茶水与佐料均匀混合，趁热品茶。第三道茶其味甘甜中透出肉桂、花椒的清芬与香郁。寓意着人生苦短、岁月漫长、酸甜苦辣、冷暖自知，回味无穷。

（二）解说词

序：各位嘉宾大家好！

今天我们大理苍山感通索道有限公司茶艺表演队，带着云南各族儿女的深情厚谊，带着大理白族人民隆重的茶礼——白族三道茶茶艺向你们表示最衷心的祝福。

彩云之南，苍山迭翠，洱海含烟，三塔巍峨，蝴蝶蹁跹。大理有"风花雪月"四大美景，大理有热情的歌舞和醉人的香茶期盼着您的到来。首先请您欣赏白族歌舞——"感通茶苑阿达约"，"阿达约"在白族语言中的意思是，欢迎你到这里来！

春天来了，白族的金花、阿鹏背起背篓，欢天喜地去采茶。他们采来的是苍山上的灵芽，采来的是大理春天的气息。看，巧手的金花们，把精心采制的感通茶奉送到您面前，她们奉上的是白族人民的深情厚谊。她们还将奉献上白族人迎宾的隆重礼仪——白族三道茶。

首先备茶：银盒净手，文火焚香，木桶汲水，金壶插花、土生茶兰，现在舞台上呈示出的是金、木、水、火、土五行。

接下来金花、阿鹏们要敬天、敬地、敬本祖。本祖是白族民间世代敬奉的保护神。

头道茶——苦茶：苦茶的原料为感通毛茶，属绿茶类，经百抖炙烤，使茶叶由墨绿转金黄，当发出啪啪之声，清香扑鼻时，即观茶嗅香，注水烹茶。

茶桌上摆放的杯式为碧溪三迭。

"清碧溪"隐于感通山间，飞流瀑布，层层迭迭，清溪碧水，蜿蜒淙淙，飘渺如仙。乘坐大理感通旅游索道飞跃峡谷，登至"清碧溪"可采撷天地之灵气，领略大自然的奇秀壮美。

奉茶！

举案齐眉，敬奉佳宾。

头道茶汤酽味苦，寓意了人生道路已有艰难曲折。不要怕苦，要一饮而尽，你会觉得香气浓郁，苦有所值。

第二道茶——甜茶：甜茶摆放的杯式为"三塔倒影"。大理三塔寺是大理的象征，有着几千年的历史。清代末年发生大地震，主塔倾斜未倒。

甜茶是以切好的红糖、核桃仁、乳扇按一定比例置于杯中，用感通绿茶冲泡。品时要搅匀，边饮边嚼，味甜而不腻。

这道茶把甜、香、沁、润调的妙趣横生。寓意生活有滋有味，苦尽甘来。

奉茶！

第三道茶——回味茶：回味茶重于煎，用感通雪茶加花椒、桂皮、生姜煎煮，出汤时加蜂蜜搅匀，使五味均衡。

回味茶摆放的杯式为"彩蝶纷飞"。每年三月三，成千上万只蝴蝶飞聚蝴蝶泉边，相互咬着尾翼，形成串串蝶帘，蝴蝶泉因此得名。

奉茶！

品饮此道茶犹如品味人生，"麻、辣、辛、苦"，百感交集，回味无穷！

大理白族三道茶烤出了生活的芳香，调出了事业的主旋律；烹出了历史的积淀，体现"一苦、二甜、三回味"的人生哲理。

一道茶一番心意，点点滴滴传友情。希望我们的茶能给您带来无限的回味，愿三道茶伴您、伴我共度美好的时光。欢迎您到云南来，到大理来。

二、擂茶茶艺

（一）茶具配置

擂钵一个（内壁有辐射波纹，直径约45厘米的厚壁硬质陶盆），山茶树或山苍子木制的2尺长的擂棍一根。竹篾编制的"捞瓢"一把，以上称为"擂茶三宝"。另配小桶、铜壶、青花碗、开水壶等。

（二）基本程序

（1）涤器——洗钵迎宾；（2）备料——群星拱月；（3）打底——投入配料；（4）初擂——小试锋芒；（5）加料——锦上添花；（6）细擂——各显身手；（7）冲水——水乳交融；（8）过筛——去粗取精；（9）敬茶——敬奉琼浆；（10）品饮——如品醍醐。

（三）解说词

"莫道醉人惟美酒，擂茶一碗更深情。美酒只能喝醉人，擂茶却能醉透心。"客家擂茶在古朴醇厚中见真情，在品饮之乐中使人健体强身，延年益寿，所以被称为茶中奇葩、中华一绝。擂茶迎宾是我们武夷山人待客的传统礼仪，俗话说"百闻不如一见"，今天就请各位来尝一尝我们武夷山的擂茶，当一回我们武夷山人的贵客。

第一道："洗钵迎宾"

武夷山是世界文化和自然遗产地，武夷山人的热情好客是举世闻名的，每当贵宾临门，我们要做的第一件事就是招呼客人落座后即清洗"擂茶三宝"，准备擂茶迎宾。这是擂钵，是用硬陶烧制的，内有齿纹，能使钵内的各种原料更容易被擂碾成糊。这是擂棍，擂棍必须用山茶树或山苍子树的木棒来做，用这样的木质擂出的茶才有一种独特的清香。这是用竹篾编的"笊篱"，是用来过滤茶渣的。

第二道："群星拱月"

山里人有一个非常好的传统：一家的客人也就是大家的客人，邻里的朋友，就是自己的朋友。所以，一家来了客人，邻居们见到都会拿出自己家里最好吃的糕点和小吃，主动来参加招待。在这里，你一定会感到如群星拱月一样，被一群热情好客的武夷山人所"包围"。

第三道："投入配料"

我们也称之为"打底"。这是茶叶，它能提神悦志、去滞消食、清火明目；这是甘草，它能润肺解毒；这是陈皮，它能理气调中，止咳化痰；这是凤尾草，它能清热解毒防治细菌性痢疾和黄疸型肝炎。"打底"就是把这些配料放在擂钵中擂成粉状，以利于冲泡后，人体容易吸收。

第四道："初擂"

一般是由主人表现自己的擂茶技艺，所以称为"小试锋芒"。"擂茶"本身就是很好的艺术表演，技艺精湛的人在擂茶时无论是动作，还是擂钵发出的声音都是极有韵律，让人看了拍手称绝。请听，现在擂钵发出的声音时轻时重，时缓时急，像一首诗，像一首歌，这代表着我们对各位的光临表示最热烈的欢迎！

第五道："添料"

即将芝麻倒进擂钵与基本擂好的配料混合。芝麻含有大量的优质蛋白质、不饱和脂肪酸、维生素E等营养物质，可美容养颜抗衰老，加入芝麻后擂茶的营养保健的功效将更显著，所以称为"锦上添花"。

第六道："细擂"

这一道程序重在参与，每个人都可以一展自己的擂茶技艺，所以称为"各显身手"。等一会儿喝自己亲手擂出的茶，您一定会觉得更香。

第七道："冲水"

在细擂过程中要不断少量加点水，使混合物能擂成糊状，当擂到足够细时，要冲入热开水。开水的水温不能太高，也不可太低。水温太高，易造成混合物的蛋白质过快凝固，冲出的擂茶清淡而不成乳状。水温太低则冲不熟擂茶，喝的时候不但不香，而且有生草味。一般水温控制在 90~95℃，冲出的擂茶才能"水乳交融"。

第八道："过筛"

其目的是"去粗取精"，滤去茶渣，使擂茶更好喝。

第九道："敬茶"

通过"竹捞瓢"的过滤之后，应把擂茶装入壶中，斟到茶碗，并按照长幼顺序依次敬奉给客人。我们视"擂茶"为琼浆玉液，故称"敬奉琼浆"。

第十道："品茶"

擂茶一般不加任何调味品，以保持原辅料的本味，所以第一次喝擂茶的人，品第一口时常感到有一股青涩味，细品后才能渐渐感到擂茶干鲜爽口，清香宜人。这种苦涩之后的甘美，正如醍醐的法味，它不假雕饰，不事炫耀，只如生活本身，永远带着那清淡和自然，却让人品后无法忘怀。正因为这样，饮过擂茶的人几乎都会迷上它，使擂茶成为自己生活的一部分。

当然，对客人体贴入微的武夷山人怕初次品饮擂茶的客人喝不惯擂茶，今天特地为大家准备了白糖供调饮，还准备了很多风味小吃供佐茶。请各位来宾千万别客气，来，让我们开怀畅饮，痛痛快快地喝个够！

三、 八宝油茶茶艺

（一） 配料

茶叶、米花、猪肝（或肉、鸡块、鱼、虾）、花生、葱、姜、茶油、盐等。

（二） 基本程序

侗族人请客人喝油茶一般有六道基本程序。即点茶备料、煮茶、配茶、敬茶、吃茶、谢茶。

（三） 解说词

第一道：点茶备料

侗乡人热情好客，有贵宾登门必定要"打油茶"款待。所谓"打"，实际就是"做"的意思。打油茶，首先要点茶备料，点茶即选择要用的茶。通常有干茶或嫩茶叶两种选择。备料就是把各种配料进行初加工，例如炸鸡块、炒猪肝、油爆虾等。

第二道：煮茶

煮茶时应在铁锅中倒进茶油并烧到冒青烟，此时倒入茶叶并不断翻炒到香气四溢，再倒入芝麻、花生米、生姜丝等炒几下，即可放水加盖煎煮。煮到茶汤滚开，起锅前再撒上适量的盐、葱花和姜丝，油茶汤即煮好了。

第三道：配茶

即把预制好的炸鸡块或炒猪肝、爆河虾、米花等分到客人的碗中，然后冲入滚烫的油茶汤即成了每位可口、营养丰富的侗族油茶。

第四道：敬茶

侗家向客人敬茶是先敬长者或上宾，然后再依次敬茶。敬茶时要连同筷子一并双手递给客人，并连声说："记协、记协"（音）（请用茶、请用茶），客人也必须双手接碗，并欠身含笑，点头称谢。

第五道：吃茶

在侗族同胞家吃油茶千万别客气，吃油茶一般不得少于三碗，这称之为"三碗不见外"，否则就有看不起主人之嫌。吃完一碗后应大大方方地把空碗递给主人，主人会马上再为你添上，三碗以后你若吃饱了，则只要把筷子架在碗上或将筷子连同碗一起递给主人，主人就不再为你斟茶了。

第六道：谢茶

在侗家吃油茶，一般从一开始吃，就要边吃边啜，边赞美。吃完后更要向热忱好客的主人表示感谢。若是喝了新娘煮的茶，喝完最后一碗时，应在碗中放些喜钱（也称为"针线钱"），双手递给新娘以示贺喜。

四、"毕兹卡" 油茶茶艺

在我国鄂、湘、川三省交界的巍巍群山中，有一个传说中曾引来凤凰的美丽地方，这就是恩施土家族苗族自治州的来凤县。来凤县山川秀丽，民风古朴，令人神往，所产的云岩茶名扬四海，土家人的"毕兹卡"油茶更是千里飘香。"毕兹卡"是土家族的语言，即本地人的意思，在来凤县的"毕兹卡"一日三餐都离不开油茶，他们说："一日不喝油茶汤，满桌酒菜都不香"。尤其是宾客来临时，热情朴实的"毕兹卡"，首先就是以油茶招待来宾。

（一）配料

茶叶、花椒、姜丝、黄豆、花生米、核桃仁、豆腐干、粉丝、阴苞谷（把玉米粒烫煮后晾干）、阴米（把糯米蒸熟后晾干）、团散（阴米子粘成薄饼）。

（二）基本程序

土家族打油茶的主要程序有放阴米、炸配料、煮茶汤、冲油茶、敬茶和喝茶六道程序。

（三）解说词

如果有人问来凤县的"毕兹卡"，为什么这里的小伙特别剽悍精神，走起路来健步如飞？为什么这里的老人特别长寿，年过古稀还能上山劳动？他们一定会异口同声地回答："这是因为我们常年喝油茶"。好，现在就请各位嘉宾尝一尝来凤县正宗的"毕兹卡"油茶。打油茶，一般要经过以下几道程序。

第一道：放阴米

把苞谷、糯米蒸熟晾干，我们土家人称之为"阴苞谷""阴米"。在打油茶时，首先把阴米、阴苞谷分别放进热油锅中去炸成米花，这称之为"放阴米"，放是放大的意思。

第二道：炸配料

即把事先准备好的黄豆、花生米、核桃仁、豆腐干（切成丁）、粉条等依次放进油锅或炒或炸，炒到色泽金黄或炸到又香又酥时捞起备用。

第三道：煮茶汤

我们也称为"打汤"，打汤的关键是掌握炸茶叶的火候。一般的做法是在热铁锅中放入适量的茶油，等油冒青烟时放进适量茶叶和一小撮花椒并不断炒动，待茶叶焦黄并茶香四溢时倒进冷水，再放入姜丝等，在烧水时，要用锅铲不断拍打挤压茶叶和姜丝，以充分榨出茶汁和姜汁，等水滚开后再徐徐添一次水到需要的量为止，水再开后即可加入盐、大蒜和胡椒，这样茶汤就熬好了。

第四道：冲油茶

在准备好的碗中依次放进配料后冲入滚烫的油茶汤，芳香扑鼻，具有土家族风味的来凤县"毕兹卡"油茶就打好了。

第五道：敬茶

即按照长辈、上宾的顺序向客人敬油茶。

第六道：喝茶

来凤县土家族同胞在喝油茶时有一个独特的习俗，即不使用筷子或汤勺等工具，而是双手捧着茶碗，嘴巴沿碗边顺时针转着边吸边喝，不一会儿一碗滚烫的油茶就被吸得一干二净，决不会在碗中留下花生米、粉丝或其他任何配料。这种喝法是土家族同胞的特殊技能，也是他们的特殊享受。来，让我们也学着土家人的习俗，来体验一下这独特的喝法。

喝正宗的"毕兹卡"油茶，既解渴又饱肚，喝了后肚饱心暖，满口余香，"毕兹卡"油茶中凝聚着土家族同胞浓浓的真情，同时也溶解了土家人生活艺术中浓浓的诗意。如果你们喜欢，欢迎到土家山寨来，让我们一同敲起锣鼓，一同唱起山歌，一同跳起摆手舞，一同把"毕兹卡"油茶喝个够!

五、 阿巴嘎奶茶茶艺

内蒙古大草原好像绿色的大海，星星点点的蒙古包，好像是大海中的风帆。在内蒙古草原，无论你走进哪一座蒙古包，你都会受到热情的招待，无论你走进哪位蒙古同胞的家，你都一定能喝到喷香的奶茶。在内蒙古的千种万种奶茶中，最好喝的是阿巴嘎奶茶。

（一）配料

砖茶、小米、牛奶、奶皮子、黄油渣、绵羊尾巴油、稀奶油、盐巴。

（二）基本程序

煮阿巴嘎奶茶的基本程序有捣茶、洗锅、熬茶、过滤、再烧茶、搅拌配料、加料七个步骤。

（三）解说词

阿巴嘎奶茶是风情迷人的内蒙古锡林郭勒草原牧民们最爱喝的奶茶，同时也是他们招待贵宾时必不可少的饮品。奶茶的馥郁和魅力都缘于原料和制作，熬制阿巴嘎奶茶要有超群的煮茶技艺，并按如下程序操作。

第一道：捣茶

煮优质奶茶要选优质茶砖，在煮茶前，应把茶砖研碎备用。

第二道：洗锅

煮奶茶最好备两口锅，锅一定要清洗干净，并要用新打来的清水熬茶，否则茶会褪色变质。两口锅都洗净后，一口专门用于烧开水，另一口用于煮茶。

第三道：熬茶

熬茶时应先把开水烧开，然后倒入研碎的砖茶熬 3 分钟左右即可。熬茶时火候和时间都要掌握好，要用活火熬。时间太短，茶不出味，时间太长则会破坏维生素并使茶香消失。

第四道：过滤

即把熬好的茶汁滤去茶渣备用。

第五道：再烧茶

把锅烧热后，用切碎的羊尾巴油炝锅，倒入少量茶汁，再放入一勺小米，将其煮到开花，然后倒入全部茶汁并放入炒米和黄油及盐巴。

第六道：搅拌配料

把牛奶、稀奶油、奶皮子、黄油渣、黄油等配料按比例混合后放入一个专门的搅茶桶中不断搅拌，直到混合物中分离出一层油为止。

第七道：加料

待到锅中的茶汁烧到滚开时，加入搅拌好的配料，并再搅拌片刻，这样一锅热香四溢、美味可口的阿巴嘎奶茶就算熬好了。

第八道：敬茶

奶茶是蒙古族饮食文化中动人的诗篇，奶茶养育了体魄强健的蒙古族人民。在内蒙古喝奶茶是一日不可或缺的生活小事，但同时又是十分注重礼节的大事。在敬奶茶时应根据蒙古人"崇老尚德"的优良传统，把第一碗奶茶先奉给在场年纪最大的人，然后再依次敬茶。敬茶时每碗茶都不可倒得太满（不应超过八分碗），敬茶要躬身双手托举茶碗举过头顶，再献给客人。客人也应双手接碗，接过碗后即在嘴边咂一口，以示回敬。头一碗礼过，客人落座后即可自由喝茶了。

六、 酥油茶茶艺

酥油茶始于何时，已无法考证，但是，我相信一个美好而动人的传说：唐代文成公主进藏时，带去了茶叶，经过藏民的反复调制，终于打出了如今这种喝起来香喷喷、油滋滋，使人心中暖洋洋的酥油茶。朋友，无论你喝过还是没有喝过酥油茶，你对它都丝毫不陌生。因为藏族姑娘们那音域辽阔而又甜美清纯的歌声，早已把酥油茶灌输进了你的心灵。也可以说，你的心早已飞上了远离烦嚣的乐土，飞上了离天堂最近的青藏高原，你在梦中早已品味过这灵魂之饮。梦境毕竟是梦境，现实毕竟是现实。在现实生活中，你不喝酥油茶，就不知藏家生活的温馨。不饮青稞酒，就不知藏胞情谊的浓烈。好！朋友们，今天四川二郎山下雅安市茶马古道茶艺队的藏族姑娘们就请你们喝一碗茶马古道的酥油茶！她们表演的酥油茶茶艺有十二道程序。

第一道：尼玛东升

动作：将装有各种配料的碗、碟，置于托盘摆上桌子，并将盖着的黄绸由东向西缓缓揭开，叠好黄绸放在茶盘下。

解说：尼玛，是藏语太阳的意思。清晨，当太阳从东方冉冉升起，美丽的藏族姑娘就开始打制酥油茶，迎来新的一天，准备迎接贵客的到来。

第二道：宝瓶聚羽

动作：将各种配料分别舀到三个碗中（雅茶、盐放一碗；酥油放一碗；将奶粉、鸡蛋、核桃仁、花生、芝麻放另一只碗）。

解说：藏族把孔雀羽毛视为圣洁之物，打酥油茶的八种配料是藏民族生活必需品，是圣洁的，配料聚于碗中，称宝瓶聚羽。

第三道：贡嘎泉水

动作：江水烧开。

解说：贡嘎，是藏语至高无上、洁白无瑕的神山。冰雪覆盖的贡嘎山流出的泉水是神水。用贡嘎泉水制作出的酥油茶，是供奉先贤、款待嘉宾的上乘礼品。

第四道：松文相会

动作：把金砖茶和盐放入锅中熬茶。

解说：贡嘎泉水象征藏王松赞干布，雅茶是唐代文成公主带到西藏，金砖茶象征文成公主。雅茶、贡嘎泉水融合在一起，即藏王和公主相会，象征着汉藏民族的大团结。

第五道：卓玛祝福

动作：用瓢不停地扬茶汤，搅拌。

解说：卓玛是藏族女神。美丽的藏族姑娘，不停地扬茶汤，是女神在为尊贵的客人祈祷和祝福，祝福贵宾吉祥如意。

第六道：度姆甘露

动作：将熬好的茶水缓缓倒入打浆桶。

解说：度姆，是藏民族传说中的观音菩萨。将熬好的茶注入打浆桶，即熬出的茶是观音洒向人间的甘露，是非常珍贵的。

第七道：强巴卓玛

动作：将酥油茶放入打浆桶。

解说：强巴，是藏区的男神，也指康巴汉子；美丽的藏族姑娘，是卓玛女神的化身。雅茶、酥油、盐汇于一起，水、茶、酥油交融，是神奇、美好的食品汇合一体。

第八道：珠姆献艺

动作：舒缓、优美，先由下而上，再由上而下地打茶。

解说：珠姆，是藏民族历史上大英雄格萨尔王的妻子，她美丽又能干，由她打制酥油茶，表示藏胞对客人的崇高敬意。

第九道：八宝吉祥

动作：将奶粉、鸡蛋、核桃仁、花生仁、芝麻放入打浆桶，然后继续打茶。

解说：酥油茶，由雅茶、酥油、盐、奶粉、鸡蛋、核桃仁、花生、芝麻八种配料融合而成，喝了这种茶，客人就会顺心、健康、吉祥如意。

第十道：金瓶迎露

动作：将打好的酥油茶分别倒入两只金酥油茶壶中。

解说：经过打制并高度融合的酥油茶，就像甘露，香醇可口，清神益脑，滋神强身。置于珍贵的金壶中，这是度姆的甘露进入金壶。

第十一道：天女沐露

动作：将金壶的酥油茶分别倒入木盘中的八只酥油茶碗。

解说：天女，是藏民族传说中的美丽的藏族姑娘，她不仅漂亮善良，而且长生不老。天女把精心打制的酥油茶洒向人间，献给宾客。喝了它，就会吉祥如意、健康长寿、幸福美满。

第十二道：金康三宝

动作：由美丽的藏族姑娘揣着盛茶的托盘，缓缓走向宾客；其余姑娘分别送茶到客人面前，祝扎西德勒。

解说：金，是指雅安市生产的民族团结牌"金尖"砖茶；康，是来自康定茶马古道。三宝，是指藏族尊崇的佛祖、观音、护法神，金康"三宝"，喻意用来自雅安、康定茶马古道的酥油茶给尊敬的来宾祝福，相当于藏语的"扎西德勒"！

第三节　宫廷茶艺

一、　清宫三清茶茶艺

"三清茶"是以贡茶为主，佐以梅花、松子仁、佛手冲泡而成的香茶。乾隆皇帝很喜欢"三清茶"，并常用三清茶恩赐群臣品饮，意在训导臣下，为官要清廉，为政要清明，为人要清白。

如今，我们抛开封建王朝的政治色彩不谈，本着"古为今用"的原则来发掘三清茶茶艺，也还是很有趣味的。

（一）主料辅料

龙井茶、梅花、松子仁、佛手。

（二）茶具配置

九龙三才杯一套（皇帝专用），景德镇粉彩描金三才杯六套（群臣用），镀金小匙一把，小银匙六把，锡茶罐一个（内装龙井茶），小银罐（或精细小瓷碗）三个，托胎漆托盘二个（其中一个向皇帝献茶用），炭火炉（竹炉）一个，陶水壶一把。

（三）基本程序

（1）调茶——武文火候斟酌间；（2）敬茶——三清香茗奉君前；（3）赐茶——赐茶愿臣心似水；（4）品茶——清茶味中悟清廉。

（四）解说词

第一道：调茶——武文火候斟酌间

调茶由专职宫女进行，三清茶是用乾隆皇帝最爱喝的狮峰龙井为主，佐以梅花、松子仁和佛手。梅花香清形美性高洁，它的五个花瓣象征五福，也预示着当年五谷丰登。松子仁洁白如玉、清香爽口，松树长寿，不怕严寒，象征着事业永远兴旺。佛手与"福寿"谐音，象征着福寿双全。现在由一位宫女将佛手切成丝投入细瓷壶中，冲入沸水至1/3壶时停5分钟，再投入龙井茶，然后冲水至满壶。与此同时，另一位宫女用银匙将松子仁、梅花分到各个盖碗中。最后把泡好的佛手、龙井茶冲入各杯中。这道程序特别注意掌握火候，乾隆皇帝在《竹炉精舍烹茶作》一诗中强调："武文火候斟酌间"，所以，本道程序以此诗句为名。

第二道：敬茶——三清香茗奉君前

宫女调好茶后，应由主管太监把皇帝专用的九龙杯放入托盘，双手托过头顶，以跪姿敬奉给"皇帝"。

第三道：赐茶——赐茶愿臣心似水

当"皇帝"接过所奉的香茗之后，自己首先掀盖小啜一口，然后宣喻宫女赐茶。乾隆在《三清茶联句》的序言中讲得很明白，他说"公曰臣心似水，和沁脾诗句同真"，乾隆赐三清茶的目的是希望满朝文武都心清如水，做一个清官。

第四道：品茶——清茶味中悟清廉

品饮三清茶主要目的不是祈求"五福齐享""福寿双全"，而是重在从龙井的清醇，梅花的清韵，松子和佛手的清香中，去细细品悟一个"清"字，在日常生活中时时注意澡雪自己清纯的心性，培养自己清高的人格，努力做一个勤政爱民、清廉自律的"清官"，或做一个清醒清白之士。

二、 太后三道茶茶艺

从清代嘉庆二十五年（公元 1820 年）开始，寿康宫又增设茶膳房，专掌太后、太妃日常茶膳。茶膳房设三等侍卫总领一名（武职正五品），拜唐阿 11 名，承应长 2 名，承应人 12 名，茶役 4 名。到了慈禧太后掌权之后，她更是极尽奢侈挥霍之能事，在品茶方面玩出了一些独特的花样。这套太后三道茶茶艺是根据徐珂的《清稗类钞》以及慈禧最宠信的贴身女官德龄所著的《御香缥缈录》编排的。

（一） 主料辅料

君山银针（或普洱茶）、红茶、金银花、玫瑰花、珍珠粉、冰糖。

消食健胃茶一般用君山银针或普洱茶，服食珍珠粉和安神茶，一般应红茶。

（二） 茶具配置

慈禧饮茶用的茶具特别珍贵。据载"宫中茗碗，以黄金为托，白玉为碗，黄金为盖"，托盘为银盘，筷子为金筷，匙为金匙。在表演时可用其他质地精美的茶具代替。

（三） 基本程序

（1）消食健胃茶；（2）美容美颜珍珠茶；（3）安神养身茶。

（四） 解说词

"春风杨柳万千条，六亿神州尽舜尧"，新中国建立之后，人民当家做了主人。过去帝王将相生活中的一些科学而合理的部分，如今的老百姓也有权充分享受，这可谓是"旧时王谢堂前燕，飞入寻常百姓家"。小姐们，先生们，今天就请各位嘉宾，在我们这小小的茶艺馆中，来品饮曾主宰同治、光绪两朝军国大事，统治了中国长达 48 年之久的慈禧太后最爱喝的三道茶。在这里，我要郑重说明的是，这三道茶茶艺虽是模拟，但除了茶具不及慈禧当年所用的那么华贵之外，其他的一切均有过之而无不及。

第一道：消食健胃茶

清宫女官德龄在《御香缥缈录》中回忆，慈禧的饮茶习惯比较奇特，每次饮茶，喜欢自己加入少许金银花或玫瑰花。在饮茶时："一个太监先进一杯茶，茶杯是纯白美玉做的，茶托和碗盖都是金的。接着又有一个太监拜上一只银托盘，里面有两只和前一只完全相同的白玉杯子，一只盛金银花，一只盛玫瑰花，杯子旁边还放有一双金筷。两个太监都在太后前面跪下，将茶托举起，于是太后揭开金盖，夹了几朵花放进茶里"。好！现在"太监"开始向各位嘉宾献茶并奉上金银花和玫瑰花，请你们像当年的太后一样，揭开杯盖，亲自夹几朵金银花和玫瑰花投入自己的盖碗中，然后再细细品呷，看一看这样调制出的茶滋味如何？

第二道：珍珠养颜茶

慈禧扬言美容有方，据说直到她古稀高龄去世仍然是面若桃花、肤若处子。慈禧美容养颜的秘方之一就是每隔 10 天要服一次珍珠养颜茶。德龄对此也有非常细腻的描写："太监颤巍巍的将一茶匙的珠粉授给太后，太后亦接过来，便伸出舌头把那粉倒了上去，其实我们站在旁边当值的人早就给伊整下一盅温茶，只待伊把珠粉倾入口内，便忙着送茶过去，伊也不接茶杯，就在我们手内喝了几口，急急的把珠粉吞下去了。"

现在"太监"正把珍珠粉依次敬奉给各位，今天请大家服食的是浙江产的优质珍珠粉，请大家按照慈禧的做法，把珠粉倾入口内。当值的"宫女"已为你们准备好了温茶，请各位就着好茶服珍珠粉。祝各位太太、小姐们的皮肤能润泽、光洁，青春常驻。

第三道：安神养身茶

据史料记载，慈禧临睡前，必定要喝一杯糖茶，认为这样才能安眠入定。现在为各位嘉宾献上的便是按照当年宫廷配方调制的糖茶，请慢慢享用。

三、 太子茶茶艺

（一） 茶饮用料

普洱茶、鲜牛奶、奶油、精盐、甜点二品、瓜果二品。

（二） 茶具配置

金边盖碗四套、银壶二把、托盘二个、果品盒二个、古琴一台。

（三） 基本程序

（1）调茶——常备不懈；（2）净室——焚香净室；（3）会客——叩见千岁；（4）赏坐——礼罢赐坐；（5）敬茶——呈进玉乳；（6）赐茶——赏用茶点；（7）品茶——宾主赏艺；（8）谢茶——跪安告退。

（四） 解说词

第一道：调茶——常备不懈

满族是女真后裔，1616 年建国称为后金，1636 年改国号为清。所以清朝皇族保持了祖先爱喝奶茶的习惯，在清宫中，帝后皇子福晋们，把奶茶视为最重要的饮品，专用茶房必须常备不懈。第一道程序是反映"承应"（调茶师）每天早上在茶室中调制奶茶。其方法是把二两普洱茶捣碎，放进煮有适量沸水的大铜壶中，烧开 5 分钟后，加入 1 镟牛奶（相当于1.9 千克），奶油 2 钱，精盐 1 两，再置于火上煎熬，熬好后把奶茶通过过滤，倾入保温的银茶桶内以备不时之需。

第二道：净室——焚香净室

在"承应"煮奶茶时，宫女应在客厅中打扫卫生焚香净气，摆设鲜花，使皇子的客厅窗明几净、一尘不染、空气清新、高雅无比。

第三道：会客——叩见千岁

第四道：赏坐——礼罢赐坐

这两道程序是反映在满清王朝时臣子拜见皇子时的礼仪。

第五道：敬茶——呈进玉乳

宾主就坐后，早已恭候在一边的宫女即叫茶房传茶。传茶时由茶房的负责人（拜唐阿）将奶茶奉到门口，再由当值宫女接过托盘先呈进给太子。

第六道：赐茶——赏用茶点

太子自己有茶之后，应示意宫女为来访的客人上茶。这时宫女即为各位宾客献上奶茶和茶点。茶点一般分四色，两种糕点，两样果品。

第七道：品茶——宾主赏艺

上了茶点后，气氛就不再那么拘束。彼此寒暄之后，若是友情性拜会，太子便令上乐舞助兴，宾主边品茶，边聊天，边观赏宫中乐舞。

第八道：谢茶——跪安告退

茶过三巡，歌舞也告一段落，来客即应知趣地主动起身，向太子谢茶并跪安告退。

本茶艺若用于茶艺馆，叩见、跪安等封建社会的宫廷礼节均可省去。而应加强仿清宫廷歌舞的编排，使整个节目既保留些许宫廷的华贵气氛又有艺术情趣，让人喜闻乐见。

参 考 文 献

[1] 陈宗懋 . 中国茶经［M］. 上海：上海文化出版社，1992.

[2] 姚国坤，胡小军 . 中国古代茶具［M］. 上海：上海文化出版社，1998.

[3] 舒玉杰 . 中国茶文化今古大观［M］. 北京：电子工业出版社，2000.

[4] 林治 . 中国茶道［M］. 北京：中华工商联合出版社，2000.

[5] 林治 . 中国茶艺［M］. 北京：中华工商联合出版社，2000.

[6] 王镇恒，王广智 . 中国名茶志［M］. 北京：中国农业出版社，2000.

[7] 陈宗懋，中国茶叶大辞典［M］. 北京：中国轻工业出版社，2001.

[8] 陈文华，余悦 . 茶艺师（基础知识）［M］. 北京：中国劳动社会保障出版社，2004.

[9] 林治 . 中国茶艺集锦［M］. 北京：中国人口出版社，2004.

[10] 陈文华，余悦 . 茶艺师（初级技能/中级技能/高级技能）［M］. 北京：中国劳动社会保障出版社，2004.

[11] 高运华 . 茶艺服务与技巧［M］. 北京：中国劳动社会保障出版社，2005.

[12] 乔木森 . 茶席设计［M］. 上海：上海文化出版社，2005.

[13] 周巨根，朱永兴 . 茶学概论［M］. 北京：中国中医药出版社，2007.

[14] 江用文，童启庆 . 茶艺技师培训教材［M］. 北京：金盾出版社，2008.

[15] 施兆鹏 . 茶叶审评与检验［M］. 4 版 . 北京：中国农业出版社，2010.

[16] 徐寒 . 中华茶典（上）［M］. 北京：中国书店，2010.

[17] 林治 . 中国茶艺学［M］. 西安：世界图书出版西安有限公司，2011.

[18] 夏涛 . 茶叶深加工技术［M］. 北京：中国轻工业出版社，2011.

[19] 丁以寿 . 中国茶艺［M］. 合肥：安徽教育出版社，2011.

[20] 金玫廷，郑美娘 . 茶与茶文化［M］. 南京：东南大学出版社，2012.

[21] 陈丽敏 . 茶与茶文化［M］. 重庆：重庆大学出版社，2012.

[22] 葛长森 . 金陵茶文化［M］. 南京：东南大学出版社，2013.

[23] 云南科技出版社 . 云南普洱茶［M］. 昆明：云南科学技术出版社，2013.

[24] 苏兴茂 . 中国乌龙茶［M］. 厦门：厦门大学出版社，2013.

[25] 梁月荣 . 茶资源综合利用［M］. 杭州：浙江大学出版社，2013.

[26] 王岳飞，徐平 . 茶文化与茶健康［M］. 北京：旅游教育出版社，2014.

[27] 程启坤，姚国坤 . 喝茶悟养生［M］. 西安：世界图书西安出版公司，2014.

[28] 徐琦楠，陈友谋 . 识茶、购茶、品茶［M］. 南昌：江西科学技术出版社，2014.

[29] 张彬，杨雪 . 茶之养［M］. 武汉：武汉大学出版社，2015.

[30] 周新华 . 茶席设计［M］. 杭州：浙江大学出版社，2016.

[31] 艾敏编 . 茶艺［M］. 合肥：黄山书社出版社，2016.

[32] 谢宇 . 中国茶经实用图鉴［M］. 海口：海南出版社，2016.

[33] 潘城 . 茶席艺术［M］. 北京：中国农业出版社，2018.

[34] 吴振铎 . 中华茶艺的基本精神［J］. 农业考古，1993（2）：44.

［35］邹明华．论中国茶文化的内涵（续）［J］．农业考古，1995（4）：21-24．

［36］徐南眉．泡茶技艺漫谈［J］．中国茶叶，1999（1）：20-21．

［37］姜爱芹．茶道、茶艺和茶艺表演［J］．中国茶叶，1999（3）：36-37．

［38］李瑞文，郭雅玲．不同风格茶艺背景的分析——色彩、书法、绘画在不同风格茶艺背景中的应用［J］．农业考古，1999（4）：102-106．

［39］丁以寿．中华茶艺概念诠释［J］．农业考古，2002（2）：139-144．

［40］丁俊之．潮州工夫茶［J］．农业机械杂志，2002（2）：30-31．

［41］覃红利，覃红燕．表演型茶艺解说的美学分析［J］．湖南农业大学学报：社会科学版，2004，5（5）：85-87．

［42］余悦．中国茶艺的美学品格［J］．农业考古，2006（2）：87-99．

［43］朱红樱．关于茶艺审美特征的思考［J］．茶叶，2008，34（4）：251-254．

［44］陈宗懋．茶叶内含成分及其保健功效［J］．中国茶叶，2009（5）：4-6．

［45］余婷婷．茶艺的配乐之美［J］．广东茶业，2009（5）：35-37．

［46］崔鑫霞．白茶的研究现状［J］．福建茶叶，2010（3）：10-13．

［47］曹雨．话说我国民间的茶礼仪和茶俗［J］．贵州茶叶，2011，39（3）：44-47．

［48］施元旭．中国茶艺的美学特征［J］．中国茶叶加工，2011（3）：46-48．

［49］林东波．刍议茶艺表演背景音乐的选择和创作［J］．福建茶叶，2011（5）：47-49．

［50］吴晓蓉．谈几例茶艺表演主题创意文化内涵的认识与思考［J］．广东茶业，2012（5）：14-16．

［51］何煜波，姜爱丽，胡文忠，等．黑茶加工工艺与保健功能研究［J］．安徽农业科学，2012，40（27）：13595-13597；13600．

［52］吴晓蓉．《天池花魂》茶艺创作的思想与内涵［J］．广东茶业，2013（1）：28-32．

［53］赵睿，徐星航，徐凌川．安化黑茶药性及其部分功效之中医理论解读［J］．农业考古，2014（2）：263-265．

［54］余鹏辉，袁沛，童杰文．红茶对人类疾病防治功效研究进展［J］．茶业通讯，2014，41（3）：9-11．

［55］蓝雪铭，刘志彬，倪莉．乌龙茶保健功效的研究进展［J］．中国食品学报，2014，14（2）：201-209．

［56］陈学娟，单虹丽．论舞台茶艺创作中主题的提炼与表现［J］．茶叶，2015，41（4）：227-231．

［57］魏秀珍，姜兴华，高美珍．绿茶的保健作用研究［J］．科技展望，2015（12）：232-233．

［58］单虹丽，陈学娟，张敏，等．浅议茶艺的自然美与人格美［J］．中国茶叶加工，2016，140（2）：79-83．

［59］张秀英．如何撰写高水准茶艺解说词做好高品质解说［J］．河北旅游职业学院学报，2016，21（4）：89-90；95．

［60］李殿鑫，刘展良．黑茶的保健功能研究进展［J］．农产品加工，2017（8）：58-59．

［61］占霞，赵杰荣．论红茶的保健医疗作用［J］．福建茶叶，2018（7）：26-27．